首都经济贸易大学教务处资助出版

创新创业+新工科教学质量提升研究

# 零基础学会 Python人工智能

刘经纬　陈佳明　著

首都经济贸易大学出版社

Capital University of Economics and Business Press

·北京·

**图书在版编目(CIP)数据**

创新创业+新工科教学质量提升研究:零基础学会 Python 人工智能/刘经纬,陈佳明著. --北京:首都经济贸易大学出版社,2020.8

ISBN 978-7-5638-3071-8

Ⅰ.①创…　Ⅱ.①刘…　②陈…　Ⅲ.①软件工具-程序设计　Ⅳ.①TP311.561

中国版本图书馆 CIP 数据核字(2020)第 056702 号

创新创业+新工科教学质量提升研究
零基础学会 Python 人工智能
刘经纬　陈佳明　著

| | |
|---|---|
| 责任编辑 | 晓　地 |
| 封面设计 | 砚祥志远·激光照排<br>TEL: 010-65976003 |
| 出版发行 | 首都经济贸易大学出版社 |
| 地　　址 | 北京市朝阳区红庙(邮编100026) |
| 电　　话 | (010)65976483　65065761　65071505(传真) |
| 网　　址 | http://www.sjmcb.cueb.edu.cn |
| 经　　销 | 全国新华书店 |
| 照　　排 | 北京砚祥志远激光照排技术有限公司 |
| 印　　刷 | 人民日报印务有限责任公司 |
| 成品尺寸 | 170 毫米×240 毫米　1/16 |
| 字　　数 | 361 千字 |
| 印　　张 | 21.75 |
| 版　　次 | 2020 年 8 月第 1 版 |
| 版　　次 | 2024 年 12 月第 8 次印刷 |
| 书　　号 | ISBN 978-7-5638-3071-8 |
| 定　　价 | 66.00 元 |

# 前　言

　　本书是为了尝试解决 3 个实际问题：一是以 "Python 人工智能与大数据经典算法" 为代表的课程，学生学习和教师备课的难度大、效率低，涉及的知识技能在书籍、网络上查找困难，大量资料呈现出描述含糊不清、缺步跳步、甚至描述错误等问题。以 GBDT，XGBoost，CNN 为代表的算法，在互联网和书籍上几乎找不到逻辑清晰、简单明了的教程。上述因素小到影响师生教与学，大到制约国家人工智能技术的发展。二是教学质量和人才培养质量明显降低的问题。学生独立解决问题、开拓创新、实践等综合能力差，课堂学习效率低，学生上课对所学知识不感兴趣、上课睡觉、听不懂、不爱学等问题比比皆是，培养出来的学生无法满足社会的用人要求。三是教师教学精力匮乏，导致教学质量低下，学生厌学、听不懂、学不会等问题。以评职称为代表的机制与负担消耗了教师大量精力，导致教师没有时间把主要精力投放到教学与教学管理研究中，没有时间从海量的网络、书籍等资料中抽取知识和技能的精华，导致不能实现精心备课，没有时间对学生平时上课的收益、效果等评价指标进行精细化监控。

　　本书的特色与创新点在于：提出 "三实三严" 教学管理理论（三个实时+三个严格）并实现理论落地，以 "Python 人工智能与大数据经典算法" 知识体系为例，尝试解决上述 3 个问题，实现如下 3 个目标：①提出 "实时实践，严控标准质量" 的教育理念，开发 "实境编程（笔记）" 教学系统，采用 "实践案例贯穿知识体系" 的方法进行课程设计，用实践驱动教学，频繁使用启发式教学方式，强化培养学生独立解决问题、开拓创新、实践等综合能力。②提出 "实时互动，严控过程质量" 的教育理念，开发 "跟随编程（笔记）" 教学系统，采用 "老师写一句，学生跟着写一句，手把手教" 的方式教学，实现 "100%的学生在 100%的上课时间聚集 100%的精力学会教师教授的 100%的知识技能"。③提出 "实时 PDCA，严控结果质量"，开发 "实时评测" 教学系统，采用每 10 秒钟检查统计一次学生笔记、小测验结果的方式，实现高频率 PDCA（计划—实施—检查—改进）持续改进。

本书的设计思路与结构安排如下：第 1 章是"三实三严"教学管理理论研究，从传统教育理论、现代教育技术和专业质量管理 3 个角度展开研究。从第 2 章开始以"Python 人工智能与大数据经典算法"知识体系中的各经典算法为单元，对"三实三严"教学管理理论进行落地研究：①采用案例贯穿知识体系的方式，为实现"实时实践"教学实施做好准备；②给出具体的"简明案例"，为实现"实时互动"教学实施做好准备；③通过列写任务驱动、教学重点、技能列表与课后练习方式，为实现"实时 PDCA"教学实施做好准备。

本书撰写过程离不开编审校团队的辛勤付出，编审校团队承担了大量的编程调试、算法精简描述、文字试读反馈与审核校对修改工作，最终促成了本书的诞生，特别感谢编审校团队的成员。

全书编审校：郭迎筱、张宇豪、李天悦、陈迎港、陶欣雨、赵梦璇、吴凯钰、李妙钰、左芳玲、夏子阳、李家鑫、徐欣祺、袁丁逸含。

章节编审校：李天悦（教育理论与实践研究）、韩驰（Python 编程基础）、杨振宁（Python 编程基础）、马雪扬（数据结构与数据操作）、孙昊琳（数据结构与数据操作）、李尚昱（数据结构与数据操作）、王依凡（缺失值填充）、葛潭（缺失值填充）、宋佳怡（一元线性回归）、刘梦宇（多项式回归）、张哲宇（逻辑回归）、董歆雨（逻辑回归）、胡瑞芳（KNN）、胡文棋（KNN）、钱渤洋（贝叶斯）、易慧媛（决策树）、陈祺（决策树）、汤剑成（支持向量机）、阮可（支持向量机）、刘博涵（随机森林）、瞿楚楚（随机森林）、秦博文（AdaBoost）、王雪巧（GBDT）、陈亮直（GBDT）、郭迎筱（XGBoost）、宋琳（PCA）、李冠辰（PCA）、肖辉（SVD）、吴兰（SVD）、刘翰宸（LDA）、王雯（LDA）、王诗语（K‑Means）、曹洪涛（DBSCAN）、李新杰（分层聚类）、黄悦轩（分层聚类）、王冕（基于项目的协同过滤）、苍婉昭（基于项目的协同过滤）、陈思彤（基于用户的协同过滤）、邱孟琦（基于用户的协同过滤）、叶江涵（ARIMA）、高子轩（ARIMA）、陶欣雨（神经网络）、马溢韩（xPath）、佟雨尧（Beautiful Soup）、赵梦璇（Tkinter）。

本书在中国大学慕课网站上配备了配套视频课程，补充了程序设计基础（Python，C，Java 语言）、统计与人工智能原理与实践（Python 实现假设检验、单因素与双因素方差分析、岭回归、Lasso 回归、softmax、数据库操作、TensorFlow 等本书尚未涉及的知识领域）、Python 高级项目管理师（PMP）等内容。

本书为首都经济贸易大学"创新创业教育""互联网+新工科教育""课程思政"系列教学研究成果，由首都经济贸易大学教务处资助出版。

感谢北京市教育委员会教学改革创新项目（No. 202，2019）、北京市教育委员会优质本科教材课件项目（2020）与首都经济贸易大学党委宣传部党建和思想政治工作重点课题"'新工科+课程思政'高质量教学模式创新研究"（2019）对本研究的支持。

本书的配套网络教学资源的统一入口为：http://liujingwei.cn，网站的二维码为：

# 目　录
# Contents

1 "三实三严"教育理论研究 / 1
1.1 研究背景 / 1
1.2 问题提出 / 1
1.3 国内外研究现状 / 2
1.4 本研究的理论价值及实际应用价值 / 5
1.5 研究对象 / 6
1.6 总体框架 / 6
1.7 拟突破的重点与难点 / 7
1.8 研究目标 / 7
1.9 研究思路和研究方法 / 8

第一部分　Python 编程基础 / 11

2 Python 的分支、循环与函数 / 12
2.1 本章工作任务 / 12
2.2 本章技能目标 / 12
2.3 本章简介 / 12
2.4 理论讲解部分 / 13
2.5 本章总结 / 16
2.6 本章作业 / 17

第二部分　数据结构与数据预处理 / 19

3 数据结构、操作与可视化 / 20
3.1 本章工作任务 / 20
3.2 本章技能目标 / 20
3.3 本章简介 / 20
3.4 本章总结 / 49
3.5 本章作业 / 49

**4 缺失值填充 / 51**

4.1 本章工作任务 / 51

4.2 本章技能目标 / 51

4.3 本章简介 / 51

4.4 理论讲解部分 / 52

4.5 本章总结 / 59

4.6 本章作业 / 59

**第三部分 回归算法 / 61**

**5 线性回归 / 62**

5.1 本章工作任务 / 62

5.2 本章技能目标 / 62

5.3 本章简介 / 62

5.4 理论讲解部分 / 63

5.5 本章总结 / 67

5.6 本章作业 / 68

**6 多元线性回归 / 69**

6.1 本章工作任务 / 69

6.2 本章技能目标 / 69

6.3 本章简介 / 69

6.4 理论讲解部分 / 70

6.5 本章总结 / 79

6.6 本章作业 / 79

**第四部分 分类算法 / 81**

**7 K 近邻算法 / 82**

7.1 本章工作任务 / 82

7.2 本章技能目标 / 82

7.3 本章简介 / 82

7.4 理论讲解部分 / 83

7.5 本章总结 / 92

7.6 本章作业 / 92

8 逻辑回归 / 93
　　8.1　本章工作任务 / 93
　　8.2　本章技能目标 / 93
　　8.3　本章简介 / 93
　　8.4　理论讲解部分 / 94
　　8.5　本章总结 / 101
　　8.6　本章作业 / 101

9 贝叶斯算法 / 103
　　9.1　本章工作任务 / 103
　　9.2　本章技能目标 / 103
　　9.3　本章简介 / 103
　　9.4　理论讲解部分 / 104
　　9.5　本章总结 / 107
　　9.6　本章作业 / 107

10 决策树 / 109
　　10.1　本章工作任务 / 109
　　10.2　本章技能目标 / 109
　　10.3　本章简介 / 109
　　10.4　理论讲解部分 / 110
　　10.5　本章总结 / 119
　　10.6　本章作业 / 119

11 支持向量机 / 120
　　11.1　本章工作任务 / 120
　　11.2　本章技能目标 / 120
　　11.3　本章简介 / 120
　　11.4　理论讲解部分 / 122
　　11.5　本章总结 / 128
　　11.6　本章作业 / 128

第五部分　集成算法 / 131

12 随机森林 / 132
　　12.1　本章工作任务 / 132
　　12.2　本章技能目标 / 132

12.3　本章简介 / 132

12.4　理论讲解部分 / 134

12.5　本章总结 / 141

12.6　本章作业 / 142

### 13　AdaBoost 算法 / 143

13.1　本章工作任务 / 143

13.2　本章技能目标 / 143

13.3　本章简介 / 143

13.4　理论讲解部分 / 144

13.5　本章总结 / 156

13.6　本章作业 / 157

### 14　梯度提升决策 / 159

14.1　本章工作任务 / 159

14.2　本章技能目标 / 159

14.3　本章简介 / 159

14.4　理论讲解部分 / 160

14.5　本章总结 / 178

14.6　本章作业 / 178

### 15　XGBoost / 180

15.1　本章工作任务 / 180

15.2　本章技能目标 / 180

15.3　本章简介 / 180

15.4　理论讲解部分 / 181

15.5　本章总结 / 202

15.6　本章作业 / 202

## 第六部分　聚类算法 / 205

### 16　K-means 聚类算法 / 206

16.1　本章工作任务 / 206

16.2　本章技能目标 / 206

16.3　本章简介 / 206

16.4　理论讲解部分 / 207

16.5　本章总结 / 213

16.6　本章作业 / 213

## 17　DBSCAN 聚类算法 / 215

17.1　本章工作任务 / 215

17.2　本章技能目标 / 215

17.3　本章简介 / 215

17.4　理论讲解部分 / 216

17.5　本章总结 / 220

17.6　本章作业 / 221

## 18　层次聚类 / 222

18.1　本章工作任务 / 222

18.2　本章技能目标 / 222

18.3　本章简介 / 222

18.4　理论讲解部分 / 223

18.5　本章总结 / 228

18.6　本章作业 / 228

## 19　主成分分析与因子分析 / 229

19.1　本章工作任务 / 229

19.2　本章技能目标 / 229

19.3　本章简介 / 229

19.4　理论讲解部分 / 230

19.5　本章总结 / 241

19.6　本章作业 / 241

## 20　奇异值分解 / 244

20.1　本章工作任务 / 244

20.2　本章技能目标 / 244

20.3　本章简介 / 244

20.4　理论讲解部分 / 245

20.5　本章总结 / 252

20.6　本章作业 / 252

## 21　线性判别分析 / 254

21.1　本章工作任务 / 254

21.2　本章技能目标 / 254

21.3　本章简介 / 254

21.4 理论讲解部分 / 255
21.5 本章总结 / 260
21.6 本章作业 / 261

## 第七部分 推荐算法 / 263

### 22 基于项目的协同过滤 / 264
22.1 本章工作任务 / 264
22.2 本章技能目标 / 264
22.3 本章简介 / 264
22.4 理论讲解部分 / 264
22.5 本章总结 / 270
22.6 本章作业 / 270

### 23 基于用户的协同过滤 / 272
23.1 本章工作任务 / 272
23.2 本章技能目标 / 272
23.3 本章简介 / 272
23.4 理论讲解部分 / 272
23.5 本章总结 / 277
23.6 本章作业 / 277

## 第八部分 时间序列 / 279

### 24 ARIMA / 280
24.1 本章工作任务 / 280
24.2 本章技能目标 / 280
24.3 本章简介 / 280
24.4 理论讲解部分 / 281
24.5 本章总结 / 290
24.6 本章作业 / 290

## 第九部分 人工神经网络 / 293

### 25 神经网络（多层感知机 MLP）/ 294
25.1 本章工作任务 / 294

25.2　本章技能目标 / 294
25.3　本章简介 / 294
25.4　理论讲解部分 / 295
25.5　本章总结 / 302
25.6　本章作业 / 303

# 第十部分　Python 爬虫 / 307

## 26　XPath / 308
26.1　本章工作任务 / 308
26.2　本章技能目标 / 308
26.3　本章简介 / 308
26.4　理论讲解部分 / 309
26.5　本章总结 / 314
26.6　本章作业 / 315

## 27　Beautiful Soup / 316
27.1　本章工作任务 / 316
27.2　本章技能目标 / 316
27.3　本章简介 / 316
27.4　理论讲解部分 / 317
27.5　本章总结 / 323
27.6　本章作业 / 323

# 第十一部分　Python 界面 / 325

## 28　Tkinter / 326
28.1　本章工作任务 / 326
28.2　本章技能目标 / 326
28.3　本章简介 / 326
28.4　理论讲解部分 / 327
28.5　本章总结 / 332
28.6　本章作业 / 333

# 1 "三实三严"教育理论研究

## 1.1 研究背景

近年来，以华为技术有限公司为代表的中国科技企业及科研教育机构在技术、学术、教育领域遭遇全球科技大国的封锁与"围剿"。2019年1月，华为创始人与CEO任正非在华为总部接受了中央广播电视总台《面对面》节目的专访，在这场专访中，任正非虽然谈及了中美贸易，但更多的篇幅谈的是基础教育话题，任正非特意引用了一个说法"一个国家的强盛，是在小学教师的讲台上完成的"。

习近平总书记在北京大学师生座谈会上的讲话中强调："教育兴则国家兴，教育强则国家强。""党和国家事业发展对科学知识和优秀人才的需要，比以往任何时候都更为迫切。"在竞争激烈的国际舞台上，中国企业家几乎异口同声奋起疾呼：人才培养与教学质量直接决定中国的国际竞争力，"国势之强由于人，人才之成出于学"。

教育部党组书记、部长陈宝生在新时代全国高等学校本科教育工作会议中强调指出：要"把人才培养的质量和效果作为检验一切工作的根本标准"。

教育部在印发的《教育信息化2.0行动计划》中指出："积极推进'互联网+教育'，坚持信息技术与教育教学深度融合的核心理念""建设人人皆学、处处能学、时时可学的学习型社会""教育信息化具有突破时空限制、快速复制传播、呈现手段丰富的独特优势，必将成为促进教育公平、提高教育质量的有效手段"。

"回归常识、回归本分、回归初心、回归梦想，不忘初心，方得始终。"

## 1.2 问题提出

项目负责人及团队（高校教师+校企合作教育机构）5年内联系了全国30余所高校（含高职）不少于100名教师、1000余名学生，用人单位不少于10名企业导师。通过访谈、合作实习、合作教学等形式进行深度调研，发现的凸显问题如下：①大量学生普遍呈现和反映如下问题：学生对很多课堂存在不感兴趣、上课走神、玩手机、靠后坐、睡觉、听不懂、参与感

差、没学明白、看不清或听不清讲解、好像明白了下课全忘了等。②大量
教师和学生反馈：教师实在没有足够精力投入在教学和学生培养上，科
研、社会服务、照顾家庭的精力投入已不少于自身精力的80%，而教学需
要投入的保障性精力至少需要自身精力的50%以上，由于"机制"等原
因，只能降低课堂教学质量标准和人才培养质量标准。③大量企业导师和
学生反映：近年来学生培养质量出现下降趋势，体现在独立解决实际应用
问题的能力差、实践能力差、开拓创新能力差等方面，无法满足企业用人
需求。

产生上述问题的主要原因是：①教育与思维理念滞后。传统的教学模
式以教师输出为主要形式，启发式、探索式、实践主导等教学模式应用较
少，没有时间和精力布置、处理大量的大作业；教师没有受过专业的教学
培训，大量教师没有社会、企业与市场化培训教学工作经历。②教育技术
滞后。课堂教学以传统的教室板书、PPT讲解和上机课为主要形式，师生
交互检查改进效果差。③专业的质量控制理论和手段欠缺，教师备课统一
标准和资源缺失，教学质量控制过程简陋，几乎没有质量管理信息系统介
入；考核方式以期末考试作为主要手段，日常测试与反馈改进环节极少，
没有时间和精力在课后做教学总结、反思和改进。

## 1.3　国内外研究现状

针对上述问题和原因，本研究首先对中国知网检索的中文文献进行分
类研究，进而对 Webofscience 检索的英文文献进行分类研究，最终对国内、
国外研究流派的观点进行分类和总结，指出本研究的学术理论贡献与应用
价值。

### 1.3.1　国内研究现状

国内学者关于教学质量与人才培养质量的控制改进研究可以分为如下 3
个流派。

（1）传统教育理论流派。该学术流派的学术观点是：教育质量很大程
度受高等教育学、教育心理学等传统经典教育理论和方法的影响。一是高
等教育学是高等教育事业顺利发展不可或缺的条件。如刘军伟、薛欣欣等
学者认为，高等教育学的研究对高等院校创新人才培养模式、优化课程结
构、提高教学效果具有直接的现实意义。二是教育心理学的应用能够提高
学校的教学质量。如吴欲涛等学者认为，利用教育心理学的指导作用，结
合学校的具体情况不断完善和创新高职教学管理方法，为学生塑造一个良
好的学习氛围，能够提高学生的学习效率。三是其他教育理论。如赏识法
则——根雕原理、多元法则——过河原理、全面法则——图钉原理、鼓励

法则——蛙跳原理等。

（2）现代教育技术流派。该学术流派的学术观点是：现代教育技术的发展给教育教学带来了巨大的变化，它极大地改善了现代教育教学的条件，丰富和变革了教育教学的方法和手段。一是以多媒体、沙盘实验室、现代化机房为代表的多媒体技术。如王亚莉等学者认为，多媒体技术在高校教育领域应用日益广泛，对教学内容、教学形式、资源获取以及现代技术的发展都有着极为重要的影响，且发展空间巨大。二是以中国大学慕课、各高校网络课堂为代表的在线课程技术。如杨鑫骥等学者认为，在现代教育中应用云技术进行教学，不仅给教师带来了新颖的教学模式，而且促进了教师教育观念的革新，推动了教育事业的全面发展。张旭红等学者认为，课前利用平台导学，可以实现课外翻转；课中利用平台互学，可以实现自主探究式学习；课后利用平台深学，可以实现个性化学习。三是以阿里云实验室为代表的大数据教学与学生学习行为大数据分析技术。综合运用教育大数据是教育信息化 2.0 时代的重要特征，将成为促进我国教育公平、提升教育质量、加快教育改革的抓手之一。如沈宏兴等学者认为，采集较多类型的学情数据，经过萃取分析后，反馈给教师和学生，帮助他们改进教和学，能够提升教学质量和学习效果。

（3）企业质量管理流派。该学术流派的学术观点是：可以将课堂教学视作一个独立的过程，将企业质量管理手段应用于课堂教学质量的提升。一是应用全面质量管理理念的 PDCA 循环。如万春芬等学者认为，用 PDCA 循环法将各阶段的教学内容、教学方法和教学评价体系等内容进行层层实施和改进，将有助于不断提高课程教学质量，从而推动人才培养质量不断迈上新台阶。二是应用六西格玛管理理念的 DMAIC 工具。如仇立等学者认为，将六西格玛管理理念导入高校教学质量管理体系，借助 DMAIC 实施步骤，倾听学生的真正需求、优化教学过程、分析影响教学质量的核心因素，并积极进行持续改进，可达到满足学生需求的效果。三是应用质量管理的质量功能展开（QFD）方法。如屈华、屈虹等学者认为，运用 QFD 方法，通过获取学生的课程需求，进而转换为课程教学质量特征与教学相关程序，以分析课程提升的改进措施，可达到高校教学质量改进的目的。

## 1.3.2 国外研究现状

国外学者关于教学质量改进的研究可以从以下 3 个角度进行考察。

（1）国外主要的教学形式为：实践主导的探究式教学。以实践为导向探究式学习是先进的教学方法。如克里沃洛（Yiola Cleovoulou）等学者认为，基于探究的教学法是一种学生驱动的体验式教学法，强调学生的先验知识、新经验组成学生的知识建构，这种以实践为导向的教学方式为持续学习提供了洞察力和考虑因素，是一种有效、先进的新教学方法。

（2）国外广泛应用的线上教育技术为：开放课程。在线学习是高效的学习方式。美国高等教育在线学习有两类：一是学习者网上学习所有课程，这种学习被称为全在线学习；还有一类被称为混合在线学习，即部分学习活动在网上进行。①混合在线学习助力课堂教学。教师利用计算机通过互联网，将课程以在线资源、演示文稿、视频等形式发布到在线培训平台。如沃基纳（E. A. Voykina）等学者认为，数字技术在教育过程可以增加学生的学习材料，使学生掌握信息的速度加快，确保知识长期巩固。②在线学习激发学生学习动力。例如慕课，是视频、讲义、作业和项目的组合，以完全在线的形式展开。如莫拉莱斯（Miguel Morales）等学者发现，通过各种创新的教育资源（如视频、学习活动和互动动画），学生表现出很大的决心和动力来学习。

（3）教育质量保证的核心手段为：高频率测验和大作业与专业的质量管理技术。质量控制不能依赖于教师个人的管理行为，而是靠制度和信息化系统进行管理。高频次、间隔时间短的测验，能够加深学生对知识的记忆，有效掌握知识，改善学习效果，也能够让教师及时掌握学生的薄弱点。如瓦斯帕达（Waspada）等学者认为，重复测验工作的频率、每次测验工作的持续时间会影响期末考试成绩。因此，高频率测验在教学中是必要的。美国项目管理协会全球顶级管理专家提出："好的质量是计划出来的""预防剩余检查""出现差的质量，管理者具有90%的责任""没有PDCA就不可能有好的质量""质量管理三要素'标准设计、过程控制、结果审计'"等理论观点和最佳实践方法论。

### 1.3.3 文献研究评述

解决当前课堂教学问题可从以下3个方面入手。

（1）教学理念方法方面，强调学生的动手实践。国内课堂教育往往采用灌输式、"填鸭式"教学，一般教师在课堂上讲解理论知识，把知识一味灌输给学生，学生不能完全理解知识，就得不到有效运用；而国外提倡的启发式、探究式教学，以实践为特点，使学生养成理论联系实际的学习能力。因此本研究认为，应通过教师启发、引导，培养学生独立思考的能力，加深学习印象，理解知识应用。

（2）教育技术手段方面，提倡课堂上实时互动。在国内多数学校课堂教学中，不难发现大学课堂教学普遍存在一个突出问题：教师的教学基本是采用板书加PPT传统演讲的形式，以讲授为主，利用新技术进行课堂互动等教学手段和方法还比较少；而国外交互学习已成为在线学习设计的主流，可以与教师直接线上沟通，还可以小组形式进行学习和互评互助。因此本研究认为，教师利用现代教育技术辅助课堂教学，帮助教师实现课堂实时互动的优化，能够提升学生的课堂参与感，提高教学质量和效果。

（3）质量管理手段方面，提倡高频率测试检验。传统教学模式中多数高校因教师工作量大、精力不足，忽视平时测验，对学生的学业成绩用30%出勤+70%期末成绩表示，这种做法的弊端是：导致学生产生侥幸心理，平时上课不努力，期末临时抱佛脚；而国外通过频繁的测验和大量的作业，保证学习效果。因此本研究认为，课堂频繁进行随堂测试，实现实时PDCA，并将随堂测试、课后作业计入学业考核，保证频繁练习，能有效改善学习效果。

## 1.4 本研究的理论价值及实际应用价值

### 1.4.1 理论价值

（1）提出"实时实践"教学理念和具体实施方法，并给出实证结果。"实时实践"教学理念认为，实践是知识创新和发展的源泉，只有通过实践才能真正地理解和掌握知识，强调实践从始至终贯穿课堂，避免教师讲台讲解的教学模式。例如，编程课从始至终学生跟着老师写代码，始终一边练一边学。

（2）提出"实时互动"教学理念和技术，开发并使用教育信息化系统，给出实证结果。"实时互动"教学理念，强调通过开发和使用"实时互动"教育信息化系统等手段，实现课堂上教师与学生极高频次的互动。例如，在讲授知识时，平均每分钟内都有启发性问题提出，学生思考后通过系统进行回答，教师和每一位学生都可以看到所有人表达的信息。"实时互动"提升了学生和教师的存在感、参与感、成就感，确保所有的学生都在学、都能跟上，实现"100%的学生在100%的教学时间'全神贯注并充满激情地'学会教师传授的100%的知识和技能"。

（3）提出"实时PDCA"质量管理理论和具体实施方法，并给出实证结果。提出"实时PDCA"的理念，实现每个知识点和技能，教师都可以完成教学计划（P）、实施（D）、实时互动检测（C）、调整改进（A）过程的理论模型。例如，每半节课有一次学生在教学案例基础上改进并展示的环节。通过加快循环速度，实现当堂事当堂毕，通过提高循环频次，实现学习质量提升。

### 1.4.2 实际应用价值

（1）解决了人才培养方面的教学质量问题。应用上述"实时实践"理念，实现"实时实践"教学模式实施，并给出实证结果。通过系统实现学生上课跟着教师写代码，解决因当前教学模式以教师输出为主要形式，启发式、探索式、实践主导等教学模式应用较少而产生的学生独立解决实际应用问题的实践能力差、创新开拓能力差、无法达到企业用人标准等问题。

（2）解决教育技术方面体现的教学质量问题。通过系统实现同步共享教师和学生的桌面、问答互动等功能，解决因当前课堂教学以传统的教室板书和 PPT 讲解为主的形式，师生互动频次较低而产生的学生上课注意力不集中、听不懂、参与感差、缺乏实践感觉、没学会、看不清板书、听不清讲解等问题。

（3）解决教学质量方面体现的教学质量问题。通过系统实现人工智能抽查学生笔记和实践结果，解决因当前考核方式以期末考试作为主要手段，日常测试与反馈改进环节匮乏而产生的考试不及格、知识技能没学会、学过就忘等问题。

## 1.5 研究对象

本课题的研究对象可以细化为 3 个方面：一是学生，通过观察与访谈了解本科生、研究生在学习中遇到的问题，系统搭建成功后分别对两个本科生班、两个研究生班进行实证研究，对比系统使用与问题改善的状况；二是教师，对一个工科教师和一个思政教师进行深度实证研究，将本研究的方法和系统应用于教学实践，实证阶段对比系统应用前后教师的教学效果、工作量变化和学生的反馈，验证系统的有效性；三是用人单位，分别与一位国企 CTO，一位政府机关处长，一位民企 CEO 进行深度合作，为政府、企业定制培养学生，派本研究实施后的学生进入政府、企业实习和就业，了解用人单位对人才培养质量的反馈，思考在教学过程中应该从哪些方面进一步改进。

## 1.6 总体框架

紧密围绕上述研究对象（问题）展开研究，研究框架如图 1-1 所示。

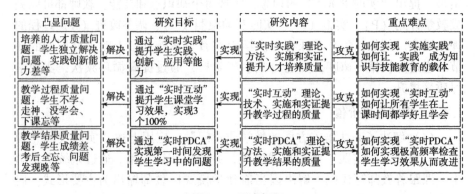

图 1-1　研究框架

研究共分为 3 个阶段。

（1）第一阶段——进行理论基础研究。通过调查收集当前教学过程中学生和教师遇到的问题及希望解决的困难；走访教学课堂，了解其教学模式和应用策略以及改进建议；结合全面质量管理中的 PDCA 循环理论，考虑课堂质量改进的实现。

（2）第二阶段——进行实现研究。基于第一阶段的理论基础研究，建设高效率、高质量、高标准教学范式，搭建具有"实境编程"、问答互动、智能抽查等实时 PDCA 理论所需功能的课堂辅助教学系统。

（3）第三阶段——进行实证研究。将第二阶段的新型教学模式和教学系统应用于实际课堂，通过对比应用前后的学生逃课率、作业完成情况以及期末成绩，教师使用前后的工作量，检验研究成果，并将研究成果进行推广。

## 1.7 拟突破的重点与难点

（1）"实时实践"如何实现。程序设计课程在教室实施，学生无法实践；在机房实施，有些学生会使用计算机做其他事情。因此要解决：从哪些方面，以何种形式实施实践教学，采取怎样的手段可以实现有效的管理。

（2）"实时互动"如何实现。目前广泛应用的多媒体技术主要靠 PPT 演示，教师单向讲授，学生上课容易走神、不听。因此要解决实时互动的现代教育技术建设成何种形式，依赖何种技术，如何实现等技术问题。

（3）"实时 PDCA"如何实现。实施课堂测验时需要教师收集后查阅得到结果反馈，这样耗费时间长，不能频繁实现，而检查与反馈是教师了解学生学习效果的必要形式。因此要解决如何实现 PDCA 在课堂上的高频次循环，建立实时 PDCA 理论模型并有效应用的问题。

## 1.8 研究目标

（1）"实时实践"解决教学效果方面存在的教学质量问题。通过"实时实践"教学理念和平台，实现学生对所学知识的深入理解和对所学技能的扎实掌握，提升学生的实践、应用、创新能力，实现实践型、创新型人才培养。

（2）"实时互动"解决教育技术方面存在的教学质量问题。通过"实时互动"教学模式和平台，实现集中学生课堂注意力，有效监督学习过程，提升课堂学习效率，实现"100%学生上课时间学会教师传授的知识和技能"。

（3）"实时 PDCA"解决教学质量方面存在的教学质量问题。通过"实时 PDCA"教学手段和平台，实现所学知识的及时测验与反馈，实现第一时间发现教学中的问题，关注学生薄弱点，重点讲解，实现"100%的学生不掉队"。

## 1.9 研究思路和研究方法

### 1.9.1 研究思路

本研究的思路是将研究分为 4 个阶段，每个阶段从 3 个角度（经典教育理论、现代教育技术、质量管理理论）展开研究，研究思路和研究方法规划如图 1-2 所示。

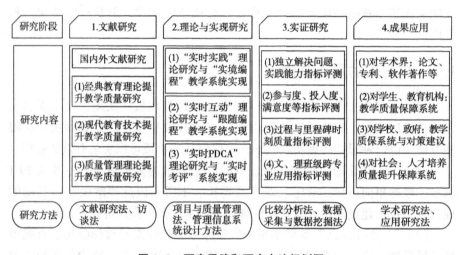

**图 1-2　研究思路和研究方法规划图**

（1）文献研究阶段。通过调查收集当前教学过程中学生和教师遇到的问题及希望解决的困难，走访教学课堂，了解其教学模式和应用策略以及改进建议。

（2）理论与实现研究阶段。基于文献研究的基础，首先在理论层面找到问题的原因并提出三个"实时"教学理念，进而建设解决上述问题的三个"实时"教学系统，为问题解决提供理论保障和客观条件。

（3）实证研究阶段。将上述三个"实时"教学理念和教学系统应用于不同专业的教学班级，设计效果评测指标，检验上述方案的效果和本项目目标的达成度。

（4）成果应用阶段。为学术界、学生、教育机构、政府、社会提供可应用的成果，包括学术成果、三个"实时"系统、政策建议和达到企业用人要求的人才和质量保障机制。

### 1.9.2　研究方法

本研究采用的主要研究方法如下。

（1）文献研究法：对国内外提升教育质量的有效方法进行总结，提炼出关键的理论方法，找出现有的最佳实践案例。

（2）访谈法：通过与教学领域学术权威、高校教学名师和大量学生的座谈，对"凸显问题"进行准确定位并分析原因，探索潜在的解决方案。

（3）经验总结法：对自然状态下的一个完整的教育过程进行分析和总结，揭示教育措施、教育现象和教育效果之间的必然或偶然的联系。

（4）管理信息系统设计方法：搭建"跟随式"教学系统，设计具有"实时实践""实时互动""实时检查与反馈"等功能的管理信息系统。

（5）数据采集与数据挖掘法：采集系统应用前后的学生逃课情况、作业完成情况以及期末成绩、教师使用前后的工作量，并进行整理。

（6）比较分析法：对比采集到的数据信息（如逃课率、作业提交率、成绩合格率等），检验研究成果的有效性。

（7）学术研究法：通过撰写论文、研究报告等形式，将提出的教育理论与方法论进行学术表达，提供给学术界与政府参考。

（8）应用研究法：采用将研究成果的系统进行推广应用的方式，验证研究价值与研究的可行性、正确性。

# 第一部分
## Python 编程基础

# 2 Python 的分支、循环与函数

## 2.1 本章工作任务

掌握 Python 语言的分支、循环语句和函数的使用。应用分支、循环语句和函数实现简单程序的编写，如简单的四则运算和阶乘。

## 2.2 本章技能目标

➤ 掌握基本的分支语句
➤ 掌握基本的循环语句
➤ 使用函数实现基本的运算功能
➤ 使用分支语句、循环语句实现简单程序的编写

## 2.3 本章简介

**分支语句**：满足特定条件时，执行不同语句的一种基础语句。**循环语句**：一组被重复执行的语句，由循环体及循环的终止条件两部分组成。**函数**：函数是可重复使用的、用来实现特定功能的代码片段。函数提高了应用的模块性和代码的重复利用率。函数分为内建函数和自定义函数两类。其中，内建函数是指 Python 语言预定义好的函数，如 print( ) 和 input( ) 等；自定义函数是指由用户自己定义的函数。

**分支语句可以解决的实际应用问题是**：根据实际问题可能出现的几种可能性（选择乘法或除法），设置判断条件（输入 1 时进行乘法运算，否则进行除法运算）。满足条件时，执行条件对应的语句。

**循环语句可以解决的实际应用问题是**：已知某个语句需要重复执行多次（如阶乘），并存在终止判断条件时（如某一正整数的阶乘从自身开始一直乘到 1 结束），运用循环语句可以实现重复执行多次的操作。

**函数可以解决的实际应用问题是**：已知某种方法可以解决一类问题时（如加法运算），将该方法编写成函数，可以在后续再次使用该方法时，通过调用该函数解决此类问题，减少相同代码的重复编写。

**本章的重点是**：分支、循环语句和函数的理解与使用。

## 2.4　理论讲解部分

### 2.4.1　任务描述

任务内容参考图 2-1。

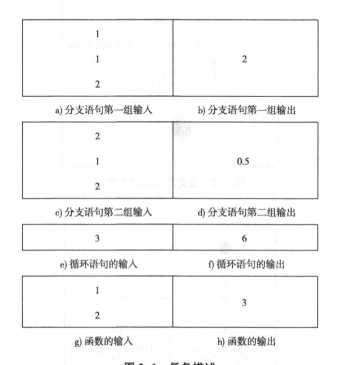

| 1<br>1<br>2 | 2 |
|---|---|
| a) 分支语句第一组输入 | b) 分支语句第一组输出 |
| 2<br>1<br>2 | 0.5 |
| c) 分支语句第二组输入 | d) 分支语句第二组输出 |
| 3 | 6 |
| e) 循环语句的输入 | f) 循环语句的输出 |
| 1<br>2 | 3 |
| g) 函数的输入 | h) 函数的输出 |

图 2-1　任务描述

### 2.4.2　一图精解

（1）分支语句的理解要点是：

①分支语句的核心思想——满足条件就执行对应的语句。

②分支语句的特征要点——满足不同条件时执行的语句不同，结果也会随之不同，因此分支语句需要明确进入分支的条件。

分支语句的原理可以参考图 2-2 理解。

（2）循环语句的理解要点是：

①循环语句的核心思想——满足条件就重复执行语句，不满足就结束。

②循环语句的特征要点——重复执行的语句相同但循环条件不同时，语句重复执行的次数是不同的，得到的最终结果也是不同的，因此循环语句需要明确循环起始和结束的条件。

循环语句可以参考图 2-3 理解。

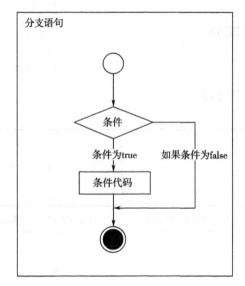

图 2-2 分支语句原理示意图

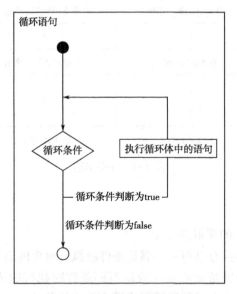

图 2-3 循环语句原理示意图

函数的语法可以参考图 2-4 理解。

图 2-4 函数语法示意图

（3）函数的理解要点是：

①函数的输入——一个或多个变量（$x_1$，$x_2$，…，$x_n$）。

②函数的输出——函数的计算结果。

③函数的核心思想——将需要多次重复使用的代码片段定义成函数。

④函数的特征要点——函数的输入和输出均可为一个、多个或零个。例如，print 函数可有一个或多个输入，也可以没有输出，如 input 函数没有输入，但会将用户在命令行输入的内容作为输入。函数可以简化代码的编写。开发者无须重复编写代码片段，而是通过提供输入、输出和函数名来实现。函数可以多次重复使用，提高代码利用率。

### 2.4.3 实现步骤

**步骤 1**　运用分支语句实现乘除运算，定义并输入用于判断的变量 $x$。见 In［1］。

```
In [1]:  x = input("请输入您需要进行的运算(1.乘法，2.除法)：")   #选择需要的运算（输入判断条件）
         请输入您需要进行的运算(1.乘法，2.除法)：1
```

**步骤 2**　定义并输入两个整型的数据。其中，$a$，$b$ 是通过调用 input 函数从键盘上获取的两个字符型的数据，因此需要使用 int 将其数据类型转换为整型。见 In［2］。

```
In [2]:  a = int(input("请输入你需要计算的第一个数："))   #输入需要运算的数据
         b = int(input("请输入你需要计算的第二个数："))
         请输入你需要计算的第一个数：1
         请输入你需要计算的第二个数：2
```

**步骤 3**　运用分支语句判断进行乘法或除法。根据用户第一步输入的条件进行判断，若输入的值为"1"，则进行乘法运算，否则进行除法运算。见 In［3］。

```
In [3]:  if x=='1':   #根据输入的x判断需要进入哪一条分支
             print(a*b)   #乘法运算
         else:
             print(a/b);   #除法运算
         2
```

**步骤 4**　运用循环语句实现阶乘。定义两个变量，其中，$x$ 是从键盘获取需要计算的阶数，$s$ 用于记录计算的结果。见 In［4］。

```
In [4]:  s=1   #定义计算结果变量，并附给初始值
         x = input("计算几（x）的阶乘:");   #输入需要计算的阶乘（输入的值默认为字符型）
         x = int(x)   #转化数据类型为整形
         计算几（x）的阶乘:3
```

**步骤 5**  运用循环语句计算 $x$ 的阶乘。$i$ 为循环变量，range 定义了函数循环的次数及终止条件。其中，初始值为 1，终止值为 $x$。见 In［5］。

```
In [5]:  for i in range(1,x+1):  #定义循环条件
             s=s*i  #阶乘运算
```

**步骤 6**  输出运算结果。见 In［6］。

```
In [6]:  s  #结果输出
```
Out[6]:6

**步骤 7**  构造函数完成加法运算。其中，函数的传入参数为 $a$ 和 $b$，返回值为 $a+b$。见 In［7］。

```
In [7]:  def addition(a,b):
             return a+b
```

**步骤 8**  定义两个加数和结果变量，调用函数进行计算。加数 $a$ 和 $b$ 为从键盘获取的字符型数据，用 int 进行字符型到整型的数据类型转换（字符型不能做加法）。$s$ 为结果变量，其结果为调用步骤 7 后得到的返回值。见 In［8］。

```
In [8]:  a = int(input("输入第一个数据："))
         b = int(input("输入第二个数据："))

         s = addition(a,b)
```
```
输入第一个数据：1
输入第二个数据：2
```

**步骤 9**  显示运算结果。见 In［9］。

```
In [9]:  s
```
Out[9]:3

## 2.5  本章总结

本章实现的工作是：首先采用 Python 语言的分支语句实现了基本的乘除运算。然后采用 Python 语言的循环语句实现了阶乘运算。最后运用函数实现了基础的加法运算。

本章掌握的技能是：①使用分支语句，在不同判断条件下执行不同的语句；②使用循环语句，执行重复语句时明确起始和终止条件；③定义和调用函数，解决可以应用相同方法的问题。

## 2.6　本章作业

> 实现本章的案例，即运用分支语句实现乘除运算；运用循环语句实现阶乘运算；运用函数实现加法运算。

> 设计一个简单的计算器，运用分支、循环语句和函数，实现加减乘除、阶乘和指数等基本运算。

# 第二部分
## 数据结构与数据预处理

# 3  数据结构、操作与可视化

## 3.1  本章工作任务

熟练使用 Python 中常见的 8 类数据结构：①元组（tuple）；②列表（list）；③数组（ndarray）；④矩阵（matrix）；⑤集合（set）；⑥字典（dict）；⑦序列（Series）；⑧数据框（DataFrame）。实现各类数据结构的创建、元素的增删改查、不同数据结构之间的相互转换以及各种数据结构的特色操作，实现数据可视化。

## 3.2  本章技能目标

➢ 掌握 Python 原生、NumPy 库和 pandas 库中的 8 种数据结构
➢ 掌握 Python 中不同数据结构的创建
➢ 掌握 Python 中不同数据结构的增删改查操作
➢ 掌握 Python 中不同数据结构的特色操作
➢ 掌握 Python 中不同数据结构相互转换的方法
➢ 掌握 Python 中 matplotlib 基本的数据可视化方法

## 3.3  本章简介

**数据结构是指**：计算机存储和组织数据的方式。Python 常用的数据结构有：元组（tuple）、列表（list）、数组（ndarray）、矩阵（matrix）、集合（set）、字典（dict）、序列（Series）和数据框（DataFrame）8 种。

**元组是指**：一个元素不可修改的线性数据结构，数据项放在"（）"内。

**列表是指**：一个有序可变长度的线性数据结构，列表项放在"［］"中。

**数组是指**：储存多维相同类型数据的数据结构，与其他编程语言中的数组类似，通过 NumPy 包创建，NumPy 包提供了很多方法。

**矩阵是指**：一个二维的数据结构，具有线性代数中的计算功能，如求行列式、特征矩阵、逆矩阵等。

**集合是指**：一个元素无序且元素不可重复的数据结构，集合中的元素放在"｛｝"中。

**字典是指**：一组具有多个键—值对组成的数据结构，形式为"｛键 1：值

1,键2:值2…}"。

序列是指:由一列索引和一列数据组成的数据结构,通过 pandas 包创建,pandas 包提供了很多方法。

数据框是指:一种具有索引列的表格型数据结构,它含有一个索引列和多个数据列,通过 pandas 包创建,pandas 包提供了很多方法。

数据操作是指:创建数据结构存放数据、数据结构中增删改查元素、各数据结构的特色操作(如矩阵乘法、求逆)和不同数据结构之间的转换。

数据可视化是指:采用图形化的方式呈现数据,通常用于描述性统计分析,如折线图、条形图、饼状图等。

数据结构可以解决的应用问题是:tuple 保证了元素数据的完整性,也是函数之间用于传递参数的数据结构。list 由众多列表项构成,常用于存储结构相同的数据,如网页上抓取的大量相同结构的内容,常用于遍历列表项的数据。ndarray 可以实现多维数据,NumPy 为其提供了很多功能。matrix 便于进行矩阵数据的特征值及特征向量计算,用于解决线性代数问题。set 中的元素具有无序性和不重复性。字典类型 dict 中的键值对具有映射关系,便于根据键查找值,实现类似数据库中字段名与字段内容之间的关系。Series 中的每个值都具有索引,可以实现根据索引产生的各种操作。例如,若一个 Series 类型对象的索引是时间,则该对象可以用于处理一维时间序列。DataFrame 不仅具有表格功能,还具有索引功能,是升级版本的 Series,可以方便地与外界的表格文件进行数据交换。

本章的重点是:数据结构的理解和操作。

### 3.3.1 任务描述

任务内容参见图 3-1。

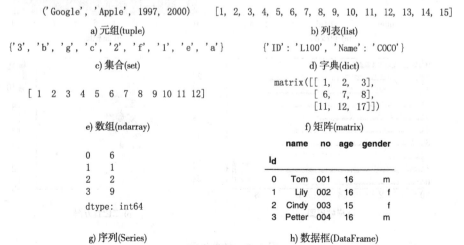

图 3-1

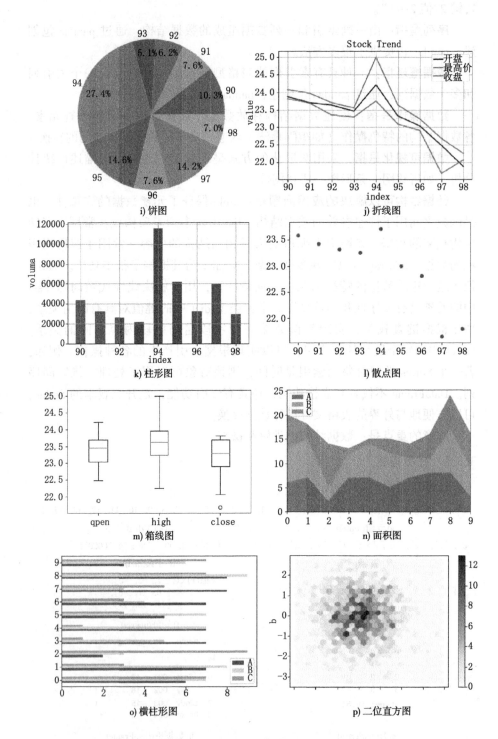

图 3-1　任务展示

需要实现的功能描述如下。

（1）创建元组，如图 3-1a）所示，实现增删改查操作和数据结构转换。

（2）创建列表，如图 3-1b）所示，实现增删改查操作和数据结构转换。

（3）创建集合，如图 3-1c）所示，实现增删改查操作和数据结构转换。

（4）创建字典，如图 3-1d）所示，实现增删改查操作和数据结构转换。

（5）创建数组，如图 3-1e）所示，实现增删改查操作和数据结构转换。

（6）创建矩阵，如图 3-1f）所示，实现增删改查操作和数据结构转换。

（7）创建序列，如图 3-1g）所示，实现增删改查操作和数据结构转换。

（8）创建数据框，如图 3-1h）所示，实现增删改查操作和数据结构转换。

（9）进行数据可视化，根据上一步中创建的 DataFrame 对象绘制饼图、折线图、柱状图、散点图、箱线图、面积图、横柱形图和二位直方图，分别如图 3-1i）、图 3-1j）、图 3-1k）、图 3-1l）、图 3-1m）、图 3-1n）、图 3-1o）和图 3-1p）所示。

### 3.3.2　实现步骤

#### 3.3.2.1　Python 原生数据结构

本部分不需要引入包，包括 tuple，list，set，dict 等类型。

（1）tuple。

**步骤 1**　创建 tuple：创建元组对象。元组一旦创建就无法对其元素进行增加、删除和修改。可以使用（）创建元组，元组可以为空且元素类型可以不同，但若元组中仅包含一个数字，则应该添加逗号以区别运算符号。列表对象也可以转换为元组对象。使用 tuple（）函数可以根据原对象生成一个新的元组对象。见 In［1］。

```
In [1]:  tup1 = ('Google', 'Apple', 1997, 2000)
         tup2 = (1, )
         tup3 = "a", "b", "c", "d"
         tup4=()
         print('tup1的元素是', tup1,
             '\n显示该数据结构类型', type(tup1),
             '\ntup2的元素是', tup2,
             '\ntup3的元素是', tup3,
             '\ntup3的元素是', tup4
             )
         seq = ['a','b','c','d','e']
         tup = tuple(seq)
         print('转换前的seq对象的数据类型是', type(seq), 'seq的元素是', seq,
             '\n转换后的tup对象的数据类型是', type(tup), 'tup的元素是', tup,
             )
```

```
tup1的元素是 ('Google', 'Apple', 1997, 2000)
显示该数据结构类型 <class 'tuple'>
tup2的元素是 (1,)
tup3的元素是 ('a', 'b', 'c', 'd')
tup3的元素是 ()
转换前的seq对象的数据类型是 <class 'list'> seq的元素是 ['a', 'b', 'c', 'd', 'e']
转换后的tup对象的数据类型是 <class 'tuple'> tup的元素是 ('a', 'b', 'c', 'd', 'e')
```

**步骤 2** tuple 查询操作：访问元组，可以使用下标索引来访问元组中的值。见 In［2］。

```
In [2]:    print ("tup1[0]: ", tup1[0])
           print ("tup2[1:5]: ", tup2[1:5])

           tup1[0]:  Google
           tup2[1:5]:  ()
```

**步骤 3** tuple 整体删除操作：删除元组。使用 del 方法可以删除指定的元组对象，相对地我们无法删除指定下标的元组元素。见 In［3］。

```
In [3]:    #这样删除报错
           #del tup3[0]
           #print ("删除后的元组 tup：")
           #print (tup3)
           del tup3
           #print ("删除后的元组 tup：")
           #print (tup3)    #删除后为空，因此现在没有tup3，所以会报错说没有定义
```

**步骤 4** tuple 连接和复制：元组连接和复制。虽然元组中的元素值是不允修改的，但我们可以对元组进行连接组合，返回一个新的元组对象。此外，我们也可以使用 * 进行复制操作。见 In［4］。

```
In [4]:    # 以下修改元组元素操作是非法的。
           # tup1[0] = 100

           # 创建一个新的元组
           tup4 = tup1 + tup2;
           print('使用+进行操作连接',tup4)
           tup5 = tup2*3
           print('使用*进行复制操作',tup5)

           使用+进行操作连接 ('Google', 'Apple', 1997, 2000, 1)
           使用*进行复制操作 (1, 1, 1)
```

**步骤 5** tuple 特殊操作：元组内置函数。len( )函数可以返回元组元素的个数。max( )函数可以返回元组中的最大元素。min( )函数可以返回元组中的最小元素。见 In［5］。

```
In [5]:    print('\n计算元组的元素个数',len(tup1),
                 '\n求元组中的最大元素',max(tup2),
                 '\n求元组中的最小元素',min(tup2))

           计算元组的元素个数 4
           求元组中的最大元素 1
           求元组中的最小元素 1
```

**步骤 6** tuple 转换为其他数据结构的示例：元组数据类型转换。元组可以直接转换成字符串和列表，不过单个元组无法直接转换成字典。见 In［6］。

```
In [6]:  print("\n元组转列表: \n", list(tup1),
             "\n元组转字符串:\n", tup1.__str__())
```

元组转列表:
['Google', 'Apple', 1997, 2000]
元组转字符串:
('Google', 'Apple', 1997, 2000)

（2）list。

**步骤7** 创建 list：一维列表的创建。使用 [ ] 可以创建一个列表对象。列表可以是一种有序的集合，可以随时添加和删除其中的元素。见 In [7]。

```
In [7]:  students = [1, 2, 3, 4, 5, 6, 7, 8, 9, 10, 11, 12, 13, 14, 15]
         empty=[]
         print('students的元素是', students,
               '\n显示该数据结构类型', type(students),
               '\nempty的元素是', empty,
               )
```

students的元素是 [1, 2, 3, 4, 5, 6, 7, 8, 9, 10, 11, 12, 13, 14, 15]
显示该数据结构类型 <class 'list'>
empty的元素是 []

**步骤8** 多维列表的创建。尽管 list 默认是一维的，但在实际应用中我们可以根据需要创建多维列表。多维列表的创建可以使用 [ ] 的嵌套。见 In [8]。

```
In [8]:  lists=[[1, 2], ['a', 'b']]
         lists
```

Out[8]:

[[1, 2], ['a', 'b']]

**步骤9** list 查询操作：列表查询。list[a:b]返回一个含有列表中第 $a$ 个至第 $b-1$ 个元素的列表对象。list[::a]返回一个从列表第一个元素起始，步长为 $a$ 的列表对象。list[i]则会索引下标为 $i$ 的元素，若 $i$ 为负，则从列表尾部从后至前访问第 $i$ 个元素。见 In [9]。

```
In [9]:  print('\n列表切分', students[1:8],
               '\n固定步长访问', students[::2],
               '\n从后往前访问', students[-3])
```

列表切分 [2, 3, 4, 5, 6, 7, 8]
固定步长访问 [1, 3, 5, 7, 9, 11, 13, 15]
从后往前访问 13

**步骤10** list 增加操作：列表的增加。append( ) 可以在列表末尾增加新的项目，可以增加一个元素，也可以增加一个 list 对象从而成为多维列表。见 In [10]。

```
In [10]:   students.append(11)
           print('增加元素后的列表', students)
           lists.append(['Hello', 5])
           print('增加列表后的列表', lists)
```

增加元素后的列表 [1, 2, 3, 4, 5, 6, 7, 8, 9, 10, 11, 12, 13, 14, 15, 11]
增加列表后的列表 [[1, 2], ['a', 'b'], ['Hello', 5]]

**步骤 11**　list 删除操作：列表的删除。remove( ) 函数可以删除指定值的元素，list. remove(i)会删除 list 对象中值为 $i$ 的元素，若不存在则报错。pop( ) 函数可以删除指定下标的元组，默认为列表对象的最后一个元素，list. pop(i)将删除下标为 $i$ 的元素。见 In ［11］。

```
In [11]:   students.remove(5)
           lists.pop()
           print('删除指定下标元素后的列表对象', students,
                 '删除最后一个元素的列表对象', lists)
```

删除指定下标元素后的列表对象 [1, 2, 3, 4, 6, 7, 8, 9, 10, 11, 12, 13, 14, 15, 11]
删除最后一个元素的列表对象 [[1, 2], ['a', 'b']]

**步骤 12**　list 修改操作：列表修改。list[i] = x 可以直接替换列表指定下标的元素。见 In ［12］。

```
In [12]:   students[0] = 100
           print('\n修改后的列表为', students)
```

修改后的列表为 [100, 2, 3, 4, 6, 7, 8, 9, 10, 11, 12, 13, 14, 15, 11]

**步骤 13**　list 特殊操作：列表函数。reverse( ) 函数可以使列表倒置。len( ) 函数可以统计列表元素的个数。sort( ) 函数可以使列表元素升序排列。见 In ［13］。

```
In [13]:   students.reverse()
           print('\n倒置后的列表是', students,
                 '\nlen统计列表元素的个数', len(students))
           students.sort()
           print('sort列表升序排列', students)
```

倒置后的列表是 [11, 15, 14, 13, 12, 11, 10, 9, 8, 7, 6, 4, 3, 2, 100]
len统计列表元素的个数 15
sort列表升序排列 [2, 3, 4, 6, 7, 8, 9, 10, 11, 11, 12, 13, 14, 15, 100]

**步骤 14**　list 转换为其他数据结构示例：列表数据类型转换。列表作为最常用的数据类型之一，可以便利地转换为各种数据类型。和元组相似，单个列表无法直接转换成字典。见 In ［14］。

```
In [14]:   print("\n列表转元组: \n", tuple(students),
                 "\n列表转字符串:\n", str(students))
```

列表转元组:
 (2, 3, 4, 6, 7, 8, 9, 10, 11, 11, 12, 13, 14, 15, 100)
列表转字符串:
 [2, 3, 4, 6, 7, 8, 9, 10, 11, 11, 12, 13, 14, 15, 100]

（3）set。

**步骤 15**　创建 set：集合的创建。集合是数学概念上的集合，不会出现重复值，所有的元素按照一定的顺序排列，若元素为数字则按照数字大小排列。使用 set() 函数创建集合会自动地拆分多个字母组成的字符串。见 In ［15］。

```
In [15]: mySet = set('abcgefa12312123')
         mySet1 = {'大','小','点','多'}
         mySet2 = set(('Hello','World'))
         print('集合1',mySet,
               '\n显示该数据结构类型',type(mySet),
               '\n集合2',mySet1,
               '\n集合3',mySet2)

         集合1 {'3', 'b', 'g', 'c', '2', 'f', '1', 'e', 'a'}
         显示该数据结构类型 <class 'set'>
         集合2 {'多', '小', '大', '点'}
         集合3 {'World', 'Hello'}
```

**步骤 16**　set 查询操作：集合的查询。使用 in 可以判断 $a$ 是否在集合中，若存在为真，反之为假。见 In ［16］。

```
In [16]: mySet = {'a','b','c','d','e','f'}
         'a' in mySet

Out[16]: True
```

**步骤 17**　set 增加操作：集合元素的增加。add() 函数可以在集合对象中加入新元素，但若元素已经存在，则无效果。使用 update 表示添加（并非修改）是遍历输入的每个元素、逐一添加，并且按照顺序添加进集合。见 In ［17］。

```
In [17]: mySet.add('ghk')
         mySet.add('a')
         print('add()后的集合',mySet)
         mySet.update('tyu')  #逐一访问tgu,将't','y'和'u' 添加到集合
         print('update()后的集合',mySet)

         add()后的集合 {'d', 'b', 'ghk', 'c', 'f', 'e', 'a'}
         update()后的集合 {'d', 'b', 'ghk', 'y', 'u', 'c', 't', 'f', 'e', 'a'}
```

**步骤 18**　set 删除操作：集合的删除。remove() 函数可以将集合中的元素删除。discard() 函数可以删除集合中指定元素，且即使元素不存在也不报错。pop() 可以随机删除集合中的一个元素（在交互模式下删除最后一个元素）。clear() 函数可以清空集合。见 In ［18］。

```
In [18]: mySet.remove('a')
         print('删除指定元素后的集合',mySet)
         mySet.discard('x')
         print('删除不存在',mySet)
         mySet.pop()
         print('随机删除元素后的集合',mySet)
         mySet.clear()
         print('删除所有元素后的集合',mySet)
```

```
删除指定元素后的集合 {'d', 'b', 'ghk', 'y', 'u', 'c', 't', 'f', 'e'}
删除不存在 {'d', 'b', 'ghk', 'y', 'u', 'c', 't', 'f', 'e'}
随机删除元素后的集合 {'b', 'ghk', 'y', 'u', 'c', 't', 'f', 'e'}
删除所有元素后的集合 set()
```

**步骤 19** set 特殊操作：集合的方法。len( ) 返回集合的长度。copy( ) 可以复制集合中的元素并生成一个新的集合。见 In［19］。

```
In [19]:  copy_mySet=mySet.copy()
          print('\nlen()返回集合的长度',len(mySet),
                '\ncopy()生成的集合',copy_mySet)

          len()返回集合的长度 0
          copy()生成的集合 set()
```

**步骤 20** 集合的运算。首先建立两个新的集合用于运算。在集合运算中，"-"表示求差集，"&"表示求交集，"｜"表示求并集，"^"表示两个集合的并集减去交集。见 In［20］。

```
In [20]:  a = set('apple')
          b = set('banana')
          print('\n求差集',a - b,
                '\n求并集',a | b,
                '\n求交集',a & b,
                '\n求各自独特的',a ^ b)

          求差集 {'p', 'e', 'l'}
          求并集 {'b', 'l', 'p', 'n', 'e', 'a'}
          求交集 {'a'}
          求各自独特的 {'b', 'l', 'p', 'n', 'e'}
```

（4）dict。

**步骤 21** 创建 dict：字典的创建。生成一个字典和一个包含三个字典对象的字典列表（列表中嵌套字典，students 实际上是一个列表，students 中的元素是字典）。见 In［21］。

```
In [21]:  dict1={"ID":"L100","Name":"COCO"}
          students =[{'name':'n1','id':'001'},{'name':'n2','id':'002'},{'name':'n3','id':'003'}]
          print("显示该数据结构类型",type(dict1))
          dict1

          显示该数据结构类型 <class 'dict'>
Out[21]:  {'ID': 'L100', 'Name': 'COCO'}
```

**步骤 22** 使用 zip 方法创建字典。zip( ) 方法将两个列表对应位置的列表项组成元组，这些元组构成新的列表，以 zip 对象的形式存储。该 zip 对象可以帮助我们快速构建字典。见 In［22］。

```
In [22]:  demo_a = ['a','b','c']
          demo_b = ['1','2','3']
          demo_zip = zip(demo_a, demo_b)
          demo_dict = dict(demo_zip)
          print("demo_zip: ",demo_zip)
          print("demo_dict",dict(demo_dict))

          demo_zip: <zip object at 0x7fbaeff4c9b0>
          demo_dict {'a': '1', 'b': '2', 'c': '3'}
```

**步骤 23** dict 查询操作：字典的查询。查找第一个学生的学号（显示出第一个字典元素 id 键的值）。此外还可以使用 get(key，default = None)方法获取指定键的值。见 In［23］。

```
In [23]:  print("常规查询\n", students[0]['id'])
          print("根据键查询\n", students[0].get('id'))

          常规查询
           001
          根据键查询
           001
```

**步骤 24** dict 增加操作：字典的增改。添加一名学生的信息（增加行，其实是增加列表中的一个元素），之后再添加一列学生的信息（增加列，其实是增加字典中一个键值对）。见 In［24］。

```
In [24]:  students.append({'name':'n4','id':'004'})
          print('添加一个字典对象后\n', students)
          students[0]['school'] = 'school1'
          students[1]['school'] = 'school2'
          students[2]['school'] = 'school3'
          print('增加键值对后的字典\n', students)

          添加一个字典对象后[{'name': 'n1', 'id': '001'}, {'name': 'n2', 'id': '002'}, {'name':
          'n3', 'id':'003'}, {'name': 'n4', 'id': '004'}]
          增加键值对后的字典[{'name': 'n1', 'id': '001', 'school': 'school1'}, {'name':'n2',
           'id': '002', 'school': 'school2'}, {'name': 'n3', 'id': '003', 'school': 'school3'},
           {'name': 'n4', 'id': '004'}]
```

**步骤 25** dict 删除操作：字典的删除。使用 del 删除一名学生的信息（删除行，其实是删除列表中的一个元素）。再使用 pop 删除第一个学生的学号（删除某一行中的列，其实是删除字典中的一个键值对）。见 In［25］。

```
In [25]:  del students[3]
          print('删除列表中的一个字典对象后\n', students)
          students[0].pop('id')
          print('删除一个键值对后\n', students)

          删除列表中的一个字典对象后 [{'name': 'n1', 'id': '001', 'school':'school1'},{'name':
          'n2', 'id': '002', 'school': 'school2'}, {'name': 'n3', 'id': '003', 'school': 'school3'}]
          删除一个键值对后 [{'name': 'n1', 'school': 'school1'}, {'name': 'n2', 'id': '002','school':
          'school2'}, {'name': 'n3', 'id': '003', 'school': 'school3'}]
```

**步骤 26** 删除所有学生的学校（删除某一列，其实是删除所有字典中的一个键值对）。见 In［26］。

```
In [26]:  for i in range(0, len(students)):
              students[i].pop('school')
          students
```
```
Out[26]:  [{'name': 'n1'}, {'name': 'n2', 'id': '002'}, {'name': 'n3', 'id': '003'}]
```

**步骤 27** dict 修改操作：字典的更新。添加（更改）第一个学生的学号（在列表的第一个字典元素中增加/更改键值对）。见 In［27］。

```
In [27]:  students[0].update({'id':'111'})
          print('\n更新后的字典\n', students)
```

更新后的字典 [{'name': 'n1', 'id': '111'}, {'name': 'n2', 'id': '002'}, {'name': 'n3', 'id': '003'}]

**步骤 28**　dict 转换为其他数据结构示例：字典数据类型转换。字典的键和值各自可以被单独转换成 list 类型。见 In［28］。

```
In [28]:  print("字典值转List\n", list(demo_dict.values()))
          print("字典键转List\n", list(demo_dict.keys()))
```

字典值转List ['1', '2', '3']
字典键转List ['a', 'b', 'c']

### 3.3.2.2　NumPy 中的数据结构

包括 ndarray 和 matrix，需要引入 NumPy。

**步骤 29**　引入 NumPy 包，将其命名为 np。在引入 NumPy 包后方可使用数组数据结构。见 In［29］。

```
In [29]:  import numpy as np
```

（1）ndarray。

**步骤 30**　创建数组对象。在 NumPy 包中，使用 array() 方法可以把序列型对象转换成数组；arange() 方法可以指定范围生成一维数组；ones() 生成值全为 1 的数组；empty() 方法可以生成一个给定类型和维度且不进行数据初始化的数组；random() 生成随机数组；linspace() 生成指定起止数值和步长的一维数组，如从 1 到 10 生成一个元素个数为 5 的数组。见 In［30］。

```
In [30]:  array001 = np.array([1, 2, 3, 4, 5, 6, 7, 8, 9, 10, 11, 12])
          a2=np.arange(5)
          a3=np.ones((2, 2))
          a4=np.empty((2, 2))
          a5=np.random.rand(4, 2)
          a6=np.linspace(10, 30, 5)
          print('\n序列型数据转换得到数组\n', array001,
              '\n显示该数据结构类型', type(array001),
              '\narrange() 函数创建的数组\n', a2,
              '\nones() 函数创建的全1数组\n', a3,
              '\nempty() 函数创建的未赋值的数组\n', a4,
              '\nrandom() 函数创建的随机数组\n', a5,
              '\nlinespace() 函数创建的随机数组\n', a6)
```

```
序列型数据转换得到数组[ 1  2  3  4  5  6  7  8  9 10 11 12]
显示该数据结构类型 <class 'numpy.ndarray'>
arrange()函数创建的数组[0 1 2 3 4]
ones()函数创建的全1数组[[1. 1.] [1. 1.]]
empty()函数创建的未赋值的数组[[1.06811422e-306 6.23040373e-307]
 [1.02360935e-306 4.45061032e-308]]
random()函数创建的随机数组
[[0.8619716  0.76697977][0.17474201 0.22878207]
 [0.26452971 0.91495554][0.93817205 0.20257302]]
linespace()函数创建的随机数组
```

**步骤 31**　ndarray 查询操作：数组的查询。数组可以通过 array［a：b］从数组中提取子集，也可以在此基础上进行批量赋值操作。见 In［31］。

```
In [31]: array002= np.array([[1,2,3,4],[5,6,7,8],[9,10,11,12]])
         print('\n一维数组索引\n',array001[4:],
             '\n二维数组索引\n',array002[1:3,2:4])
```

```
一维数组索引[ 5  6  7  8  9 10 11 12]
二维数组索引[[ 7  8] [11 12]]
```

**步骤 32**　使用多维数组中的常用属性查看数组信息。其中，shape 可以返回对象的数据结构，如行数与列数；除了返回一个表示数组各维度的元组外，也可以通过 reshape 改变数组的结构。见 In［32］。

```
In [32]: array004 = array001.reshape(3,-1)
         print('\n改变结构后的数组:\n',array004,
             '\n数组各个维度:',array004.shape,
             '\n数组数据类型:',array004.dtype,
             '\n数组数据个数:',array004.size,
             '\n数组数据类型字节数:',array004.itemsize,
             '\n数组维度:',array004.ndim)
```

```
改变结构后的数组 [[ 1  2  3  4] [ 5  6  7  8] [ 9 10 11 12]]
数组各个维度(3, 4)
数组数据类型int32
数组数据个数12
数组数据类型字节数4
数组维度2
```

**步骤 33**　ndarray 增加操作：数组的增加。append( ) 可以增加元素或者列表类型的数据，但必须注意维度需要保持一致。见 In［33］。

```
In [33]: array003 = np.append(array002,[[1],[2],[3]],axis=1)
         print('\n增加一列的数组\n',array003)
```

```
增加一列后的数组[[ 1  2  3  4  1] [ 5  6  7  8  2] [ 9 10 11 12  3]]
```

**步骤 34**　ndarray 删除操作：数组的删除。使用 delete( x，i，axis＝0 或 1) 方法可以删除数组对象中行或者列，第三个参数 axis 决定了删除的是行还是列，可以删除一个数，也可以利用元组进行批量删除。见 In［34］。

```
In [34]:  print("array002:\n", array002)
          array003=array002
          print('删除单行后的数组:\n', np.delete(array003,1,axis=0))     # axis = 0表示行
          ("axis=" 可以不写)  array003=array002
          print('批量删除后的数组:\n', np.delete(array003,(1,2),0))     # axis = 0表示行
          ("axis=" 可以不写)  array003=array002
          print('删除单列后的数组:\n', np.delete(array003,1,1))     # axis = 1表示列
          ("axis=" 可以不写)
```

```
array002:
 [[ 1  2  3  4]
 [ 5  6  7  8]
 [ 9 10 11 12]]
删除单行后的数组:
 [[ 1  2  3  4]
 [ 9 10 11 12]]
批量删除后的数组:
 [[1 2 3 4]]
删除单列后的数组:
 [[ 1  3  4]
 [ 5  7  8]
 [ 9 11 12]]
```

**步骤 35** ndarray 修改操作：数组的修改。可以使用索引的方式进行数组数据的批量修改。见 In［35］。

```
In [35]:  array002[1:2]=0
          print('数组批量赋值\n', array002)
          array003=array002.T
          array003[1][1]=100
          print('修改数值后的数组\n', array003)
```

```
数组批量赋值[[ 1  2  3  4] [ 0  0  0  0] [ 9 10 11 12]]
修改数值后的数组[[   1    0    9] [   2  100   10] [   3    0   11] [   4    0   12]]
```

**步骤 36** ndarray 特殊操作：二维数组转置。array.T 可以得到数组对象转置后的结果。见 In［36］。

```
In [36]:  array002.T
```

```
Out[36]:

array([[  1,   0,   9],
       [  2, 100,  10],
       [  3,   0,  11],
       [  4,   0,  12]])
```

**步骤 37** 数组的堆叠。首先新建两个数组，之后依次使用 vstack 进行纵向堆叠和使用 hstack 进行横向堆叠。见 In［37］。

```
In [37]:  arr1=np.array([1,2,3])
          arr2=np.array([4,5,6])
          print('纵向堆叠后:\n', np.vstack((arr1,arr2)),
              '\n横向堆叠后:\n', np.hstack((arr1,arr2)))
```

```
纵向堆叠后[[1 2 3] [4 5 6]]
横向堆叠后[1 2 3 4 5 6]
```

**步骤 38**　ndarray 转换为其他数据结构示例如下。见 In［38］。

```
In [38]: arr3=np.array([[1,2,3],[4,5,6]])
         print("转换前的Ndarray是：\n",arr3)
         import pandas as pd
         dfFromNdarray=pd.DataFrame(arr3)
         print("Ndarray转为DataFrame的结果是：\n",dfFromNdarray)
         arrFromDataFrame=dfFromNdarray.values
         print("DataFrame转为Ndarray的结果是：\n",arrFromDataFrame)
```

```
转换前的Ndarray是[[1 2 3] [4 5 6]]
Ndarray转为DataFrame的结果是：
   0 1 2
0  1 2 3
1  4 5 6
DataFrame转为Ndarray的结果是[[1 2 3] [4 5 6]]
```

（2）matrix。

**步骤 39**　创建 matrix：矩阵的创建。使用 mat( )方法可以把其他数据结构的对象转换为矩阵类型。见 In［39］。

```
In [39]: array1 = [1,2,3]
         array2 = [6,7,8]
         array3 = [11,12,17]
         matrix = np.mat([array1,array2,array3])
         print('显示该数据结构类型',type(matrix))
         matrix
```

```
显示该数据结构类型 <class 'numpy.matrix'>
```

```
Out[39]: matrix([[ 1,  2,  3],
                 [ 6,  7,  8],
                 [11, 12, 17]])
```

**步骤 40**　创建随机矩阵。在 NumPy 中包含了许多创建特殊矩阵的方法。这里使用 empty( )方法创建一个新的随机数据矩阵。见 In［40］。

```
In [40]: matrix1=np.empty((3,3))
         matrix1
```

```
Out[40]: array([[0.   , 0.125, 0.25 ],
                [0.375, 0.5  , 0.625],
                [0.75 , 0.875, 1.   ]])
```

**步骤 41**　matrix 查询操作：矩阵查询。在矩阵中有以下几种常用属性用于观察矩阵。见 In［41］。

```
In [41]: print("矩阵每维的大小\n",matrix.shape)
         print("矩阵所有数据的个数\n",matrix.size)
         print("矩阵每个数据的类型\n",matrix.dtype)
```

```
矩阵每维的大小(3, 3)
矩阵所有数据的个数 9
矩阵每个数据的类型 int32
```

**步骤 42**　matrix 增加操作：矩阵合并。用 c_( )方法进行行连接，根据参数顺序决定生成矩阵的结果。r_( )方法用于列连接。见 In［42］。

```
In [42]: mat1=np.mat([[1,2],[3,4]])
         mat2=np.mat([[4],[5]])
         print("mat1:\n",mat1)
         print("mat2:\n",mat2)
         matrix_r = np.c_[mat1,mat2]
         print('将mat2矩阵添加在原矩阵右侧\n',matrix_r)
         matrix_l = np.c_[mat2,mat1]
         print('将mat2矩阵添加在原矩阵左侧\n',matrix_l)
         matrix_u = np.r_[np.mat([array1]),matrix]
         print('在原矩阵上方连接矩阵\n',matrix_u)
```

```
mat1:
 [[1 2]
 [3 4]]
mat2:
 [[4]
 [5]]
将mat2矩阵添加在原矩阵右侧
 [[1 2 4]
 [3 4 5]]
将mat2矩阵添加在原矩阵左侧
 [[4 1 2]
 [5 3 4]]
在原矩阵上方连接矩阵
 [[ 1  2  3]
 [ 1  2  3]
 [ 6  7  8]
 [11 12 17]]
```

**步骤 43** matrix 删除操作：矩阵删除。delete( )方法可删除矩阵的指定行列，类似数组中的用法。见 In ［43］。

```
In [43]: matrix2 = np.delete(matrix,1,axis = 1)
         print('删除第一行后的结果\n',matrix2)
         matrix3 = np.delete(matrix,1,axis = 0)
         print('删除第一列后的结果\n',matrix3)
```

```
删除第一行后的结果[[ 1  3] [ 6  8] [11 17]]
删除第一列后的结果[[ 1  2 3] [11 12 17]]
```

**步骤 44** matrix 特殊操作：矩阵运算。在矩阵运算中，＊被重写用于矩阵乘法，.dot( )则用于计算矩阵点乘。见 In ［44］。

```
In [44]: mat3=np.mat([[5,6],[7,8]])
         matrix4 = mat1 * mat3
         print('矩阵乘法结果\n',matrix4)
         matrix5 = mat1.dot(mat3)
         print('矩阵点乘结果\n',matrix5)
```

```
矩阵乘法结果[[19 22] [43 50]]
矩阵点乘结果[[19 22] [43 50]]
```

**步骤 45** 矩阵常用函数。矩阵也可以使用.T 进行转置。linalg.inv( )可以用于求逆矩阵，但若不存在逆矩阵则报错。见 In ［45］。

```
In [45]: matrix6 = matrix.T
         matrix7 = np.linalg.inv(mat1)
         print('\n矩阵转置后：\n',matrix6,
               '\n矩阵求逆后：\n',matrix7)
```

```
矩阵转置后[[ 1  6 11] [ 2  7 12] [ 3  8 17]]
矩阵求逆后[[-2.   1. ] [ 1.5 -0.5]]
```

**步骤 46** 求矩阵特征值（使用 NumPy 求特征值，矩阵必须是方阵）。见 In［46］。

```
In [46]: matrix8 = np.linalg.eig(matrix)
         matrix8
Out[46]: (array([24.88734753, -0.8418908 ,  0.95454327]),
          matrix([[-0.1481723 , -0.87920199,  0.10036602],
                  [-0.4447565 ,  0.3814255 , -0.82855015],
                  [-0.88331004,  0.28551435,  0.550846  ]]))
```

**步骤 47** matrix 转换为其他数据结构示例：矩阵数据类型转换。由于结构类似，矩阵常常与列表和数组进行数据类型的转换。见 In［47］。

```
In [47]: print("矩阵列表：\n",matrix.tolist(),
             "\n矩阵转数组：\n",np.array(matrix))

         矩阵列表[[1, 2, 3][6, 7, 8] [11, 12, 17]]
         矩阵转数组[[ 1  2  3] [ 6  7  8] [11 12 17]]
```

### 3.3.2.3  Pandas 中的数据结构

包括 Series 和 DataFrame，需要引入 pandas 包。

（1）Series。

**步骤 48** 创建 Series：引入 pandas 包并取别名 pd。见 In［48］。

```
In [48]: import pandas as pd
```

**步骤 49** 创建序列对象。首先创建一个字典，使用 Series( ) 方法将字典转换成为序列对象，字典的 key 会自动成为 Series 的 index。若将列表转换为 Series，则生成的序列对象会自动赋予 index 值。见 In［49］。

```
In [49]: sdata = {'Ohio': 35000, 'Texas': 71000, 'Oregon':16000, 'Utah': 5000}
         s0 = pd.Series(sdata)
         print('利用字典生成的序列对象\n',s0)
         print("显示该数据结构类型",type(s0))
         s1 = pd.Series([6, 1, 2, 9])
         print('利用列表生成的序列对象\n',s1)

         利用字典生成的序列对象
         Ohio     35000
         Texas    71000
         Oregon   16000
         Utah      5000
         dtype: int64
         显示该数据结构类型 <class 'pandas.core.series.Series'>
         利用列表生成的序列对象
         0    6
         1    1
         2    2
         3    9
         dtype: int64
```

**步骤 50** 添加索引。通过指定 index 为 Series 增加索引。见 In［50］。

```
In [50]: s1 = pd.Series([6, 1, 2, 9], index=['a','b','c','d'])
         s1

Out[50]:

a    6
b    1
c    2
d    9
dtype: int64
```

**步骤 51** Series 查询操作：通过序列常用属性 values 和 index 实现。values 显示 Series 中的值，index 显示索引，此外还可以按照索引值显示元素。见 In [51]。

```
In [51]: print('序列的值\n', s0.values)
         print('序列的索引\n', s0.index)
         print('按照下标查找序列', s0[2])
         print('按照索引值查找元素', s0['Utah'])
         print('按照下标批量查找序列\n', s0[:2])
         print('按照索引值批量查找元素\n', s0[['Ohio', 'Oregon']])

序列的值[35000 71000 16000  5000]
序列的索引Index(['Ohio', 'Texas', 'Oregon', 'Utah'], dtype='object')
按照下标查找序列 16000
按照索引值查找元素 5000
按照下标批量查找序列
Ohio     35000
Texas    71000
dtype: int64
按照索引值批量查找元素
Ohio      35000
Oregon    16000
dtype: int64
```

**步骤 52** Series 增加操作。append()方法为 Series 增加元素，index 可以指定索引值。见 In [52]。

```
In [52]: s2 = s1.append(pd.Series([12], index = ['e']))
         s2

Out[52]:

a     6
b     1
c     2
d     9
e    12
dtype: int64
```

**步骤 53** Series 删除操作。删除 Series 中的元素（只能通过 index 来删除元素）。见 In [53]。

```
In [53]: s3 = s1.drop('a')
         s3

Out[53]:
b    1
c    2
d    9
dtype: int64
```

**步骤 54** Series 修改操作。序列中可以直接根据索引查找并更新元素。见 In ［54］。

```
In [54]: s1['a'] = 4    #将s1中index为a的元素更改为4
         s1

Out[54]:

         a    4
         b    1
         c    2
         d    9
         dtype: int64
```

**步骤 55** Series 特殊操作：序列排序。sort_ values( )方法可以使 Series 的值按照升序排序。见 In ［55］。

```
In [55]: s1.sort_values()

Out[55]: b    1
         c    2
         a    4
         d    9
         dtype: int64
```

**步骤 56** 序列求中位数。median( )方法可以直接得到序列的中位数，在此之上可以进行比较等操作。见 In ［56］。

```
In [56]: print(s1)
         print("中位数为： " + str(s1.median()))
         print("大于序列中位数的数\n", s1[s1 > s1.median()])

         a    4
         b    1
         c    2
         d    9
         dtype: int64
         中位数为：3.0
         大于序列中位数的数
          a    4
         d    9
         dtype: int64
```

**步骤 57** 序列的运算。两个 Series 之间，可以进行加减乘除运算（必须保证 index 是一致的）。见 In ［57］。

```
In [57]: s2 = pd.Series([4, 3, 5, 8], index=['a','b','c','d'])
         s2+s1

Out[57]: a     8
         b     4
         c     7
         d    17
         dtype: int64
```

**步骤 58** 创建时间序列。pandas 包中的 data_range( )方法可以生成时间序列，便于进行数据的处理。见 In ［58］。

```
In [58]: s3=pd.Series([100, 150, 200])
         print("生成的序列是:\n", s3)
         idx=pd.date_range(start='2019-9', freq='M', periods=3)
         print("\n生成的时间序列是：\n", idx)
         s3.index=idx
         print("\n生成的时间序列是：\n", s3)
```

```
生成的序列是
0    100
1    150
2    200
dtype: int64
生成的时间序列是
DatetimeIndex(['2019-09-30', '2019-10-31', '2019-11-30'], dtype='datetime64[ns]',
freq='M')

生成的时间序列是：
2019-09-30    100
2019-10-31    150
2019-11-30    200
Freq: M, dtype: int64
```

**步骤 59**  Series 转换为其他数据结构示例如下。见 In［59］。

```
In [59]: dfFromSeries=s2.to_frame()
         print("Series转DataFrame\n", dfFromSeries)
         print("显示数据结构类型：", type(dfFromSeries))
         dictFromSeries=s2.to_dict()
         print("Series转Dict\n", dictFromSeries)
         print("显示数据结构类型：", type(dictFromSeries))
```

```
Series转DataFrame
     0
a    4
b    3
c    5
d    8
显示数据结构类型： <class 'pandas.core.frame.DataFrame'>
Series转Dict{'a': 4, 'b': 3, 'c': 5, 'd': 8}
显示数据结构类型： <class 'dict'>
```

（2）DataFrame。

**步骤 60**  创建 DataFrame 对象。首先引入 pandas 包并命名 pd，之后创建词典，并使用 DataFrame（）方法创建数据框对象。通过 index.name 给其索引命名。最后使用 to_csv 和 to_excel 方法将其保存为 CSV 和 EXCEL 文件。见 In［60］。

```
In [60]: import pandas as pd
         dic1 = {'name':['Tom','Lily','Cindy','Petter'],'no':['001','002','003','004'],'age'
         :[16, 16, 15, 16], 'gender':['m','f','f','m']}
         df1 = pd.DataFrame(dic1)
         print("显示该数据结构类型", type(df1))
         df1.index.name = 'id'
         df1.to_csv('students.csv')
         df1.to_excel('students.xls')
         df1
```

显示该数据结构类型 <class 'pandas.core.frame.DataFrame'>

Out[60]:

| | name | no | age | gender |
|---|---|---|---|---|
| id | | | | |
| 0 | Tom | 001 | 16 | m |
| 1 | Lily | 002 | 16 | f |
| 2 | Cindy | 003 | 15 | f |
| 3 | Petter | 004 | 16 | m |

**步骤 61** DataFrame 查询操作。通过 DataFrame. name 可以返回索引值为 name 的整列数据，而 DataFrame. iloc［i］可以返回指定行数的全部数据。除此之外也可以根据时间序列查找内容。见 In［61］。

In[61]:
```
column=df1.no
row=df1.loc[3]
print('\n列数据索引\n',column,'\n行数据索引\n',row)
```

```
列数据索引
 id
0    001
1    002
2    003
3    004
Name: no, dtype: object
行数据索引
 name      Petter
no           004
age           16
gender         m
Name: 3, dtype: object
```

**步骤 62** DataFrame 增加操作。使用 append( )方法增加一名同学的信息，这里根据行索引分别添加值。update( )方法可以给数据框增加列。见 In［62］。

In[62]:
```
print('修改前:\n',df1)
df2=df1.append([{'name':'Stark','no':'005','age':15,'gender':'m'}],ignore_index =True)
print('增加行\n',df2)
df2['new_Col'] = [1,2,3,4,5]
print('增加列:\n',df2)
```

```
修改前:
        name   no  age gender
id
0       Tom  001   16      m
1      Lily  002   16      f
2     Cindy  003   15      f
3    Petter  004   16      m
增加行:
        name   no  age gender
0       Tom  001   16      m
1      Lily  002   16      f
2     Cindy  003   15      f
3    Petter  004   16      m
4     Stark  005   15      m
```

增加列:
```
     name  no   age  gender  new_Col
0    Tom   001  16   m       1
1    Lily  002  16   f       2
2    Cindy 003  15   f       3
3    Petter 004 16   m       4
4    Stark 005  15   m       5
```

**步骤 63** DataFrame 删除操作。使用 drop 方法可以删除指定索引对应的列，还可以通过修改参数删除行。除此之外，通过 del 指令可以就地删除指定索引值的整列数据（操作一旦进行即不可恢复）。见 In［63］。

```
In [63]: df3=df1.copy()
         print('处理前的数据\n',df1)
         df3b=df3.drop(['name'],axis=1)
         print('删除列后的数据框\n',df3b)
         df3c=df3.drop([2])
         print('删除行后的数据框\n',df3c)
```

```
处理前的数据
        name   no   age gender
id
0       Tom   001   16    m
1       Lily  002   16    f
2       Cindy 003   15    f
3       Petter 004  16    m
删除列后的数据框
        no   age gender
id
0       001  16    m
1       002  16    f
2       003  15    f
3       004  16    m
删除行后的数据框
        name   no   age gender
id
0       Tom   001   16    m
1       Lily  002   16    f
3       Petter 004  16    m
```

**步骤 64** DataFrame 修改操作：数据框按列合并（效果和增加列相同）。见 In［64］。

```
In [64]: df4 = pd.DataFrame({'address':['school','home','school','school','home']})
         df5 = pd.concat([df2,df4],axis=1)
         print('合并前的df1\n',df2)
         print('合并前的df4\n',df4)
         print('合并后的df5\n',df5)
```

```
合并前的df1
        name   no   age gender  new_Col
0       Tom   001   16    m       1
1       Lily  002   16    f       2
2       Cindy 003   15    f       3
3       Petter 004  16    m       4
4       Stark 005   15    m       5
```

```
合并前的df4
    address
0   school
1   home
2   school
3   school
4   home
合并后的df5
      name   no   age  gender  new_Col  address
0     Tom   001   16     m        1     school
1     Lily  002   16     f        2     home
2     Cindy 003   15     f        3     school
3     Petter 004  16     m        4     school
4     Stark 005   15     m        5     home
```

**步骤 65**  数据框按行合并（效果和增加一行信息相同）。见 In〔65〕。

```
In〔65〕:  df6 = pd.DataFrame({'name':['Tony'],'no':['005'],'age':[16],'gender':['m']})
          df7 = pd.concat([df1,df6],axis=0)
          print('合并前的df1\n',df1)
          print('合并前的df6\n',df6)
          print('合并后的df7\n',df7)
```

```
合并前的df1
      name   no   age  gender
id
0     Tom   001   16     m
1     Lily  002   16     f
2     Cindy 003   15     f
3     Petter 004  16     m
合并前的df6
      name   no   age  gender
0     Tony  005   16     m
合并后的df7
      name   no   age  gender
0     Tom   001   16     m
1     Lily  002   16     f
2     Cindy 003   15     f
3     Petter 004  16     m
0     Tony  005   16     m
```

**步骤 66**  DataFrame 特殊操作：数据框的时间序列。通过 date_range 函数生成序列并加入数据中，如创建从 2019 年 9 月 21 日开始的连续 4 天的时间序列。使用 pandas 包中的 read_csv() 方法读取之前保存的学生数据，更新数据后可以看到生成的时间序列已经加入数据框中。见 In〔66〕。

```
In〔66〕:  myTime=pd.date_range('2019/9/21', periods=4, freq='7D')
          print('产生的时间序列是：\n',myTime)
          df10=df1
          print('设置索引前的df1是：\n',df1)
          df10.index=myTime
          print('设置索引后的df10是：\n',df10)
```

```
产生的时间序列是
 DatetimeIndex(['2019-09-21', '2019-09-28', '2019-10-05', '2019-10-12'], dtype='da
tetime64[ns]', freq='7D')
设置索引前的df1是
```

```
        name   no   age  gender
id
0     Tom   001    16       m
1     Lily  002    16       f
2    Cindy  003    15       f
3   Petter  004    16       m
设置索引后的df10是
                name   no   age  gender
2019-09-21     Tom   001    16       m
2019-09-28    Lily   002    16       f
2019-10-05   Cindy   003    15       f
2019-10-12  Petter   004    16       m
```

**步骤 67**　时间序列查询。见 In［67］。

In［67］:
```
print('\n根据时间序列索引得到的值\n',df10.loc["2019-09-21":"2019-09-30",['gender','
age','name']])
```

```
根据时间序列索引得到的值
            gender  age  name
2019-09-21      m   16   Tom
2019-09-28      f   16  Lily
```

**步骤 68**　DataFrame 转换为其他数据结构示例：DataFrame 由于具有相对复杂的结构，故其数据类型转换与其他类型略有不同。见 In［68］。

In［68］:
```
print("type(df10):",type(df10))
print("type(df10.values):",type(df10.values))
print("type(df10['gender']):",type(df10['gender']))
print("DataFrame转ndarray\n",df10.values,
      "\nDataFrame转series\n",df10['gender'])
```

```
type(df10): <class 'pandas.core.frame.DataFrame'>
type(df10.values): <class 'numpy.ndarray'>
type(df10['gender']): <class 'pandas.core.series.Series'>
DataFrame转ndarray
 [['Tom' '001' 16 'm']
 ['Lily' '002' 16 'f']
 ['Cindy' '003' 15 'f']
 ['Petter' '004' 16 'm']]
DataFrame转series
 2019-09-21    m
2019-09-28    f
2019-10-05    f
2019-10-12    m
Freq: 7D, Name: gender, dtype: object
```

### 3.3.2.4　数据可视化

**步骤 69**　准备工作：matplotlib 绘图的准备。导入 matplotlib 下的 python 绘图包 pyplot 并命名为 plt。这里使用 pandas 包中的 read_csv( ) 方法读入股票数据 stock，用作画图使用。见 In［69］。

In［69］:
```
import numpy as np
import pandas as pd
import matplotlib.pyplot as plt
stock=pd.read_csv('stock.csv',index_col=0)
stock.head()
```

Out[69]:

|  | date | open | close | high | low | volume | code |
|---|---|---|---|---|---|---|---|
| 90 | 2018/5/21 | 23.870 | 23.810 | 24.069 | 23.592 | 43266 | 600848 |
| 91 | 2018/5/22 | 23.701 | 23.691 | 23.970 | 23.432 | 32100 | 600848 |
| 92 | 2018/5/23 | 23.630 | 23.350 | 23.700 | 23.320 | 26356 | 600848 |
| 93 | 2018/5/24 | 23.460 | 23.290 | 23.550 | 23.260 | 21509 | 600848 |
| 94 | 2018/5/25 | 24.210 | 23.750 | 25.000 | 23.720 | 115681 | 600848 |

**步骤 70** pyplot 绘图。绘制饼图：使用 matplotlib. pyplot. figure 函数建立窗口，之后使用 matplotlib. pyplot. pie 函数绘制饼图。见 In［70］。

In [70]:
```
%matplotlib inline
#将图表嵌入jupyterlab中
plt.rcParams['font.sans-serif']='SimHei'  #设置中文显示
plt.rcParams['axes.unicode_minus']=False  #用来正常显示负号
plt.figure(figsize=(6,6))  #设定长宽建立窗口
plt.title('2018年5月21日~29日成交量饼图')  #设置标题
plt.pie(stock.volume, labels=stock.index, autopct='%1.1f%%')  #autopct输出精度为1的数字+%
plt.grid(True)
```

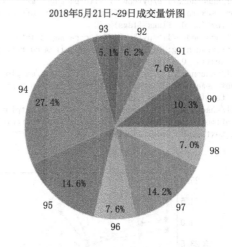

**步骤 71** 绘制折线图：使用 matplotlib. pyplot. plot 函数绘制折线图，使用 matplotlib. pyplot. legend 设置 label 坐标位置。见 In［71］。

In [71]:
```
plt.plot(stock.open,'r-',marker="o",label='开盘')
plt.plot(stock.high,'g—',marker="s",label='最高价')
plt.plot(stock.close,'b:',marker="^",label='收盘')
plt.legend(loc=0)  #设置label标签位置，0左上角
plt.grid(True)
plt.xlabel('index')
plt.ylabel('value')
plt.title('Stock Trend')  #设置标题
```

Out[71]: Text(0.5, 1.0, 'Stock Trend')

```
/Users/bill/anaconda3/lib/python3.7/site-packages/matplotlib/backends/backend_agg.
py:211: RuntimeWarning: Glyph 24320 missing from current font.
  font.set_text(s, 0.0, flags=flags)
/Users/bill/anaconda3/lib/python3.7/site-packages/matplotlib/backends/backend_agg.
py:211: RuntimeWarning: Glyph 30424 missing from current font.
  font.set_text(s, 0.0, flags=flags)
/Users/bill/anaconda3/lib/python3.7/site-packages/matplotlib/backends/backend_agg.
py:211: RuntimeWarning: Glyph 26368 missing from current font.
  font.set_text(s, 0.0, flags=flags)
/Users/bill/anaconda3/lib/python3.7/site-packages/matplotlib/backends/backend_agg.
py:211: RuntimeWarning: Glyph 39640 missing from current font.
  font.set_text(s, 0.0, flags=flags)
/Users/bill/anaconda3/lib/python3.7/site-packages/matplotlib/backends/backend_agg.
py:211: RuntimeWarning: Glyph 20215 missing from current font.
  font.set_text(s, 0.0, flags=flags)
/Users/bill/anaconda3/lib/python3.7/site-packages/matplotlib/backends/backend_agg.
py:211: RuntimeWarning: Glyph 25910 missing from current font.
  font.set_text(s, 0.0, flags=flags)
/Users/bill/anaconda3/lib/python3.7/site-packages/matplotlib/backends/backend_agg.
py:180: RuntimeWarning: Glyph 24320 missing from current font.
  font.set_text(s, 0, flags=flags)
/Users/bill/anaconda3/lib/python3.7/site-packages/matplotlib/backends/backend_agg.
py:180: RuntimeWarning: Glyph 30424 missing from current font.
  font.set_text(s, 0, flags=flags)
/Users/bill/anaconda3/lib/python3.7/site-packages/matplotlib/backends/backend_agg.
py:180: RuntimeWarning: Glyph 26368 missing from current font.
  font.set_text(s, 0, flags=flags)
/Users/bill/anaconda3/lib/python3.7/site-packages/matplotlib/backends/backend_agg.
py:180: RuntimeWarning: Glyph 39640 missing from current font.
  font.set_text(s, 0, flags=flags)
/Users/bill/anaconda3/lib/python3.7/site-packages/matplotlib/backends/backend_agg.
py:180: RuntimeWarning: Glyph 20215 missing from current font.
  font.set_text(s, 0, flags=flags)
/Users/bill/anaconda3/lib/python3.7/site-packages/matplotlib/backends/backend_agg.
py:180: RuntimeWarning: Glyph 25910 missing from current font.
  font.set_text(s, 0, flags=flags)
```

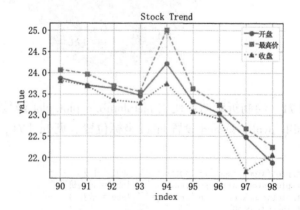

**步骤 72** 绘制直方图：使用 matplotlib. pyplot. bar 函数绘制直方图，使用 xlabel 和 ylabel 设定 $x$，$y$ 轴的名称。见 In［72］。

In [72]:
```
plt.bar(stock.index, stock.volume, color='g', width=0.5)
plt.grid(True)
plt.xlabel('index')
plt.ylabel('volume')
plt.title('2018年5月21日~31日成交量')
```

Out[72]: Text(0.5, 1.0, '2018年5月21日~31日成交量')

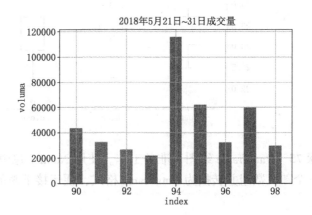

**步骤 73** 绘制散点图：使用 matplotlib.pyplot.scatter 函数绘制散点图。属性 c 用于设置散点色彩，属性 norm 用于设置散点亮度，属性 s 用于设置散点大小。见 In [73]。

In [73]:
```
plt.scatter(stock.index, stock.low, marker='o')    #maker指定形状
```

Out[73]: <matplotlib.collections.PathCollection at 0x1c6eebc91c8>

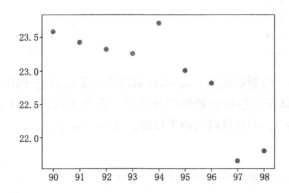

**步骤 74** 绘制箱线图：使用 matplotlib.pyplot.boxplot 函数绘制箱线图。见 In [74]。

In [74]: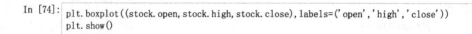
```
plt.boxplot((stock.open, stock.high, stock.close), labels=('open','high','close'))
plt.show()
```

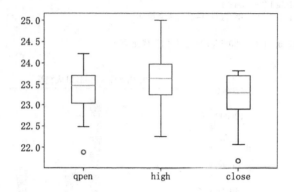

**步骤 75** DataFrame 绘图：准备工作。使用 NumPy 包中的 randint( )方法生成一个随机数组并转换为 DataFrame 格式，便于接下来的绘图工作。见 In〔75〕。

In [75]:
```
plot_df = pd.DataFrame(
    np.random.randint(1, 10, 30).reshape(10, 3),
    columns = list('ABC')
)
plot_df.head()
```

Out[75]:

| | A | B | C |
|---|---|---|---|
| 0 | 6 | 7 | 7 |
| 1 | 7 | 8 | 3 |
| 2 | 2 | 3 | 9 |
| 3 | 7 | 5 | 1 |
| 4 | 7 | 7 | 1 |

**步骤 76** 绘制折线图。subplots 属性决定是否含有子图，这里为真则展示子图。默认按照数据框的列切分数据。由于未指定 kind 参数的值，这里默认为"line"，因此可以绘制折线图。见 In〔76〕。

In [76]:
```
plot_df.plot(subplots=True, figsize=(6, 6))
```

Out[76]: array([<matplotlib.axes._subplots.AxesSubplot object at 0x000001C6EEBAFB08>,
        <matplotlib.axes._subplots.AxesSubplot object at 0x000001C6EECD8C88>,
        <matplotlib.axes._subplots.AxesSubplot object at 0x000001C6EED07B88>],
       dtype=object)

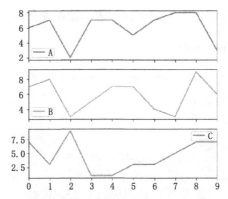

**步骤 77** 绘制横柱形图。这里指定 kind 参数为 "barh"，因此可以绘制横柱形图。见 In［77］。

In [77]:
```
plot_df.plot(kind='barh')
```

Out[77]: ⟨matplotlib.axes._subplots.AxesSubplot at 0x1c6eedcccc8⟩

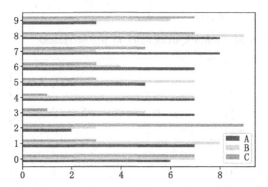

**步骤 78** 绘制柱形图。参数 kind = 'bar' 表示绘制柱形图。修改 stacked 参数可以使数据堆叠。见 In［78］。

In [78]:
```
plot_df.plot(kind='bar',stacked=True)
```

Out[78]: ⟨matplotlib.axes._subplots.AxesSubplot at 0x1c6eeebcc48⟩

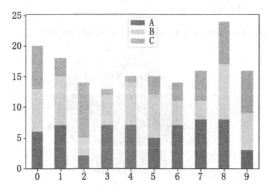

**步骤 79** 绘制面积图。kind = 'area'表示绘制面积图。见 In［79］。

In［79］: `plot_df.plot(kind='area')`

Out［79］: `<matplotlib.axes._subplots.AxesSubplot at 0x1c6eff4d1c8>`

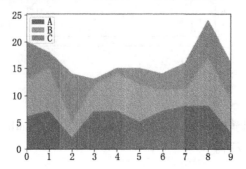

**步骤 80** 绘制散点图。kind = 'scatter'表示散点图，这里需要转入两个列属性名作为参数。见 In［80］。

In［80］: `plot_df.plot('A','B',kind='scatter')`

Out［80］: `<matplotlib.axes._subplots.AxesSubplot at 0x1c6effbb388>`

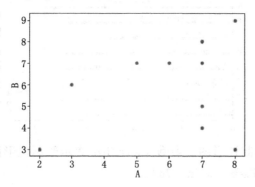

**步骤 81** 绘制饼图。kind = 'pie'表示绘制饼图。可以通过 DataFrame 的数据索引机制来更改绘图的数据。见 In［81］。

In［81］: `plot_df['A'].plot(kind='pie')`

Out［81］: `<matplotlib.axes._subplots.AxesSubplot at 0x1c6f003f908>`

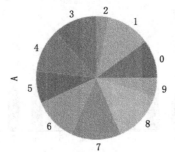

**步骤 82** 绘制二维直方图。使用正态分布的随机数产生横轴和纵轴的坐标组合，不同颜色表示不同坐标组合出现的频数。见 In［82］。

```
In [82]:  plot_df2 = pd.DataFrame(np.random.randn(1000, 2), columns=['a', 'b'])
          plot_df2.plot.hexbin(x='a', y='b', gridsize=25)
          plot_df2.head()
```

Out[82]:

|   | a | b |
|---|---|---|
| 0 | -0.983567 | 0.014810 |
| 1 | -0.343484 | -1.054849 |
| 2 | 0.054367 | 0.666164 |
| 3 | 0.766347 | -2.003487 |
| 4 | -2.028506 | 2.408469 |

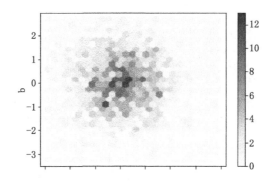

## 3.4 本章总结

本章实现的工作是：采用 Python 语言创建 tuple，list，set，dict，ndarray，matrix，Series 和 DataFrame 8 种数据结构的对象，并进行增删改查等操作以及数据结构之间的转换，最终绘制多种统计图形，为后续的算法学习打下基础。

本章掌握的技能是：①熟悉 Python 原生、NumPy 库和 pandas 库中的 8 种数据结构；②使用 Python 读取和存储数据；③数据的切片与合并；④使用 matplotlib 库实现数据的可视化，掌握绘制多种统计图形的方法。

## 3.5 本章作业

➢ 实现本章的全部案例。

➢ 使用 seanborn 包中的乘客数据集，将其转换为各种数据结构进行存储，进行数据可视化，分别绘制直方图、箱线图以及散点图等，并给图示增加标题。

In [1]:
```python
import seaborn as sns
data = sns.load_dataset("flights")
data.head()
```

Out[1]:

| | year | month | passengers |
|---|---|---|---|
| 0 | 1949 | January | 112 |
| 1 | 1949 | February | 118 |
| 2 | 1949 | March | 132 |
| 3 | 1949 | April | 129 |
| 4 | 1949 | May | 121 |

# 4　缺失值填充

## 4.1　本章工作任务

采用均值填充、前采样后采样填充和机器学习（MLP 神经网络算法，即多层感知器算法）填充 3 种方法，对数据中的缺失值进行预测填充。①算法的输入是：9 名学生的语文、英语、数学成绩数据（含有缺失值）；②算法模型需要求解的是：均值填充方法与前后采样填充方法无须求解模型，机器学习（MLP 神经网络算法）填充方法求解的是最佳的权值与偏置项，使得预测结果误差最小；③算法的结果是：缺失值对应的预测结果。

## 4.2　本章技能目标

➤ 掌握均值填充及前后采样填充的含义与使用
➤ 掌握机器学习（MLP 神经网络算法）填充的原理
➤ 掌握使用 MLP 算法填充缺失值的方法
➤ 使用 Python 对预测结果进行填充并展示填充后的结果

## 4.3　本章简介

**均值填充是指**：把缺失值所在列用不含缺失值部分的数据的平均值或指定列的数据的平均值来填充。

**前采样后采样填充是指**：通过数据内部采集，把缺失值处的值填充为缺失值所在列或行的前一个值或后一个值。

**机器学习（MLP 神经网络算法）填充是指**：通过建立多层感知器（Multi-Layer Perceptron，MLP，主要由输入层、隐藏层、输出层组成）来填充缺失值，该方法通过训练模型得到隐藏层所需的各项参数之后，将输入层的数据代入隐藏层参数组成的公式中进行计算，即可得到对应的输出层数据（缺失值的预测结果）。

**缺失值填充可以解决的科学问题是**：已知属性 A，B 下分别记录了 $N$ 个数据 $X_1 \cdots X_N$，$Y_1 \cdots Y_N$，其中 B 属性下的 $N$ 个数据中包含 $M(M < N)$ 个缺失

值，结合属性 A 的数据，运用 3 种缺失值填充方式对属性 B 的 *M* 处缺失值进行预测填充，以保证数据的完整性与有效性。

**缺失值填充可以解决的实际应用问题是**：在对多位学生的各科成绩进行分析时，记录和整理过程中产生的遗漏数据会影响分析结果的准确性。利用 3 种缺失值填充方法可以补充遗漏的数据，保证数据的完整性和有效性，从而提高分析的准确性。

**本章的重点是**：3 种缺失值填充方法的理解与使用。

# 4.4 理论讲解部分

## 4.4.1 任务描述

任务内容参见图 4-1。

|   | id | yuwen | yingyu | shuxue |
|---|----|-------|--------|--------|
| 0 | 1 | 77 | 75 | 78.0 |
| 1 | 2 | 81 | 96 | NaN |
| 2 | 3 | 76 | 66 | NaN |
| 3 | 4 | 90 | 73 | 82.0 |
| 4 | 5 | 61 | 84 | 72.0 |
| 5 | 6 | 80 | 60 | 83.0 |
| 6 | 7 | 87 | 74 | 97.0 |
| 7 | 8 | 62 | 91 | 78.0 |
| 8 | 9 | 91 | 90 | 92.0 |

a) 包含缺失值的原始数据

|   | id | yuwen | yingyu | shuxue |
|---|----|-------|--------|--------|
| 0 | 1 | 77 | 75 | 78.0 |
| 1 | 2 | 81 | 96 | 0.0 |
| 2 | 3 | 76 | 66 | 0.0 |
| 3 | 4 | 90 | 73 | 82.0 |
| 4 | 5 | 61 | 84 | 72.0 |
| 5 | 6 | 80 | 60 | 83.0 |
| 6 | 7 | 87 | 74 | 97.0 |
| 7 | 8 | 62 | 91 | 78.0 |
| 8 | 9 | 91 | 90 | 92.0 |

b) 以定值0为例的填充结果展示

|   | id | yuwen | yingyu | shuxue |
|---|----|-------|--------|--------|
| 0 | 1 | 77 | 75 | 78.000000 |
| 1 | 2 | 81 | 96 | 83.142857 |
| 2 | 3 | 76 | 66 | 83.142857 |
| 3 | 4 | 90 | 73 | 82.000000 |
| 4 | 5 | 61 | 84 | 72.000000 |
| 5 | 6 | 80 | 60 | 83.000000 |
| 6 | 7 | 87 | 74 | 97.000000 |
| 7 | 8 | 62 | 91 | 78.000000 |
| 8 | 9 | 91 | 90 | 92.000000 |

c) 均值填充结果展示

|   | id | yuwen | yingyu | shuxue |
|---|----|-------|--------|--------|
| 0 | 1 | 77 | 75 | 78.000000 |
| 1 | 2 | 81 | 96 | 78.777778 |
| 2 | 3 | 76 | 66 | 78.777778 |
| 3 | 4 | 90 | 73 | 82.000000 |
| 4 | 5 | 61 | 84 | 72.000000 |
| 5 | 6 | 80 | 60 | 83.000000 |
| 6 | 7 | 87 | 74 | 97.000000 |
| 7 | 8 | 62 | 91 | 78.000000 |
| 8 | 9 | 91 | 90 | 92.000000 |

d) 指定列填充结果展示

**图 4-1**

| | id | yuwen | yingyu | shuxue |
|---|---|---|---|---|
| 0 | 1 | 77 | 75 | 78.0 |
| 1 | 2 | 81 | 96 | 78.0 |
| 2 | 3 | 76 | 66 | 78.0 |
| 3 | 4 | 90 | 73 | 82.0 |
| 4 | 5 | 61 | 84 | 72.0 |
| 5 | 6 | 80 | 60 | 83.0 |
| 6 | 7 | 87 | 74 | 97.0 |
| 7 | 8 | 62 | 91 | 78.0 |
| 8 | 9 | 91 | 90 | 92.0 |

e) 以填充上一个值为例的填充结果展示

| | id | yuwen | yingyu | shuxue |
|---|---|---|---|---|
| 0 | 1.0 | 77.0 | 75.0 | 78.0 |
| 1 | 2.0 | 81.0 | 96.0 | 96.0 |
| 2 | 3.0 | 76.0 | 66.0 | 66.0 |
| 3 | 4.0 | 90.0 | 73.0 | 82.0 |
| 4 | 5.0 | 61.0 | 84.0 | 72.0 |
| 5 | 6.0 | 80.0 | 60.0 | 83.0 |
| 6 | 7.0 | 87.0 | 74.0 | 97.0 |
| 7 | 8.0 | 62.0 | 91.0 | 78.0 |
| 8 | 9.0 | 91.0 | 90.0 | 92.0 |

f) 以填充左一个值为例的填充结果展示

机器学习（MLP神经网络算法）填充：

调用MLC多层感知器分类器建立模型并求解模型参数：

$$Y_i = f(\sum_{i=1}^{n} \omega_i \cdot X_i + b)$$

求解模型参数为：

每个 $X_i$ 对应的权值 $\omega_i$，偏置项 $b$
最后使用Python将填充结果展示

g) 建模和求解模型

| | id | yuwen | yingyu | shuxue |
|---|---|---|---|---|
| 0 | 1 | 77 | 75 | 78.0 |
| 1 | 2 | 81 | 96 | 78.0 |
| 2 | 3 | 76 | 66 | 72.0 |
| 3 | 4 | 90 | 73 | 82.0 |
| 4 | 5 | 61 | 84 | 72.0 |
| 5 | 6 | 80 | 60 | 83.0 |
| 6 | 7 | 87 | 74 | 97.0 |
| 7 | 8 | 62 | 91 | 78.0 |
| 8 | 9 | 91 | 90 | 92.0 |

h) 机器学习填充的结果展示

图 4-1 任务展示

需要实现的功能描述如下。

（1）样本数据中包含 9 位学生的成绩，属性值 $t$ = ［yuwen，yingyu，shuxue］分别代表学生的语文成绩、英语成绩、数学成绩，其中"shuxue"属性下存在两处缺失值待填充，输入内容即为 9 名学生的语文、英语、数学 3 门课成绩数据（含有缺失值），如图 4-1a) 所示。

（2）第一种方法为使用 fillna( ) 函数填充缺失值，可以用指定数值进行填充，如图 4-1b) 所示；可以用均值进行填充，如图 4-1c) 所示；也可以指定样本数据中某一列来填充，如图 4-1d) 所示。

（3）第二种方法为前采样后采样填充，即在数据内部进行采集，将缺失值填充为缺失值所在列的上一个值或下一个值，如图 4-1e) 所示；也可以将缺失值填充为缺失值所在行的左一个值或右一个值，如图4-1f）所示。

（4）第三种方法为机器学习填充，运用MLP神经网络算法中的MLC多层感知器分类器训练模型并求解，最终得到缺失值的预测值并填充。模型及其参数如图4-1g）所示，填充后的结果如图4-1h）所示。

### 4.4.2 一图精解

3种缺失值填充方法的原理可以参考图4-2理解。

| A | B | C |
|---|---|---|
| $X_1$ | $X_1$ | $Y_1$ |
| $X_1$ | $X_1$ | $Y_1$ |
| $X_2$ | $X_2$ | 缺失值 |

**图4-2　3种缺失值填充方法原理示意图**

3种缺失值填充方法的理解要点。

（1）第一种方法：均值填充。使用fillna（）方法，可直接指定数值填充，即将缺失值区域填充为0；可用缺失值所在列不含缺失值部分的数据的平均值来填充，即以图4-2中$Y_1$区域数据的平均值作为缺失值区域的填充值；也可用指定列（以A列为例）的数据的平均值来填充，即用A列$X_1$与$X_2$区域数据的平均值来填充。

（2）第二种方法：前采样后采样填充。将缺失值所在列或行的前一个值或后一个值填充到缺失的数据处。例如，图4-2中可用缺失值上方$Y_1$区域或左边$X_2$区域的值来填充。

（3）第三种方法：机器学习（MLP神经网络算法）填充。以$X_1$区域作为训练样本的输入，$Y_1$区域作为训练样本的输出，建立模型求解后，以$X_2$区域作为测试样本的输入即可得到缺失值区域对应的预测值。

### 4.4.3 实现步骤

**步骤1**　准备工具包。引入NumPy和pandas，将它们分别命名为np和pd，用于对数据的基本处理。见In［1］。

```
In[1]:  import numpy as np
        import pandas as pd
```

**步骤2**　导入数据，读取存储学生成绩的CSV文件（数据中有2处缺失值待填充），不同设备的路径可能不同。见In［2］。

In [2]:
```
mydata=pd.read_csv('D:\\info.csv')
mydata
```

Out[2]:

|   | Id | yuwen | yingyu | shuxue |
|---|----|-------|--------|--------|
| 0 | 1 | 77 | 75 | 78.0 |
| 1 | 2 | 81 | 96 | NaN |
| 2 | 3 | 76 | 66 | NaN |
| 3 | 4 | 90 | 73 | 82.0 |
| 4 | 5 | 61 | 84 | 72.0 |
| 5 | 6 | 80 | 60 | 83.0 |
| 6 | 7 | 87 | 74 | 97.0 |
| 7 | 8 | 62 | 91 | 78.0 |
| 8 | 9 | 91 | 90 | 92.0 |

**步骤3** 使用 fillna( ) 方法对缺失值进行填充。

（1）使用指定数值对缺失值进行填充，调用 fillna( ) 方法的格式是：数据对象 . fillna( 指定数值 )。见 In［3］。

In [3]:
```
mydata.fillna(0)    #这里以指定值0为例:
```

Out[3]:

|   | Id | yuwen | yingyu | shuxue |
|---|----|-------|--------|--------|
| 0 | 1 | 77 | 75 | 78.0 |
| 1 | 2 | 81 | 96 | 0.0 |
| 2 | 3 | 76 | 66 | 0.0 |
| 3 | 4 | 90 | 73 | 82.0 |
| 4 | 5 | 61 | 84 | 72.0 |
| 5 | 6 | 80 | 60 | 83.0 |
| 6 | 7 | 87 | 74 | 97.0 |
| 7 | 8 | 62 | 91 | 78.0 |
| 8 | 9 | 91 | 90 | 92.0 |

（2）使用平均值对缺失值进行填充，调用方法的格式是：数据对象 . fillna( 数据对象 . mean( ) )。见 In［4］。

In [4]:
```
mydata.fillna(mydata.mean())
```
Out[4]:

|   | id | yuwen | yingyu | shuxue |
|---|----|-------|--------|--------|
| 0 | 1  | 77    | 75     | 78.000000 |
| 1 | 2  | 81    | 96     | 83.142857 |
| 2 | 3  | 76    | 66     | 83.142857 |
| 3 | 4  | 90    | 73     | 82.000000 |
| 4 | 5  | 61    | 84     | 72.000000 |
| 5 | 6  | 80    | 60     | 83.000000 |
| 6 | 7  | 87    | 74     | 97.000000 |
| 7 | 8  | 62    | 91     | 78.000000 |
| 8 | 9  | 91    | 90     | 92.000000 |

（3）使用指定的某一列数据进行填充，调用方法的格式是：数据对象. fillna(数据对象.mean()['指定列名'])。见 In〔5〕。

In [5]:
```
mydata.fillna(mydata.mean()['yingyu'])    #默认是以指定列的均值填充
```
Out[5]:

|   | id | yuwen | yingyu | shuxue |
|---|----|-------|--------|--------|
| 0 | 1  | 77    | 75     | 78.000000 |
| 1 | 2  | 81    | 96     | 78.777778 |
| 2 | 3  | 76    | 66     | 78.777778 |
| 3 | 4  | 90    | 73     | 82.000000 |
| 4 | 5  | 61    | 84     | 72.000000 |
| 5 | 6  | 80    | 60     | 83.000000 |
| 6 | 7  | 87    | 74     | 97.000000 |
| 7 | 8  | 62    | 91     | 78.000000 |
| 8 | 9  | 91    | 90     | 92.000000 |

**步骤 4** 使用指定 method 进行前采样和后采样填充。

在做分析时，经常要将缺失值填充为前一个值或后一个值，而非单纯的 0 填充或均值填充，即需要前采样和后采样。其中，'ffill'用于将缺失值按照前面一个值进行填充；'bfill'用于将缺失值按照后面一个值进行填充（这里的前、后一个数值默认为纵向观测）。

（1）使用缺失值的上一个或下一个值来填充，调用方法的格式：数据

对象 . fillna( method = ′ffill′) 或数据对象 . fillna( method = ′bfill′) 。见 In［6］。

In [6]: `mydata.fillna(method='ffill')` *#这里以填充上一个值为例*

Out[6]:

|  | id | yuwen | yingyu | shuxue |
|---|---|---|---|---|
| 0 | 1 | 77 | 75 | 78.0 |
| 1 | 2 | 81 | 96 | 78.0 |
| 2 | 3 | 76 | 66 | 78.0 |
| 3 | 4 | 90 | 73 | 82.0 |
| 4 | 5 | 61 | 84 | 72.0 |
| 5 | 6 | 80 | 60 | 83.0 |
| 6 | 7 | 87 | 74 | 97.0 |
| 7 | 8 | 62 | 91 | 78.0 |
| 8 | 9 | 91 | 90 | 92.0 |

（2）使用缺失值的左一个或右一个值来填充，调用 fillna（ ）方法的格式：数据对象 . fillna( method = ′ffill′，axis = 1) 或数据对象 . fillna( method = ′bfill′，axis = 1) ，下面以左一个值来填充为例。见 In［7］。

In [7]: `mydata.fillna(method='ffill',axis=1)` *#这里以填充左一个值为例*

Out[7]:

|  | id | yuwen | yingyu | shuxue |
|---|---|---|---|---|
| 0 | 1.0 | 77.0 | 75.0 | 78.0 |
| 1 | 2.0 | 81.0 | 96.0 | 96.0 |
| 2 | 3.0 | 76.0 | 66.0 | 66.0 |
| 3 | 4.0 | 90.0 | 73.0 | 82.0 |
| 4 | 5.0 | 61.0 | 84.0 | 72.0 |
| 5 | 6.0 | 80.0 | 60.0 | 83.0 |
| 6 | 7.0 | 87.0 | 74.0 | 97.0 |
| 7 | 8.0 | 62.0 | 91.0 | 78.0 |
| 8 | 9.0 | 91.0 | 90.0 | 92.0 |

**步骤 5** 使用机器学习（MLP）填充方法对缺失值进行填充。

方法概述：应用拟合与分类思想，将不含缺失值的行作为训练样本的输入和标签，缺失值所在行（不含缺失值的部分）作为测试样本的输入，缺失值即是测试样本的待预测标签。详细步骤如下。

（1）从 sklearn 库中导入 neural_network 包，用于模型训练的分类处理。

见 In〔8〕。

In [8]:
```
from sklearn import neural_network
```

（2）提取不含缺失值的行，作为训练模型的输入，即 train_x，train_y。见 In〔9〕，In〔10〕。

In [9]:
```
train_x=mydata.iloc[4:9,1:3].values
train_x
```

Out[9]:
```
array([[61, 84],
       [80, 60],
       [87, 74],
       [62, 91],
       [91, 90]], dtype=int64)
```

In [10]:
```
train_y=mydata.iloc[4:9,3].values
train_y
```

Out[10]: array([ 72., 83., 97., 78., 92.])

（3）使用 MLPClassifier（多层感知器分类器）方法定义模型，并调用 fit()方法对模型进行训练，调用方法的格式是：模型名.fit(train_x，train_y)。见 In〔11〕。

In [11]:
```
model=neural_network.MLPClassifier()
model.fit(train_x,train_y)
```

Out[11]:
```
MLPClassifier(activation='relu', alpha=0.0001, batch_size='auto', beta_1=0.9,
       beta_2=0.999, early_stopping=False, epsilon=1e-08,
       hidden_layer_sizes=(100,), learning_rate='constant',
       learning_rate_init=0.001, max_iter=200, momentum=0.9,
       nesterovs_momentum=True, power_t=0.5, random_state=None,
       shuffle=True, solver='adam', tol=0.0001, validation_fraction=0.1,
       verbose=False, warm_start=False)
```

（4）将含缺失值的行（不含缺失值）作为测试样本输入 test_x，对模型调用 predict()方法即可得到缺失值相应的预测结果。调用方法的格式：模型名.predict(test_x)。见 In〔12〕。

In [12]:
```
test_x=mydata.iloc[1:3,1:3]
test_y=model.predict(test_x)
test_y
```

Out[12]: array([ 78., 72.])

（5）使用 tolist()方法将预测结果 test_y 从 array 型转换成 list 型，即可填入缺失值所在位置。见 In［13］。

In［13］:
```
mydata.loc[mydata['shuxue'].isnull(),"shuxue"]=test_y.tolist()
mydata
```

Out［13］:

|   | id | yuwen | yingyu | shuxue |
|---|----|-------|--------|--------|
| 0 | 1  | 77    | 75     | 78.0   |
| 1 | 2  | 81    | 96     | 78.0   |
| 2 | 3  | 76    | 66     | 72.0   |
| 3 | 4  | 90    | 73     | 82.0   |
| 4 | 5  | 61    | 84     | 72.0   |
| 5 | 6  | 80    | 60     | 83.0   |
| 6 | 7  | 87    | 74     | 97.0   |
| 7 | 8  | 62    | 91     | 78.0   |
| 8 | 9  | 91    | 90     | 92.0   |

## 4.5　本章总结

本章实现的工作是：首先使用 Python 语言导入学生语文、英语、数学成绩的样本数据。然后分别使用均值填充、前后采样填充和机器学习（MLP 神经网络算法）填充 3 种方法对输入数据进行处理，进而得到填充缺失值后的样本数据。

本章掌握的技能是：①使用 Python 导入学生成绩数据 CSV 文件；②使用均值填充、前后采样填充的方法实现缺失值的填充；③使用 MLP 算法中的 MLC 多层感知器分类器实现缺失值的填充；④使用 iloc［］方法实现所需数据的提取；⑤使用 Python 实现填充后样本数据的展示。

## 4.6　本章作业

➢ 实现本章的案例，即运用均值填充、前后采样填充和机器学习（MLP 神经网络算法）填充 3 种缺失值填充方法对学生成绩数据中的缺失值进行填充完善，并将填充结果展示。

➢ 设计一个带有缺失值的数据，包含 20 名学生对 3 类课程的评分。分别运用均值填充、前后采样填充和机器学习（MLP 神经网络算法）填充 3 种方法，实现对缺失值的填充。

# 第三部分
## 回归算法

# 5 线性回归

## 5.1 本章工作任务

采用线性回归算法编写程序，对股票价格进行预测。①算法的输入是："时间—股价"数据；②算法模型需要求解的是：线性回归系数；③算法的结果是：未来、过去、期间更多时间点对应的股价。

## 5.2 本章技能目标

➢ 掌握线性回归原理
➢ 使用 Python 构造模拟时间序列股票数据
➢ 使用 Python 实现线性回归模型建模与求解
➢ 使用 Python 实现线性回归模型计算与预测
➢ 使用 Python 对线性回归结果进行可视化展示

## 5.3 本章简介

**回归分析是指：**一种确定两种或两种以上变量间相互依赖的定量关系的统计分析方法。

**一元线性回归是指：**如果回归分析中只包括一个自变量和一个因变量，且两者的关系可用一条直线近似表示的情况。

**多元线性回归是指：**回归分析中包括两个或两个以上的自变量，且因变量和自变量之间是线性关系的情况。

**一元线性回归算法可以解决的科学问题是：**已知 $N$ 个自变量 $X_1 \cdots X_N$，与之对应有 $N$ 个因变量 $Y_1 \cdots Y_N$，希望找到自变量 $X_n$ 和因变量 $Y_n$ 之间的关系：$Y_n = f(X_n)$。实现根据样本数据 $X_1 \cdots X_N$ 和 $Y_1 \cdots Y_N$，找到自变量 $X_n$ 和因变量 $Y_n$ 之间的映射关系（规律）。例如，$Y_n = f(X_n) = a X_n + b$。

**回归算法可以解决的实际应用问题是：**根据已知的自变量（时间）和因变量（股票价格）样本数据，找到因变量和自变量之间的映射关系（从样本数据回归出规律模型和模型的参数），然后根据模型计算更多自变量（更多时刻、过去时刻、未来时刻）对应的因变量（预测的股票价格）。

**本章的重点是：**一元线性回归方法的理解和使用。

## 5.4　理论讲解部分

### 5.4.1　任务描述

任务内容参见图 5-1。

产生样本的自变量序列$t=$
[1, 2, 3, 4, 5, 6, 7, 8, 9]
产生样本的因变量序列$y=$
[1.74, 2.71, 2.84, 2.84, 3.54, 5.12, 6.96, 8.19, 8.51]
产生测试的自变量序列$t_1=$
[−2, −1.5, −1., −0.5, 0, 0.5, 1, 1.5, 2., 2.5, 3., 3.5, 4., 4.5, 5., 5.5, 6, 6.5, 7, 7.5, 8, 8.5, 9, 9.5, 10, 10.5, 11, 11.5]

a)产生自变量和因变量样本

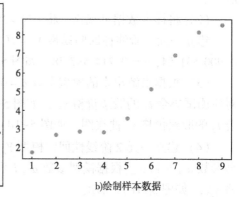

b)绘制样本数据

建模并根据自变量序列求解模型参数：

$$y_n=f(X_n)=aX_n+b=0.9X_n+0.2$$

求解模型参数为：

$a=0.900\ 531\ 54$,　$b=0.214\ 587\ 78$

计算测试的因变量序列$y_2=$
[−1.59, −1.14, −0.69, −0.23, 0.21, 0.66, 1.11, 1.57, 2.02, 2.47, 2.92, 3.37, 3.82, 4.27, 4.72, 5.17, 5.62, 6.07, 6.52, 6.97, 7.42, 7.87, 8.32, 8.77, 9.22, 9.67, 10.12, 10.57]

c)建模和求解模型

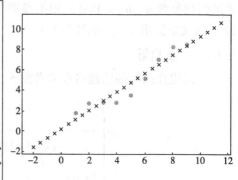

d)一元1阶回归预测结果

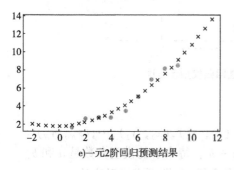

e)一元2阶回归预测结果

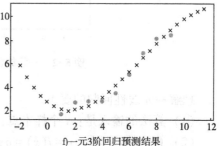

f)一元3阶回归预测结果

**图 5-1　任务展示**

需要实现的功能描述如下。

(1) 产生算例数据。第一个序列是训练样本自变量序列：$t$ 表示序列。第二个序列是训练样本因变量序列：$y(t)$ 表示每个时刻 $t$ 对应的股票价格，两者的关系是：$y(t) = 0.9t + \sin(t)$。第三个是测试样本集自变量序列：$t_2$ 是 $t$ 序列的扩展，$t_2$ 序列的值域更宽广，密度更大。上述算例数据，如图 5-1a) 所示。

(2) 将样本数据可视化。将 $t$ 与 $y$ 序列绘图，如图 5-1b) 所示。

建立一元 1 阶线性回归模型 $Y_n = f(X_n) = aX_n + b$，并求解模型参数 $a = 0.900\,531\,54$，$b = 0.214\,587\,78$，如图 5-1c) 上半部分所示。

(3) 根据求解出来的模型参数 $a = 0.900\,531\,54$，$b = 0.214\,587\,78$，求解对应测试集合 $t_2$ 的股票价格 $y_2$，如图 5-1c) 下半部分所示。绘制应测试集合 $t_2$ 的股票价格 $y_2$ 曲线图，如图 5-1d) 所示。

(4) 建立一元 2 阶线性回归模型 $Y_n = f(X_n) = aX_n^2 + bX_n + c$，并求解模型参数 $a$，$b$ 和 $c$。根据模型参数 $a$，$b$ 和 $c$，求解对应测试集合 $t_2$ 的股票价格 $y_{22}$，如图 5-1e) 所示。

(5) 建立一元 3 阶线性回归模型 $Y_n = f(X_n) = aX_n^3 + bX_n^2 + cX_n + d$，并求解模型参数 $a$，$b$，$c$ 和 $d$。根据模型参数 $a$，$b$，$c$ 和 $d$，求解对应测试集合 $t_2$ 的股票价格 $y_{23}$，如图 5-1f) 所示。

### 5.4.2 一图精解

一元线性回归的原理可以参考图 5-2 理解。

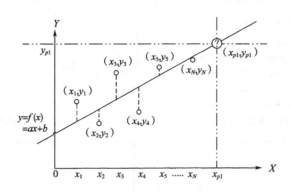

图 5-2 一元线性回归模型示意图

理解一元线性回归的要点。

(1) 算法的输入是：$N$ 个样本点：$(x_1, y_1),(x_2, y_2),\cdots,(x_N, y_N)$。

(2) 算法的模型是：$y = f(x) = ax + b$，待求解的模型参数是 $a$ 和 $b$。

(3) 算法的输出是：根据给定的自变量 $x_{p1}$ 即可求出对应的 $y_{p1}$。

(4) 算法的核心思想是：找出因变量与自变量之间的线性关系。

（5）算法的特征要点是：一个因变量与一个自变量之间的线性关系，采用最小二乘法求解；回归模型阶次过低时可能产生欠拟合现象，模型阶次过高时可能产生过拟合现象，因此该算法需要定阶。

### 5.4.3 实现步骤

**步骤1** 引入 NumPy 包，将其命名为 np。见 In［1］。

```
In [1]: import numpy as np
```

**步骤2** 构造样本的自变量序列。其中，arange 函数包含三个参数：区间起始值、区间终止值和步长（Python 的区间往往是左闭右开）。arange 函数的返回值是一个数组。见 In［2］。

```
In [2]: t=np.arange(1,10,1)
        t
```

```
Out[2]: array([1, 2, 3, 4, 5, 6, 7, 8, 9])
```

**步骤3** 构造样本的因变量序列。见 In［3］。

```
In [3]: y=0.9*t+np.sin(t)
        y
```

```
Out[3]: array([1.74147098, 2.70929743, 2.84112001, 2.8431975 , 3.54107573,
        5.1205845 , 6.9569866 , 8.18935825, 8.51211849])
```

**步骤4** 引入绘图包，命名为 plt。其中，为了在 Jupyter 中正常显示，这里使用了 Jupyter 的魔法函数（Magic function）"%matplotlib inline"。见 In［4］。

```
In [4]: import matplotlib.pyplot as plt
        %matplotlib inline
```

**步骤5** 调用 plt 的 plot 函数和 show 函数，分别用于定义和绘制图像。其中，plot 函数包含 3 个参数：第一维（横轴）数据、第二维（纵轴）数据和标记（$o$ 表示圆圈，$x$ 表示叉子）。见 In［5］。

```
In [5]: plt.plot(t,y,'o')
        plt.show()
```

Out[5]:

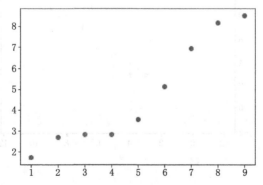

**步骤6** 建立回归模型并求解模型参数。建立回归模型并求解模型参数，polyfit 函数的参数的含义：1 为自变量，2 为因变量，3 为阶数（阶数过大会引起过拟合）。见 In［6］。

```
In [6]: model=np.polyfit(t,y,deg=1)
        model
```

Out[6]: array([0.90053154, 0.21458778])

**步骤7** 构造测试数据的自变量序列，值域和密度高于样本数据的自变量序列。见 In［7］。

```
In [7]: t2=np.arange(-2,12,0.5)
        t2
```

Out[7]: array([-2. , -1.5, -1. , -0.5, 0. , 0.5, 1. , 1.5, 2. , 2.5, 3. ,
        3.5, 4. , 4.5, 5. , 5.5, 6. , 6.5, 7. , 7.5, 8. , 8.5,
        9. , 9.5, 10. , 10.5, 11. , 11.5])

**步骤8** 根据模型求解测试数据的因变量序列。见 In［8］。

```
In [8]: y2=np.polyval(model,t2)
        y2
```

Out[8]: array([-1.58647531, -1.13620954, -0.68594377, -0.23567799, 0.21458778,
        0.66485355, 1.11511932, 1.56538509, 2.01565087, 2.46591664,
        2.91618241, 3.36644818, 3.81671395, 4.26697973, 4.7172455 ,
        5.16751127, 5.61777704, 6.06804281, 6.51830859, 6.96857436,
        7.41884013, 7.8691059 , 8.31937167, 8.76963745, 9.21990322,
        9.67016899, 10.12043476, 10.57070053])

**步骤9** 将训练样本和测试集可视化。见 In［9］。

```
In [9]: plt.plot(t,y,'o',t2,y2,'x')
        plt.show()
```

Out [9]:

**步骤 10** 提升模型阶数 deg=2，将拟合结果变为曲线。见 In［10］。

```
In [10]:  model=np.polyfit(t,y,deg=2)
          y22=np.polyval(model,t2)
          plt.plot(t,y,'o',t2,y22,'x')
          plt.show()
```

Out [10]:

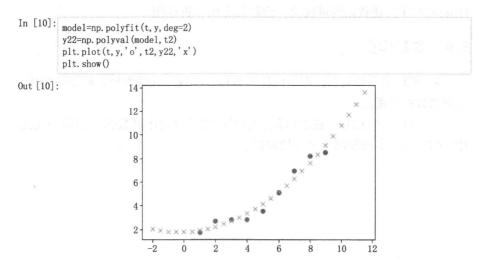

**步骤 11** 进一步提升模型阶数 deg=3，使得拟合结果变为拐点增加的曲线，过拟合（overfitting）现象开始凸显。过拟合指的是模型过于复杂，对于样本数据拟合非常贴近，但对于预测数据将会出现偏差。见 In［11］。

```
In [11]:  model=np.polyfit(t,y,deg=3)
          y23=np.polyval(model,t2)
          plt.plot(t,y,'o',t2,y23,'x')
          plt.show()
```

out [11]:

## 5.5 本章总结

本章实现的工作是：首先采用 Python 语言生成时间—股票价格的样本数据。然后采用一元线性回归算法，对样本数据进行回归计算，得到回归系数。进而生成更多时刻点，并采用一元线性回归模型进行预测，最后将预测结果进行显示。

本章掌握的技能是：①使用 NumPy 库生成连续的时刻数值和正弦数值

数组；②使用 NumPy 库线性回归函数进行回归计算和预测计算；③使用 Matplotlib 库实现数据的可视化，绘制散点图、折线图。

## 5.6　本章作业

➤ 实现本章的案例，即生成样本数据，实现一元线性回归模型的建模、预测和数据可视化。

➤ 设计一个 GDP、进出口额、学习成绩等时间序列数据，运用一元线性回归方法，实现预测未来和期间值。

# 6 多元线性回归

## 6.1 本章工作任务

采用多元线性回归算法编写程序，根据两只股票的历史价格预测第三只股票的价格。①算法的输入是：两只股票的价格；②算法模型需要求解的是：多元线性回归模型的回归系数；③算法的结果是：第三只股票的价格。

## 6.2 本章技能目标

- ➢ 掌握多元线性回归原理
- ➢ 使用 Python 导入样本数据并划分为训练集和测试集
- ➢ 使用 Python 实现多元线性回归模型的建模与求解
- ➢ 使用 Python 实现多元线性回归模型的预测
- ➢ 使用 Python 对多元线性回归结果进行可视化展示

## 6.3 本章简介

**回归分析是指**：一种确定因变量与自变量间线性关系的统计分析方法。

**一元线性回归是指**：回归分析中只包括一个自变量和一个因变量，且两者的关系可用一条直线近似表示的情况。

**多元线性回归是指**：回归分析中包括两个或两个以上的自变量，且因变量和自变量之间是线性关系的情况。

**多元线性回归算法可以解决的科学问题是**：已知 $N$ 个样本数据，每个样本数据有 $M$ 个输入值（特征）$(X_{n1}, X_{n2}, \cdots, X_{nM})$，对应的输出值（标签）为 $Y_n$，其中 $n = 1, 2, 3, \cdots, N$。希望找到样本数据 $(X_{n1}, X_{n2}, \cdots, X_{nM})$ 和因变量 $Y_n$ 之间的关系，即 $Y_n = f(X_{n1}, X_{n2}, \cdots, X_{nM}) = a_1 X_{n1} + a_2 X_{n2} + \cdots + a_M X_{nM} + b(n = 1, 2, 3, \cdots, N)$。

**回归算法可以解决的实际应用问题是**：根据已知的多个自变量（两只股票的价格）和因变量（第三只股票的价格）构成的样本数据，找到因变量和自变量之间的映射关系（从样本数据回归出规律模型和模型的参数），然后根据模型计算更多自变量（两只股票更多的价格）对应的因变量（第三只股票的价格）。

**本章的重点是：** 多元线性回归方法的理解和使用。

# 6.4 理论讲解部分

## 6.4.1 任务描述

任务内容参见图6-1。

|  | InDate1 | InDate2 | InDate3 |
|---|---|---|---|
| 0 | 0.198314 | 0.978127 | 0.864065 |
| 1 | 0.198314 | 0.978127 | 0.864065 |
| 2 | 0.045445 | 1.000000 | 0.823981 |
| ... | ... | ... | ... |
| 69 | 0.748059 | 0.000000 | 0.067738 |
| 70 | 0.824693 | 0.003567 | 0.133505 |
| 71 | 0.816182 | 0.062422 | 0.182339 |

72 rows × 3 columns

a) 导入样本序列

|  | InDate1 | InDate2 | InDate3 |
|---|---|---|---|
| 20 | 0.490073 | 0.874185 | 0.933490 |
| 21 | 0.534311 | 0.803734 | 0.897474 |
| 22 | 0.478413 | 0.835513 | 0.889502 |
| ... | ... | ... | ... |
| 37 | 0.843502 | 0.389028 | 0.499064 |
| 38 | 0.749964 | 0.306359 | 0.356725 |
| 39 | 0.665482 | 0.304125 | 0.287266 |

20 rows × 3 columns

b) 训练样本

|  | InDate1 | InDate2 | InDate3 |
|---|---|---|---|
| 0 | 0.198314 | 0.978127 | 0.864065 |
| 1 | 0.198314 | 0.978127 | 0.864065 |
| 2 | 0.045445 | 1.000000 | 0.823981 |
| ... | ... | ... | ... |
| 57 | 0.368654 | 0.126045 | 0.000000 |
| 58 | 0.457297 | 0.124603 | 0.065994 |
| 59 | 0.519171 | 0.183588 | 0.153300 |

60 rows × 3 columns

c) 测试样本

建模并根据自变量训练集求解模型参数：

$$Y_n = f(X_{n1}, X_{n2}) = a_1 X_{n1} + a_2 X_{n2} + b(n = 1, 2, \cdots, N)$$

求解模型参数为：

$$a_1 = 0.499\,262\,7,\quad a_2 = 1.307\,546\,37、$$
$$b = -0.434\,656\,79$$

根据自变量测试集计算测试的因变量序列

$$y_2 = [0.943\,300\,61,\ 0.943\,300\,61,\ 0.895\,578\,48,$$
$$0.892\,107\,84,\ 0.902\,103\,72,\ 0.837\,021\,47,\ \cdots]$$

d) 建模和求解模型

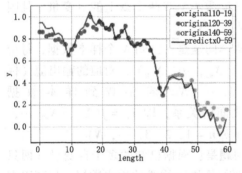

e) 二元1阶回归预测结果

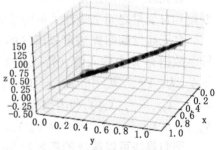

f) 二元1阶回归预测结果(3D)

**图6-1**

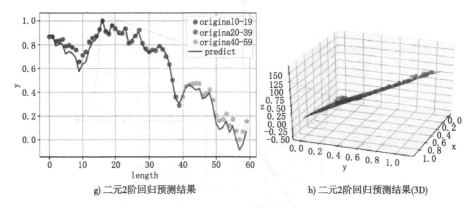

g) 二元2阶回归预测结果                    h) 二元2阶回归预测结果(3D)

图 6-1    任务展示

需要实现的功能描述如下。

（1）导入样本序列。第一列序列和第二列序列是样本自变量：分别是两只股票的价格。第三列序列是样本因变量：表示第三只股票的价格，如图 6-1a）所示。

（2）划分样本序列为训练样本和测试样本。取样本序列的第 21~40 个样本（共 20 组数）为序列的训练样本，如图 6-1b）所示；取第 1~60 个样本（共 60 组数）为序列的测试样本，再分别划分为 3 段：第 1~20 个样本、第 21~40 个样本、第 41~60 个样本，如图 6-1c）所示。

（3）建立二元 1 阶线性回归模型 $Y_n = f(X_{n1}, X_{n2}) = a_1 X_{n1} + a_2 X_{n2} + b (n = 1, 2, \cdots, N)$，并求解模型参数 $a_1 = 0.499\,262\,7$，$a_2 = 1.307\,546\,37$ 和 $b = -0.434\,656\,79$。根据模型参数 $a_1$，$a_2$ 和 $b$，求解对应测试集合的第三只股票价格 $y_2$，如图 6-1d）所示；绘制对应测试集合的第三只股票价格 $y_2$ 的曲线图，如图 6-1e）所示；对数据进行三维可视化，如图 6-1f）所示。

（4）建立二元 2 阶线性回归模 $Y_n = f(X_{n1}, X_{n2}) = a_1 X_{n1} + a_2 X_{n2} + b_1 X_{n1}^2 + b_2 X_{n2}^2 + c X_{n1} X_{n2} + d, (n = 1, 2, \cdots, N)$，并求解模型参数 $a_1 = 0.637\,823\,19$，$a_2 = 1.265\,055\,55$，$b_1 = 0.157\,238\,05$，$b_2 = -0.044\,796\,12$，$c = 0.155\,518\,98$ 和 $d = -0.469\,945\,3$。根据模型参数 $a_1$，$a_2$，$b_1$，$b_2$，$c$ 和 $d$，求解对应测试集合的第三只股票价格 $y_3$，如图 6-1g）所示。对数据进行三维可视化，如图 6-1h）所示。

### 6.4.2    一图精解

多元线性回归的原理（以二元线性回归为例）可以参考图 6-2 理解。

理解多元线性回归的要点。

（1）算法的输入是：$N$ 个样本点 $(x_{11}, x_{12}, y_1)$，$(x_{21}, x_{22}, y_2)$，$\cdots$，$(x_{N1}, x_{N2}, y_N)$。

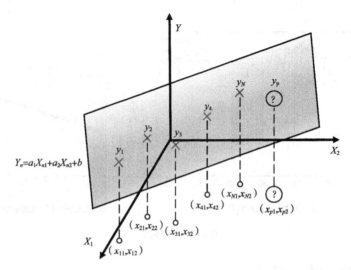

图6-2 二元线性回归模型示意图

（2）算法的模型是：$Y_n = f(X_{n1}, X_{n2}) = a_1 X_{n1} + a_2 X_{n2} + b (n = 1, 2, 3, \cdots, N)$，待求解的模型参数是 $a_1$，$a_2$ 和 $b$。

（3）算法的输出是：根据给定的自变量 $x_{n1}$，$x_{n2}(n = 1, 2, \cdots, N)$ 即可求出对应的 $y_n(n = 1, 2, \cdots, N)$。

（4）算法的核心思想是：找出因变量与多个自变量之间的线性关系。

（5）算法的注意事项是：自变量之间存在相关性过高的现象，回归模型阶次过低时可能产生欠拟合现象，模型阶次过高时可能产生过拟合现象。

### 6.4.3 实现步骤

**步骤 1** 引入数据包。引入 NumPy 包，并命名为 np；引入 pandas 包，并命名为 pd；引入 matplotlib 包中的 pyplot 库，并命名为 plt；引入 sklearn 包中的linear_model 库中的 LinearRegression 函数和 preprocessing 库中的 Polynomial-Features 函数。见 In［1］。

```
In [1]: import numpy as np
        import pandas as pd
        import matplotlib.pyplot as plt
        from sklearn.linear_model import LinearRegression
        import os  #设置工作空间
        import mpl_toolkits.mplot3d  #调用3d库
        from sklearn.preprocessing import PolynomialFeatures  #实现将变量从一次转化
        成二次的函数
```

**步骤 2** 获取当前绝对路径。调用 os 包中的 path. abspath（）函数获取当前绝对路径；调用 os 包中的chdir（）函数改变当前目录；调用 os 包中的getcwd（）函数调出当前路径（注：路径中不要带有中文，不同的计算机显示的绝对路径可能不同）。见 In［2］。

```
In [2]: thisFilePath=os.path.abspath('.')
        os.chdir(thisFilePath)    #路径中不要带有中文
        os.getcwd()
```

Out[2]: 'C:\\Users\\dell\\hulianwangjinrong\\multiple regression'

**步骤 3**　读取数据。提取数据中的 lnDate1，lnDate2，lnDate3 3 列数据，并存储为 mytest；使用 type( ) 函数查看数据类型；使用 info( ) 查看数据信息。见 In〔3〕。

```
In [3]: mytest = pd.read_csv('data002d.csv',usecols = ['lnDate1','lnDate2','lnDate3'])
        pd.set_option('display.max_rows',6)    # 设置打印时只显示前3行和后3行
        mytest
```

Out[3]:

|    | lnDate1 | lnDate2 | lnDate3 |
|----|---------|---------|---------|
| 0  | 0.198314 | 0.978127 | 0.864065 |
| 1  | 0.198314 | 0.978127 | 0.864065 |
| 2  | 0.045445 | 1.000000 | 0.823981 |
| ... | ... | ... | ... |
| 69 | 0.748059 | 0.000000 | 0.067738 |
| 70 | 0.824693 | 0.003567 | 0.133505 |
| 71 | 0.816182 | 0.062422 | 0.182339 |

72 rows × 3 columns

**步骤 4**　调用 NumPy 包中的 array( ) 函数将数据 mytest 的格式转化为数组，并命名为 myarray，查看 myarray 的前十行。见 In〔4〕。

```
In [4]: myarray = np.array(mytest)
        type(myarray)    #array
        myarray[0:10,:]
```

```
Out[4]: array[[0.19831448, 0.97812698, 0.86406474],
              [0.19831448, 0.97812698, 0.86406474],
              [0.0454448 , 1.        , 0.82398107],
              [0.1117864 , 0.97201436, 0.83295422],
              [0.07423849, 0.99399611, 0.84349632],
              [0.        , 0.97256838, 0.78865449],
              [0.02623927, 0.97310374, 0.79348063],
              [0.04194422, 0.94938351, 0.77310361],
              [0.15777302, 0.84997311, 0.75103689],
              [0.08893405, 0.79143841, 0.65142802]]
```

**步骤 5**　构造样本的训练集和测试集。将 mytest 中 lnDate1，lnDate2 作为自变量，lnDate3 作为因变量；使用 loc( ) 函数从数据中取出 20 个数据作为训练样本；使用 iloc( ) 函数将 60 个数据作为测试样本；将测试集分为 3 组，每组 20 个数据。注意：loc( ) 和 iloc( ) 函数是左闭右开的，且从 0 开始。从统计学角度，从数据集 $D$ 中选取的训练集 S 和测试集 T 的比例应为 8∶2，其中，$D = T \cup S$，$T \cap S = \Phi$。见 In〔5〕。

```
In [5]:  #从数据集中取出20个数据作为训练样本
         x1_train = mytest.loc[20:40,['lnDate1','lnDate2']].values
         y1_train = mytest.loc[20:40,['lnDate3']]
         #数据集中取出60个数据作为测试样本
         x1_test = mytest.iloc[0:60,0:2].values
         y1_test = mytest.iloc[0:60,2]

         x1_test20 = mytest.iloc[0:20,0:2].values
         y1_test20 = mytest.iloc[0:20,2]
         x1_test40 = mytest.iloc[20:40,0:2].values
         y1_test40 = mytest.iloc[20:40,2]
         x1_test60 = mytest.iloc[40:60,0:2].values
         y1_test60 = mytest.iloc[40:60,2]
```

**步骤 6** 调用 LinearRegression( )函数创建模型，命名为 model，使用 fit( )方法对训练集进行拟合。见 In ［6］。

```
In [6]:  model = LinearRegression()   #用训练数据创建模型
         model.fit(x1_train,y1_train)
```

```
Out[6]:  LinearRegression(copy_X=True, fit_intercept=True, n_jobs=None,
                   normalize=False)
```

**步骤 7** 计算出拟合的截距和系数，使用 print( )函数打印出模型的截距和变量系数。见 In ［7］。

```
In [7]:  beta0_1 = model.intercept_
         beta_1 = model.coef_
         print("最佳拟合线:截距",beta0_1,",回归系数：",beta_1)
         print("回归方程为：y = ",float(beta0_1),"+",beta_1[0,0],"x1+",beta_1[0,1],"x2")
```

```
最佳拟合线:截距 [-0.43465679] ,回归系数： [[0.4992627  1.30754637]]
回归方程为：y =  -0.43465678777994954 + 0.49926270362946457 x₁+ 1.3075463688607507x₂
```

**步骤 8** 根据模型进行预测，并将数据可视化。根据模型，使用 predict( )方法对测试集进行预测；调用 plt 的 plot( )函数、legend( )函数、xlabel( )函数、ylabel( )函数和 show( )函数分别用于定义和绘制图像。其中，plot( )函数包含 3 个参数：①横坐标对应的数据；②纵坐标对应的数据；③图中图形的相关参数：其中，go 表示绿色圆圈，ro 表示红色圆圈，yo 表示黄色圆圈。见 In ［8］。

```
In [8]:  y1_pre = model.predict(x1_test)   #根据模型进行预测
         plt.plot(range(0,20),y1_test20,'go',label="original0-19")
         plt.plot(range(20,40),y1_test40,'ro',label="original20-39")
         plt.plot(range(40,60),y1_test60,'yo',label="original40-59")
         plt.plot(range(len(x1_test)),y1_pre,'b',label="predictx0-59")
         plt.legend(loc=0)
         plt.grid(True)
         plt.xlabel('length')
         plt.ylabel('y')
         plt.show()
```

out [8]:

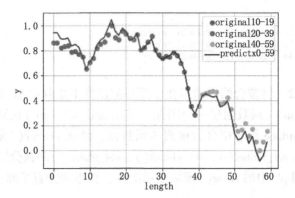

**步骤9** 构造模型拟合平面的输入（X-Y 平面上所有的点）。调用 NumPy 包中的 arange( ) 函数，构造自变量和因变量序列。其中，arange( ) 函数包含 3 个参数：①区间起始值；②区间终止值；③步长。注意：Python 中的区间往往是左闭右开的，arange( ) 函数的返回值是一个数组；调用 NumPy 包中的 meshgrid( ) 函数生成网格点坐标矩阵，用于生成网格采样点，最后输出 shape 属性，查看 X 的范围。见 In ［9］。

In ［9］:
```
X = np. arange(0, 1.2, 0.1)
Y = np. arange(0, 1.2, 0.1)
X, Y = np. meshgrid(X, Y)
X. shape
```

Out[9]: (12, 12)

**步骤10** 构造模型拟合平面的输出 $Z = f(X, Y)$。调用 NumPy 包中的 zeros( ) 函数定义一个空的二维数组，命名为 Z。通过 for 循环和 NumPy 包中的 append( ) 函数将 $X$, $Y$ 输入，根据模型（model）使用 predict( ) 方法进行预测，最终得到输出值 $Z$。输出 shape 属性，查看 $Z$ 的范围。见 In ［10］。

In ［10］:
```
Z=np. zeros(len(X)*len(Y)). reshape(len(X), len(Y))
Z. shape

for i in range(len(X)):
    for j in range(len(Y)):
        myInput = np. append(X[i,j],Y[i,j]). reshape(1,2)
        myResult = model. predict(myInput)
        Z[i,j] = myResult
Z. shape
```

Out[10]: (12, 12)

**步骤11** 构造测试数据的输入和输出。使用 iloc( ) 方法，将数据集的第一列数据命名为 Xsample，第二列数据命名为 Ysample，第三列数据命名为 Zsample。见 In ［11］。

```
In [11]:   Xsample = mytest.iloc[0:60, 0].values
           Ysample = mytest.iloc[0:60, 1].values
           Zsample = mytest.iloc[0:60, 2].values
```

**步骤 12**　将拟合的模型所在平面与测试样本绘制在 3D 坐标系中。调用 plt 中的 figure( ) 函数创建一个图框；使用 add_subplot( ) 函数创建 3D 面板；调用 plot_surface 绘制拟合后预测的函数面；使用 scatter( ) 函数绘制数据散点图；使用 set_xlabel( )，set_ylabel( )，set_zlabel( ) 函数分别对 X，Y，Z 轴命名；调用 plt 中的 show( ) 函数显示图像。该平面为直平面。见 In［12］。

```
In [12]:   fig = plt.figure()
           ax1 = fig.add_subplot(111, projection='3d')

           # Plot abasic wireframe.
           ax1.plot_surface(X, Y, Z, color='r')
           ax1.scatter(Xsample, Ysample, Zsample, c='g')    # 绘制数据点

           ax1.set_xlabel('x')
           ax1.set_ylabel('y')
           ax1.set_zlabel('z')

           ax1.view_init(elev=30, azim=20)

           plt.show()
```

out［12］:

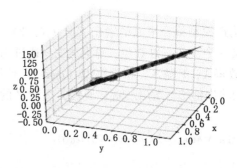

**步骤 13**　构造样本的训练集和测试集。使用 loc( ) 函数，从数据集中取出 20 个数据作为训练样本；使用 iloc( ) 函数从数据集中取出 60 个数据作为测试样本，将测试集分为 3 组，每组 20 个数据。见 In［13］。

**步骤 14**　构建二次多项式。使用 PolynomialFeatures( ) 函数建立一个二次多项式的空间；调用 pf 中的 fit_transform( ) 函数将训练集和测试集转化成新的二次多项式的训练集和测试集，分别命名为 x_2_fit，x_2_testfit。见 In［14］。

```
In [13]:  #从数据集中取出20个数据作为训练样本
          x2_train = mytest.loc[20:40,['lnDate1','lnDate2']].values
          y2_train = mytest.loc[20:40,['lnDate3']]
          #从数据集中取出60个数据作为测试样本
          x2_test = mytest.iloc[0:60,0:2].values
          y2_test = mytest.iloc[0:60,2]
          x2_test20 = mytest.iloc[0:20,0:2].values
          y2_test20 = mytest.iloc[0:20,2]
          x2_test40 = mytest.iloc[20:40,0:2].values
          y2_test40 = mytest.iloc[20:40,2]
          x2_test60 = mytest.iloc[40:60,0:2].values
          y2_test60 = mytest.iloc[40:60,2]
          x2_train.shape
```

Out[13]: (21, 2)

```
In [14]:  #如果有a, b两个特征, 那么它的2次多项式为 (1, a, b, a^2, ab, b^2), include_bias = False
          参数去掉 "1" 这一项。
          # pf = PolynomialFeatures(degree=2, include_bias = False)
          pf = PolynomialFeatures(degree=2)
          x_2_fit = pf.fit_transform(x2_train)
          x_2_testfit = pf.fit_transform(x2_test)
          x_2_fit.shape
```

Out[14]: (21, 6)

**步骤 15** 使用 LinearRegression ( ) 函数构造线性函数空间，命名为 model2，使用 fit( )方法对新的训练集进行模型拟合。见 In ［15］。

```
In [15]:  model2 = LinearRegression()
          model2.fit(x_2_fit,y2_train)
```

Out[15]: LinearRegression(copy_X=True, fit_intercept=True, n_jobs=None,
                   normalize=False)

**步骤 16** 使用 intercept_函数和 coef_函数分别计算出模型的截距和回归系数，用 print( )函数打印出模型的截距和变量系数。见 In ［16］。

```
In [16]:  beta0_2 = model2.intercept_
          beta_2 = model2.coef_
          print("最佳拟合线:截距",beta0_2,",回归系数: ",beta_2)

          最佳拟合线:截距 [-0.4699453] ,回归系数:  [[ 0. 0. 0.63782319  1.26505555 -0.
          15723805  0.15551898 -0.04479612]]
```

**步骤 17** 根据模型进行预测，并将数据可视化。使用 predict( )方法对新的测试集进行预测；调用 plot( ) 函数、legend( ) 函数、xlabel( ) 函数、ylabel( ) 函数和 show( ) 函数分别用于定义和绘制图像。见 In ［17］。

```
In [17]:  y2_pre = model2.predict(x_2_testfit)
          plt.plot(range(0,20),y2_test20,'go',label="original0-19")
          plt.plot(range(20,40),y2_test40,'ro',label="original20-39")
          plt.plot(range(40,60),y2_test60,'yo',label="original40-59")
          plt.plot(range(len(y2_pre)),y2_pre,'b',label="predict")
          plt.legend(loc=0)
          plt.grid(True)
          plt.xlabel('length')
          plt.ylabel('y')
          plt.show()
```

out [17]:

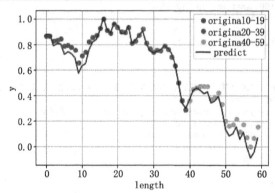

**步骤 18** 构造模型拟合平面的输出 $Z = f(X, Y)$。调用 NumPy 包中的 zeros( ) 函数定义一个空的二维数组，命名为 $Z$。通过 for 循环和 NumPy 包中的 append( ) 函数将 $X$, $Y$ 输入，根据模型（model2）使用 predict( ) 方法进行预测，最终得到输出值 $Z$。输出 shape 属性，查看 $Z$ 的范围。见 In［18］。

```
In [18]:  Z=np.zeros(len(X)*len(Y)).reshape(len(X),len(Y))
          Z.shape

          for i in range(len(X)):
              for j in range(len(Y)):
                  myInput = np.append(X[i,j],Y[i,j]).reshape(1,2)
                  myInput_fit_transform = pf.fit_transform(myInput)
                  myResult = model2.predict(myInput_fit_transform)
                  Z[i,j] = myResult
          Z.shape
```

Out[18]:  (12, 12)

**步骤 19** 将拟合的模型所在平面与测试样本绘制在 3D 坐标系中。调用 plt 中的 figure 函数创建一个图框；调用 add_subplot( ) 方法创建 3D 面板；使用 plot_surface( ) 方法绘制拟合后预测的函数面；使用 scatter( ) 方法绘制数据散点图；使用 set_xlabel( ) 方法、set_ylabel( ) 方法、set_zlabel( ) 方法分别对 $X$, $Y$, $Z$ 轴命名，调用 plt 中的 show( ) 函数显示图像。该平面为曲平面。见 In［19］。

```
In [19]:  fig = plt.figure()
          ax1 = fig.add_subplot(111, projection='3d')

          # Plot a basic wireframe.
          ax1.plot_surface(X, Y, Z, color='r')
          ax1.scatter(Xsample, Ysample, Zsample, c='g')    # 绘制数据点

          ax1.set_xlabel('x')
          ax1.set_ylabel('y')
          ax1.set_zlabel('z')

          ax1.view_init(elev=30, azim=20)

          plt.show()
```

out [19]:

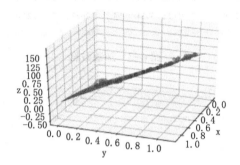

## 6.5  本章总结

本章实现的工作是：首先采用 Python 语言导入 3 只股票的价格数据，并将数据划分为训练集和测试集。然后采用二元线性回归算法，对样本训练集进行回归计算，得到回归系数。进而采用二元线性回归模型对测试样本进行预测。最后对预测结果进行可视化展示。

本章掌握的技能是：①使用 Python 导入样本数据，使用 loc，iloc 方法将样本数据划分为训练集数据和测试集数据；②使用 NumPy 库中的线性回归函数进行回归计算和预测计算；③使用 Matplotlib 库实现回归结果的可视化，绘制散点图、折线图、3D 图。

## 6.6  本章作业

➤ 实现本章的案例，即导入样本数据，划分样本训练集和测试集，实现二元线性回归模型的建模、预测，并将数据可视化。

➤ 从 sklearn 库中加载波士顿房价数据集（boston），所需代码如图 6-3 所示。以城镇犯罪率、一氧化氮浓度、住宅平均房间数、到中心区域的加权距离等为自变量，以波士顿平均房价为因变量的多元线性回归，运用多元线性回归方法，实现对房价的预测并将数据可视化。

```
from sklearn.datasets import load_boston
boston = datasets.load_boston()
x = boston.data
y = boston.target
df = pd.DataFrame(data = np.c_[x,y], columns=np.append(boston.feature_names, ['MEDV']))
df.head()
```

| | CRIM | ZN | INDUS | CHAS | NOX | RM | AGE | DIS | RAD | TAX | PTRATIO | B | LSTAT |
|---|---|---|---|---|---|---|---|---|---|---|---|---|---|
| 0 | 0.00632 | 18.0 | 2.31 | 0.0 | 0.538 | 6.575 | 65.2 | 4.0900 | 1.0 | 296.0 | 15.3 | 396.90 | 4.98 |
| 1 | 0.02731 | 0.0 | 7.07 | 0.0 | 0.469 | 6.421 | 78.9 | 4.9671 | 2.0 | 242.0 | 17.8 | 396.90 | 9.14 |
| 2 | 0.02729 | 0.0 | 7.07 | 0.0 | 0.469 | 7.185 | 61.1 | 4.9671 | 2.0 | 242.0 | 17.8 | 392.83 | 4.03 |
| 3 | 0.03237 | 0.0 | 2.18 | 0.0 | 0.458 | 6.998 | 45.8 | 6.0622 | 3.0 | 222.0 | 18.7 | 394.63 | 2.94 |
| 4 | 0.06905 | 0.0 | 2.18 | 0.0 | 0.458 | 7.147 | 54.2 | 6.0622 | 3.0 | 222.0 | 18.7 | 396.90 | 5.33 |

图 6-3    加载数据

# 第四部分
## 分类算法

# 7  K 近邻算法

## 7.1  本章工作任务

采用 K 近邻（K-Nearest Neighbors，KNN）算法编写程序，根据每一位学生的数学和英语成绩将学生划分为不同类别（理科生、综合生、文科生）。①算法的输入是：600 位学生的英语和数学成绩及分类信息；②算法模型需要配置的参数是：决定分类结果的近邻数量 $k$；③算法的结果是：对学生的预测分类结果及分类结果的准确率。

## 7.2  本章技能目标

➤ 掌握 K 近邻分类算法原理
➤ 使用 Python 导入学生成绩数据
➤ 使用 Python 实现 K 近邻模型建模、参数配置与求解
➤ 使用 Python 实现 KNN 算法对样本数据集的分类
➤ 使用 Python 对算法分类结果进行可视化

## 7.3  本章简介

**KNN 分类算法**：是一种相对简单的分类方法，如果一个样本 $x$ 在特征空间中的 $k$ 个最相邻的样本中的大多数样本都属于某一类别 $y$，则该样本也属于类别 $y$。

**KNN 分类算法可以解决的科学问题是**：已知包含 $N$ 个正确分类的样本数据集，找到离待分类样本点距离（以空间中的欧式距离）最近的 $k$ 个样本，统计 $k$ 个样本中出现频率最高的标签值，即为待分类样本的预测分类结果。

**KNN 分类算法可以解决的实际应用问题是**：如果根据某个学生的成绩对该学生进行分类，可根据已知的学生成绩属性值（语文成绩及数学成绩），找到待分类学生成绩欧氏距离最近的 $k$ 个学生，统计这 $k$ 个学生中出现频率最高的分类标签，即为待分类学生的分类结果。

**本章的重点是**：KNN 分类算法的理解和使用。

## 7.4 理论讲解部分

### 7.4.1 任务描述

任务内容如图 7-1 所示。

|   | YingYu | ShuXue | Class |
|---|--------|--------|-------|
| **0** | 90 | 79 | 3 |
| **1** | 77 | 80 | 3 |
| **2** | 86 | 80 | 3 |
| **3** | 78 | 83 | 2 |
| **4** | 86 | 68 | 1 |

a) 导入样本数据

|   | yingyu | shuxue | class |
|---|--------|--------|-------|
| 1 | 77 | 80 | 3 |
| 3 | 78 | 83 | 2 |
| 5 | 81 | 78 | 3 |
| 6 | 81 | 90 | 2 |
| 9 | 76 | 91 | 3 |

|   | yingyu | shuxue | class |
|---|--------|--------|-------|
| 0 | 90 | 79 | 3 |
| 2 | 86 | 80 | 3 |
| 4 | 86 | 68 | 1 |
| 7 | 77 | 89 | 2 |
| 8 | 77 | 78 | 3 |

b) 划分训练样本及测试样本

---

方法一：调用sklearn模块中的neighbors最近邻模块
　（1）调用fit方法导入训练数据集；
　（2）调用predict方法实现分类；
　（3）调用score函数输出分类结果准确率。
方法二：建立KNN分类算法模型
　（1）编写KNN分类算法子函数knn()（KNN算法原理的底层代码实现）；
　（2）编写模型预测的子函数predict()；
　（3）输出预测结果准确率。

c) 建模和求解模型（底层代码实现）

|   | predict | Class |
|---|---------|-------|
| **0** | 3 | 3 |
| **2** | 1 | 3 |
| **4** | 3 | 1 |
| **7** | 1 | 2 |
| **8** | 1 | 3 |

d) 预测结果输出

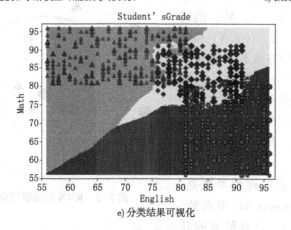

e) 分类结果可视化

**图 7-1 任务展示**

需要实现的功能描述如下。

（1）导入并展示原始数据。导入学生成绩表。成绩表中包含英语成绩（YingYu）和数学成绩（ShuXue）两个属性值，以及正确分类的样本标签值（Class），如图7-1a）所示。

（2）划分训练、测试样本。将600个学生的数据划分为训练数据集（400个）及测试数据集（200个），如图7-1b）所示。

（3）建立KNN分类算法模型。实现方法有两种，可以通过编写KNN算法的底层代码实现算法模型的构建，也可直接调用sklearn模块中的neighbors最近邻模块，导入其中的KNeighborsClassifier模型，调用fit( )，predict( )，score( )实现K近邻分类，两种方法中 $k$ 值的选取均需由读者自行确定，如图7-1c）所示。

（4）实现KNN分类算法预测结果的可视化。在二维平面上对KNN算法的分类结果进行可视化：横坐标代表学生的英语成绩，纵坐标代表学生的数学成绩。深色点表示测试样本，浅色点表示各训练样本；形状代表测试样本的实际类别，三角形点代表理科生，菱形点代表综合生，圆形点代表文科生；不同区域的颜色表示落入该区域的样本数据的预测分类结果。其中，灰色区域代表理科生，浅灰色区域代表综合生，深灰色区域代表文科生；可以注意到，图中存在测试样本点与背景颜色不一致的情况，代表算法对该样本的分类错误，如图7-1d）所示。

### 7.4.2 一图精解

KNN分类算法原理可以参考图7-3理解。

理解KNN分类算法的要点。

（1）算法的输入是：$M$ 个样本 $S_m$（$m = 1, 2, \cdots, M$）的属性值 $X_{mi}$（$i = 1, 2, \cdots, N$）和每个样本对应的标签值 $Y$。在图7-3所示的KNN分类模型示意图中，每个图形表示一个样本，样本的形状表示其所属类别，"？"为待求解样本，其分类需要通过KNN算法求得。

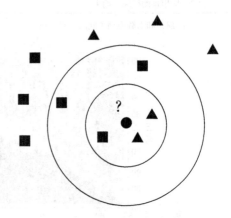

图7-3　KNN分类模型示意图

（2）待配置的模型参数是：$k$ 值（n_neighbors：int型参数，在KNN算法中，只有最近的几个邻近样本才具有投票权，$k$ 值的选取将影响分类结果准确率）。

（3）算法的输出是：待测样本的预测类别，分类结果准确率。

（4）算法的核心思想是：如果一个样本在特征空间中的 $k$ 个最相邻的

样本中的大多数属于某一类别，则该样本也属于这个类别，并具有这个类别上样本的属性。

（5）算法的注意事项是：k 值的选取。KNN 算法决策结果的准确性很大程度上取决于 k 值的选择。选择较小的 k 值相当于选择较小范围内的训练实例进行预测，可以减小训练误差，但同时容易让整体模型变得复杂，容易过拟合；选择较大的 k 值则会让整体模型变得简单，预测误差会增大。在图7-3 中，圆圈表示不同的 k 值对应的样本范围，k 值越大，圆圈的半径就越大。

### 7.4.4 实现步骤

**方法一**：使用 sklearn 模块，实现 KNN 分类算法。基本过程为：创建 KNeighborsClassifier 对象；调用 fit 方法；调用 predict 方法进行预测。

**步骤 1**　引入 sklearn 模块中的 neighbors 最近邻模块，导入其中的 KNeighborsClassifier 模型，用于实现 K 近邻分类。见 In ［1］。

```
In [1]:  import numpy as np
         import pandas as pd
         from sklearn.neighbors import KNeighborsClassifier    #导入sklearn.neighbors
         模块中KNN类
         import os   #引入os模块，用于获取及修改当前工作目录路径
```

**步骤 2**　读取文件。见 In ［2］。

```
In [2]:  dataSet=pd.read_csv('spider04_forClassifyMyMake.csv',usecols = ['YingYu','ShuXue',
         'Class'])dataSet.head()
```

```
Out[2]:
```

|   | YingYu | ShuXue | Class |
|---|--------|--------|-------|
| 0 | 90 | 79 | 3 |
| 1 | 77 | 80 | 3 |
| 2 | 86 | 80 | 3 |
| 3 | 78 | 83 | 2 |
| 4 | 86 | 68 | 1 |

**步骤 3**　获取并修改当前路径（不同的设备显示的路径可能不同）。见 In ［3］。

```
In [3]:  thisFilePath=os.path.abspath('.')
         os.chdir(thisFilePath)
         os.getcwd()

         'C:\\Users\\Angel'
```

**步骤 4**　引入 sklearn 包中的 sklearn.model_selection.train_test_split 模块，

用于划分训练集及测试集。见 In［4］。

```
In [4]:  from sklearn.model_selection import train_test_split
         train_set = np.array(dataSet.iloc[:,0:2])  #取样本前三列为所要划分的样本特征集, 并
         将数据转换成数组形式, 以用于算法分类及作图
         train_label = list(dataSet.iloc[:,2])  #训练集中的标签, 用list形式
```

**步骤 5**　制作训练数据集及测试数据集。其中, train_test_split( ) 函数用于从样本中按比例随机选取并生成训练集与数据集; 函数包括 4 个参数: train_set (所要划分的样本特征集), train_label (所要划分的样本结果), test_size (样本在总数据集中所占比例), random_state (随机数的种子); 输出: trainSet_x (训练数据集), testSet_x (测试数据集), trainSet_y (训练集标签), testSet_y (测试集标签)。见 In［5］。

```
In [5]:  trainSet_x, testSet_x, trainSet_y, testSet_y=train_test_split(train_set, train_label,
         test_size=0.5, random_state=400)  #按照1:1的比例将数据划分为训练集与测试集, 并随机
         生成400个样本点
         KNN=KNeighborsClassifier(n_neighbors=3)  #定义一个KNN分类器对象, 用于实现KNN分类
         算法, 参数n_neigh bors代表选取的邻近点个数, 此处设置为3
```

**步骤 6**　模型拟合。调用 fit 方法, fit 方法是分类算法中的训练函数, 主要接收两个参数: 训练数据集 trainSet_x 及样本标签 trainSet_y, 用于训练数据集, 后面调用 predict 预测函数时将会调取 fit 方法训练的结果。见 In［6］。

```
In [6]:  KNN.fit(trainSet_x, trainSet_y)

Out[6]:  KNeighborsClassifier(algorithm='auto', leaf_size=30, metric='minkowski',
              metric_params=None, n_jobs=None, n_neighbors=3, p=2,
              weights='uniform')
```

主要参数解释: ①n_neighbors: int 型参数, KNN 算法中指定以最近的几个最邻近样本具有投票权, 默认参数为 5, 此处将参数设置为 3; ②weights: str 型参数, 即每个拥有投票权的样本按什么比重投票, 'uniform' 表示等比重投票, 'distance' 表示按距离反比投票, 默认参数为 'uniform'。

**步骤 7**　模型预测。调用 predict 方法, predict 是分类算法中的预测函数, 接收参数 testSet_x (测试数据集), 根据 fit 方法的训练结果, 对输入的测试集进行分类预测, 并以数组形式返回测试集分类的预测结果。见 In［7］。

```
In [7]:  p = KNN.predict(testSet_x)  #调用该对象的测试方法, 主要接收一个参数: 测试集testSet_x
```

**步骤 8**　模型评估。调用 score 函数, 用于计算模型分类结果准确率。接收 3 个参数, testSet_x (测试集), testSet_y (测试集的真实标签), sam-

ple_weight（样本权重，一般默认为 None）。输出为分类结果的准确率。见
In［8］。

```
In [8]:  a = KNN.score(testSet_x, testSet_y)  #调用该对象的打分方法，计算并打印分类准确率
         print("The accurancy of KNN is", a)
```

The accurancy of KNN is 0.8533333333333334

**方法二：**构建 KNN 算法模型（KNN 分类算法完整实现）。

**步骤 9**　引入 NumPy 包和 pandas 包，将它们分别命名为 np 和 pd，用于
处理基本数据；引入 operator 模块，该模块输出一系列对应 Python 内部操作
符的函数。其中，itemgetter 函数可以从一个序列或者对象中获取指定的元
素；引入 random 模块，用于生成随机数。其中，random. sample（sequence，
k）函数用于从指定序列中随机获取指定长度的片段。sample 函数不会修改
原有序列；引入 os 模块，用于获取及修改当前工作目录路径。见 In［9］。

```
In [9]:  import numpy as np
         import pandas as pd
         import operator
         import random
         import os
```

**步骤 10**　编写 KNN 分类算法子函数。函数名为 knn，功能是根据样本
集训练结果对测试集样本进行分类并输出分类结果，参数为 trainSet_x（训
练集输入）、trainSet_y（训练集标签）、testSet_x（测试集输入）、testSet_y
（测试集标签）、函数的返回值及输出是 sortedCount（出现次数最多的标
签）。见 In［10］。

```
In [10]:  def knn(trainSet_x, trainSet_y, testSet_x, testSet_y):
              #计算欧氏距离
              distance=(trainSet_x-testSet_x)**2;  #求测试集与训练集差的平方——注意：数组可以
          做加减，此处均为数组
              distanceLine=distance.sum(axis=1);  #求差的平方和——对数组的每一行求和，axis=1
          为对行求和，axis=0为对每列求和
              finalDistance=distanceLine**0.5;  #将平方和开方——得欧氏距离
              sortedIndex=finalDistance.argsort();  #获得排序后原始下角标，将finalDistance中
          的元素从小到大排列，提取其对应的index(索引)，然后输出到sortedIndex
              index=sortedIndex[:testSet_y];  #获得距离最小的前k个下角标
              labelCount={};  #字典，key为标签，value为标签出现的次数—统计前k个数据中各个类
          别的数量
              for i in index:
                  tempLabel=trainSet_y[i];  #将标签存入临时变量
                  labelCount[tempLabel]=labelCount.get(tempLabel,0)+1;  #dict.get(testSet_y,
          default=None),不存在返回0。若labelCount中存在tempLabel则+1，无则返回0
              sortedCount=sorted(labelCount.items(),key=operator.itemgetter(1),reverse=True);
          #items()将字典中所有的项以列表的形式返回，列表中的每一项都是以键值对的形式表现
          的。operator.itemgetter(1)意思是按照trainSet_y值排序，即按照类别个数从大到小排序
              return sortedCount[0][0];  #返回出现次数最多的标签
```

**步骤 11**  编写模型预测的子函数。函数名为 predict，功能是通过调用上述定义的 KNN 分类算法，对输入的测试集样本进行分类，比较测试集原始分类与模型预测的分类，计算 KNN 模型预测的准确率；参数为 trainSet_x（训练集输入）、trainSet_y（训练集标签）、testSet_x（测试集输入）、testSet_y（测试集标签）；返回值是模型预测结果及模型预测结果准确率，显示输出模型预测结果准确率。见 In［11］。

```
In [11]:  def predict(trainSet_x, trainSet_y, testSet_x, testSet_y):
              total=len(testSet_x);    #测试集样本总数
              trueCount=0;
              for i in range(len(testSet_x)):
                  label=knn(trainSet_x, trainSet_y, testSet_x[i], testSet_y);    #调用knn分类算法
                  if label == testSet_x[i]:    #若返回的标签与测试集中的原始数据标签相同，则
          trueCount+1, 表示统计分类正确的个数
                      trueCount=trueCount+1;
              print(trueCount)
              print(total)
              return float(trueCount)/float(total)
```

**步骤 12**  获取并修改当前路径。调用 os. path. abspath 方法，返回当前绝对路径；调用 os. chdir 方法，改变当前工作目录到指定路径；调用 os. getcwd 方法，返回修改后的工作目录。见 In［12］。

```
In [12]:  thisFilePath=os.path.abspath('.')
          os.chdir(thisFilePath)
          os.getcwd()
```

```
Out[12]:  'C:\\Users\\Angel'
```

**步骤 13**  读取文件。使用 pandas 中的 read_csv 函数读入存储学生成绩的 CSV 文件，usecols 参数用于选取文件中指定的数据列，选取数据中列名为 'YingYu'，'ShuXue'，'Class' 的 3 列数据构建数据集，命名为 dataSet。见 In［13］，见 In［14］。

```
In [13]:  dataSet=pd.read_csv('spider04_forClassifyMyMake.csv', usecols=['YingYu', 'ShuXue',
          'Class'])
```

```
In [14]:  dataSet.head()
```

Out[14]:

|   | YingYu | ShuXue | Class |
|---|--------|--------|-------|
| 0 | 90     | 79     | 3     |
| 1 | 77     | 80     | 3     |
| 2 | 86     | 80     | 3     |
| 3 | 78     | 83     | 2     |
| 4 | 86     | 68     | 1     |

**步骤 14** 制作训练数据集及测试数据集。在数据范围内随机选取 400 个样本点，划分为训练集 train_set 与测试集 test_set，并将数据类型转换为数组（数据结构为 array，以便于后续实现 KNN 算法并作图），定义训练集标签 train_label 与测试集标签 test_Label。见 In［15］～In［18］。

```
In [15]: train_index = random.sample(range(0, len(dataSet)), 400)  #在范围内随机选取400个点
         train_set = dataSet.iloc[train_index, :]  #随机选出400个点组成训练集
         train_set = train_set.sort_index(axis = 0, ascending = True)  #true表示升序, False
         表示降序
         test_set = dataSet.drop(train_index)  #剩余200个点组成测试集
```

```
In [16]: #打印训练集与测试集前五行, 此处结果为随机值, 取值可能不同
         print(train_set.head(5))
         print(test_set.head(5))
            YingYu  ShuXue  Class
         1      77      80      3
         3      78      83      2
         5      81      78      3
         6      81      90      2
         9      76      91      3
            YingYu  ShuXue  Class
         0      90      79      3
         2      86      80      3
         4      86      68      1
         7      77      89      2
         8      77      78      3
```

```
In [17]: traindata_set = np.array(train_set.iloc[:,0:2])  #将训练集数据转换成数组形式
         train_label = list(train_set.iloc[:,2])  #训练集中的标签, 用list形式
         testdata_set = np.array(test_set.iloc[:,0:2])  #测试集
         test_Label = list(test_set.iloc[:,2])  #测试集标签, 用于判断对错
```

```
In [18]: total=len(testdata_set);  #测试样本总数
         trueCount=0;
         label_predict = np.zeros((200, 1),list)  #构造200*1的零向量, 用于接收模型预测的输出结果
         label_predict[1]
```

Out[18]: array([0], dtype=object)

**步骤 15** 模型评价。调用定义的 KNN 分类算法对测试集数据进行处理，将测试集分类结果与原始数据进行比较，判断准确率。见 In［19］～In［21］。

```
In [19]: #调用knn分类算法
         for i in range(len(testdata_set)):
             label_predict[i]=knn(traindata_set, train_label, testdata_set[i],3);
             if label_predict[i] == test_Label[i]:
                 trueCount=trueCount+1;
```

In [20]:
```
#预测出的类别与原始数据真实类别比较
label_predict_df = pd.DataFrame(label_predict,columns=['predict'])    #模型分类得到
的类别
test_Label_df = pd.DataFrame(test_set.iloc[:,2])    #测试集的类别
#DataFrame是Python中Pandas库中的一种数据结构，它类似excel，是一种二维表
predict_compare = pd.merge(label_predict_df,test_Label_df,right_index=True, left_
index=True)#调用pd.merge()方法将预测值数据集与真实值数据集进行拼接，并打印前五行
做可视化对比
predict_compare.head(5)
```

Out[20]:

|   | predict | Class |
|---|---------|-------|
| 0 | 3 | 3 |
| 2 | 1 | 3 |
| 4 | 3 | 1 |
| 7 | 1 | 2 |
| 8 | 1 | 3 |

In [21]:
```
#打印分类正确的样本点个数及总样本点个数，计算分类结果准确率，此处结果为随机值，取值
可能不同
print(trueCount)
print(total)
float(trueCount)/float(total)
```

```
181
200
```
Out[21]: 0.905

**步骤 16** 准备绘图数据，构建二维直角坐标系，将测试集标签输入构建的零向量中；mgrid 函数用于返回多维结构，此处用于构建二维横纵坐标；stack 函数用于堆叠数组，将数组元素从一维增至二维，用于作图；shape 函数是数组 array 中的方法，用于查看矩阵或数组的维数；reshape 函数是数组 array 中的方法，用于改变数组的形状，但不改变数组原始数据。见 In［22］，In［23］。

In [22]:
```
#取出英语及数学成绩各自的最高分最低分，用于确定二维直角坐标系上下限
english_min, english_max = traindata_set[:, 0].min(), traindata_set[:, 0].max()
#yingyu的最低分和最高分
math_min, math_max = traindata_set[:, 1].min(), traindata_set[:, 1].max() #shuxue
的最低分和最高分
```

In [23]:
```
x1, x2 = np.mgrid[english_min:english_max:200j, math_min:math_max:200j]    #生成网格
采样点(根据x1与x2的范围从56~96)，其中，200j表示精度，精度越大，结果越准确。步长为复
数表示点数(取200个)，左闭右闭；步长为实数表示间隔，左闭右开
grid_test = np.stack((x1.flat, x2.flat), axis=1)    #测试点，flat是将数组转换为一维
迭代器，按照第一维将x1,x2进行拼合.stack函数用于堆叠数组，取出第二维(axis=1纵轴，若
=0，第一维)进行打包
label_draw = np.zeros((40000,1),int)    #用模型拟合出40000个测试标签
for i in range(len(grid_test)):
    label_draw[i]=knn(traindata_set, train_label, grid_test[i],3)
print(label_draw.shape)    #查看数组维数
label_draw = label_draw.reshape(x1.shape)
type(label_draw)    #查看数据类型
```

```
(40000, 1)
```
Out[23]: numpy.ndarray

**步骤 17** 将数据集分类结果可视化。将训练集与测试集预测分类散点图在二维坐标轴上进行呈现，并通过划分分类区域，对分类结果进行直观展示。引入绘图包 matplotlib 及 matplotlib 下的 pyplot，将它们分别命名为 mpl 及 plt。见 In［24］。

```
In [24]:  import matplotlib as mpl
          import matplotlib.pyplot as plt
          %matplotlib inline
          # cm_dark = mpl.colors.ListedColormap(['g', 'r', 'b']) #绿色 红色 蓝色
          # cm_dark1= mpl.colors.ListedColormap(['darkgreen', 'darkred', 'darkblue'])  #深绿
          色 深红色 深蓝色
          markers=['o','^','D']
          color = ['g', 'r', 'b']
          color_dark = ['darkgreen', 'darkred', 'darkblue']
          plt.pcolormesh(x1, x2, label_draw)   #画分类图，绘制背景，选用亮色系颜色
          train_label = np.array(train_label)
          test_Label = np.array(test_Label)
          for i,marker in enumerate(markers):
              #画样本点，c表示 (x,y) 点的颜色,edgecolors是指描绘点的边缘色彩——黑色,s指描绘
              点的大小, marker表示点的形状
              plt.scatter(traindata_set[train_label==i+1][:, 0], traindata_set[train_label==
          i+1][:,1],c=color[i],edgecolors='black',s=20,marker=marker)   # [train_label==i+1]
          表示筛选出类型为i+1的样本
              plt.scatter(testdata_set[test_Label==i+1][:, 0], testdata_set[:, 1][test_Label
          ==i+1],c=color_dark[i],edgecolors='black',s=40,marker=marker)   #圈中测试集样本
          plt.xlabel('English', fontsize=13)   #将横轴命名为English, 并设置字体大小为13
          plt.ylabel('Math', fontsize=13)   #将纵轴命名为Math, 并设置字体大小为13
          plt.xlim(english_min-1, english_max+1)   #将x轴范围设置在英语成绩最大值和最小值之间
          plt.ylim(math_min-1, math_max+1)   #将y轴范围设置在数学成绩的最大值和最小值之间
          plt.title('Student\' s Grade', fontsize=15)   #设置标题，将标题字号大小设置为15
          plt.show()
```

Out[24]:

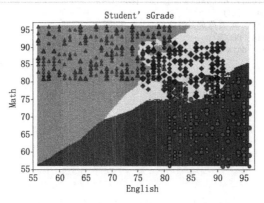

分类图解读：横坐标代表学生的英语成绩，纵坐标代表学生的数学成绩；深色点表示测试样本，浅色点表示各训练样本；形状代表测试样本的实际类别，三角形点代表理科生，菱形点代表综合生，圆形点代表文科生；背景颜色区域表示算法经训练样本学习后，划分的各类别包含的样本区域，其中，灰色区域代表理科生，浅灰色区域代表综合生，深灰色区域代表文科生；可以注意到，图中存在测试样本点与背景颜色不一致的情况，代表算法对该样本的分类错误。

## 7.5　本章总结

本章实现的工作是：首先用 Python 导入包含学生成绩和学生类别的样本数据。然后采用 K 近邻分类算法，配置算法模型中的 $k$ 值，以 $N$ 维空间的欧式距离为度量标准，求解待分类学生样本的预测标签；将预测标签与真实标签进行对比得出分类结果准确率。最后将预测结果可视化。

本章掌握的技能是：①通过编写 KNN 算法的底层代码，实现 KNN 算法模型的构建及参数配置，对样本数据进行预测分类并计算分类结果准确率；②使用 sklearn 模块中的 neighbors 最近邻模块，导入其中的 KNeighborsClassifier 模型实现预测分类和模型打分；③使用 Matplotlib 库实现数据的可视化，绘制散点图。

## 7.6　本章作业

➢ 实现本章的案例，导入样本数据，实现 K 近邻分类算法建模、预测、打分和数据可视化显示。

➢ 引用 sklearn 库中的鸢尾花案例，所需代码如图 7-4 所示，使用 KNN 算法对其进行分类。

```
In [1]:  from sklearn.datasets import load_iris
         iris=load_iris()
         iris.keys()  # 数据集关键字
         descr=iris['DESCR']
         data=iris['data']
```

图 7-4　KNN 分类模型示意图

# 8 逻辑回归

## 8.1 本章工作任务

采用逻辑回归算法编写程序，根据学生的语文、数学、英语成绩对学生所属类别进行预测。①算法的输入是：600 位学生的语文、数学、英语成绩和学生类别标签值（1 表示文科生、2 表示理科生、3 表示综合生）；②算法模型需要求解的是：逻辑回归模型的参数；③算法的结果是：根据逻辑回归模型预测的学生类别标签值（1 表示文科生、2 表示理科生、3 表示综合生）。

## 8.2 本章技能目标

- ➤ 掌握逻辑回归原理
- ➤ 使用 Python 对数据划分训练集和测试集
- ➤ 使用 Python 实现逻辑回归模型建模与求解
- ➤ 使用 Python 通过逻辑回归模型实现对不同学生的分类
- ➤ 使用 Python 对逻辑回归结果进行可视化展示

## 8.3 本章简介

**逻辑回归分析是指：**一种分类方法，首先根据样本训练集计算出逻辑函数的系数，然后将测试集带入逻辑函数得到输出结果，再将该输出结果映射为 0 或 1，最终实现分类。

**二分类逻辑回归是指：**分类结果只有两种类别的逻辑回归。

**多分类逻辑回归是指：**分类结果有多种类别的逻辑回归，是逻辑回归的推广。

**逻辑回归算法可以解决的科学问题是：**已知 $M$ 个样本数据，每个样本数据有 $N$ 个输入属性，即 $X_1 = (x_{11}, x_{12}, \cdots, x_{1N})$, $\cdots$, $X_M = (x_{M1}, x_{M2}, \cdots, x_{MN})$，这 $M$ 个样本数据对应的类别标签值分别为 $Y_1$, $Y_2$, $\cdots$, $Y_M$。希望找到自变量 $X_M$ 和因变量 $Y_M$ 之间的关系：$Y_M = \varphi(f(X_M))$。例如，样本自变量有 3 个属性时，模型为 $Y_M = \varphi(f(X_M)) = \varphi\left(\dfrac{1}{1 + \exp(-(W \cdot X_M{}^T + b))}\right)$，其中，$W = (w_1, w_2, w_3)$，从而根据上述模

型和测试样本的输入数据（$X_t = x_{t1}$，$x_{t2}$，$\cdots$，$x_{tN}$），预测测试样本的类别标签值 $Y_t$。

逻辑回归算法可以解决的实际应用问题是：根据 600 名学生的语文、数学、英语成绩以及学生的类别标签值，建立逻辑回归模型，根据上述模型和测试集中学生的各科成绩，可以预测出对应学生的类别标签值。

本章的重点是：逻辑回归算法的理解和使用。

## 8.4 理论讲解部分

### 8.4.1 任务描述

任务内容参见图 8-1。

训练集自变量与因变量（二分类）

| | YuWen | YingYu | ShuXue | Class |
|---|---|---|---|---|
| 410 | 61 | 72 | 95 | 2 |
| 92 | 79 | 79 | 88 | 3 |
| 132 | 83 | 80 | 90 | 3 |
| 558 | 78 | 89 | 85 | 3 |
| ... | | | | |
| 204 | 68 | 57 | 87 | 3 |
| 501 | 62 | 72 | 81 | 2 |
| 238 | 87 | 80 | 82 | 2 |
| 217 | 56 | 71 | 82 | 3 |

测试集自变量与因变量（二分类）

| | Yuwen | Ying'Yu | ShuXue | Class |
|---|---|---|---|---|
| 39 | 79 | 85 | 82 | 3 |
| 524 | 65 | 78 | 85 | 2 |
| 106 | 91 | 76 | 79 | 2 |
| 158 | 77 | 78 | 81 | 3 |
| ... | | | | |
| 282 | 67 | 61 | 92 | 2 |
| 19 | 70 | 67 | 87 | 2 |
| 335 | 72 | 78 | 84 | 2 |
| 550 | 85 | 91 | 85 | 3 |

| | Yuwen | Ying'Yu | ShuXue | Class |
|---|---|---|---|---|
| 0 | 81 | 90 | 79 | 3 |
| 1 | 84 | 77 | 80 | 3 |
| 2 | 89 | 86 | 80 | 3 |
| 3 | 62 | 78 | 83 | 2 |
| 4 | 86 | 86 | 68 | 1 |
| 5 | 80 | 81 | 78 | 3 |
| 6 | 64 | 81 | 90 | 2 |
| 7 | 78 | 77 | 89 | 2 |
| ... | | | | |
| 592 | 79 | 90 | 78 | 3 |
| 593 | 76 | 75 | 87 | 2 |
| 594 | 92 | 93 | 69 | 1 |
| 595 | 70 | 70 | 93 | 2 |
| 596 | 94 | 83 | 78 | 1 |
| 597 | 96 | 82 | 77 | 1 |
| 598 | 87 | 80 | 78 | 3 |
| 599 | 95 | 85 | 64 | 1 |

a) 导入并展示样本数据

b) 划分样本为训练集和测试集

建模并根据自变量序列求解模型参数：

$$y_n = \varphi(f(X_n)) = \varphi\left(\frac{1}{1+\exp(-(w \cdot X_n^T + b))}\right)$$

$$= \varphi\left(\frac{1}{1+\exp(-(0.27 \cdot x_1 + 0.33 \cdot x_2 - 0.15 \cdot x_3 - 34.16))}\right)$$

求解模型参数为：

$w_1 = 0.269\,812\,6$，$w_2 = 0.334\,929\,31$

$w_3 = -0.149\,926\,67$，$b = -34.163\,032\,29$

| | |
|---|---|
| 0 | 2 |
| 1 | 3 |
| 2 | 3 |
| 3 | 3 |
| ... | |
| 76 | 2 |
| 77 | 2 |
| 78 | 3 |
| 79 | 2 |

c) 建模并求解模型参数

d) 二分类逻辑回归的预测结果

图 8-1

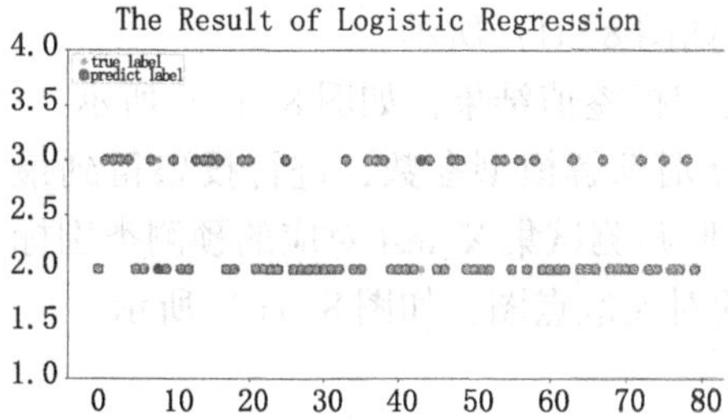
The Result of Logistic Regression
true label
predict label

训练集自变量与因变量（多分类）

| | YuWen | YingYu | ShuXue | Class |
|---|---|---|---|---|
| 158 | 77 | 78 | 81 | 3 |
| 505 | 59 | 72 | 88 | 2 |
| 280 | 91 | 81 | 56 | 1 |
| 549 | 70 | 72 | 81 | |
| … | | | | |
| 514 | 66 | 72 | 88 | 2 |
| 120 | 76 | 78 | 86 | 3 |
| 180 | 81 | 90 | 81 | 1 |
| 15 | 92 | 81 | 57 | 1 |

训练集自变量与因变量（多分类）

| | YuWen | YingYu | ShuXue | Class |
|---|---|---|---|---|
| 185 | 63 | 78 | 93 | 2 |
| 547 | 86 | 89 | 65 | 1 |
| 372 | 95 | 81 | 63 | 1 |
| 34 | 85 | 84 | 77 | 3 |
| … | | | | |
| 118 | 92 | 96 | 67 | 1 |
| 107 | 65 | 73 | 84 | 2 |
| 25 | 81 | 66 | 82 | 2 |
| 129 | 82 | 93 | 71 | 1 |

e) 二分类逻辑回归的预测分类和实际分类的对比

f) 划分样本为训练集和测试集

| | |
|---|---|
| 0 | 2 |
| 1 | 1 |
| 2 | 1 |
| 3 | 3 |
| … | |
| 116 | 1 |
| 117 | 2 |
| 118 | 2 |
| 119 | 1 |

g) 多分类逻辑回归的预测结果

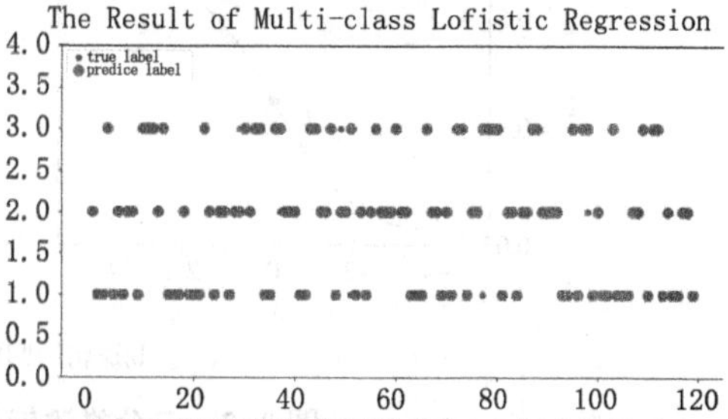
The Result of Multi-class Lofistic Regression
true label
predice label

h) 多分类逻辑回归的预测分类和实际分类的对比

**图 8-1 任务展示**

需要实现的功能描述如下。

（1）导入 600 名学生 3 科成绩数据作为自变量，对应学生的类别标签值作为因变量，如图 8-1a）所示。

（2）划分样本数据用于建立二分类逻辑回归模型。挑选出类别标签为 2 和 3 学生的 3 科成绩数据，划分出训练集与测试集，如图 8-1b）所示。

（3）建立逻辑回归模型，$Y_n = \varphi(f(X_M)) = \varphi\left(\dfrac{1}{1 + \exp(-(W \cdot X_M^{\ T} + b))}\right)$

并求解模型参数 $w_1 = 0.269\ 812\ 6$，$w_2 = 0.334\ 929\ 31$，$w_3 = -0.149\ 926\ 67$，$b = -34.163\ 032\ 29$，如图 8-1c）所示。

（4）展示二分类逻辑回归的预测类别标签值结果，如图 8-1d）所示。

（5）二分类逻辑回归结果的可视化。绘制测试集 X_test 对应的预测类别标签值 predict 与真实类别标签值 Y_test 的对比散点图，如图 8-1e)所示。

（6）为多分类逻辑回归模型划分样本数据。利用全部 600 名学生的三科成绩数据，划分出训练集与测试集，如图 8-1f) 所示。

（7）展示多分类逻辑回归的预测类别标签值结果，如图 8-1g) 所示。

（8）建立多分类逻辑回归模型。分别求解模型参数，进行投票得到最终预测结果集。最后，绘制多分类逻辑回归测试集 X_test 对应的预测类别标签值 predict 与真实类别标签值 Y_test 的对比散点图，如图 8-1h) 所示。

### 8.4.2　一图精解

逻辑回归的原理可以参考图 8-2 和图 8-3 理解。

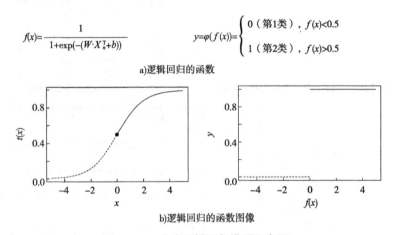

$$f(x)=\frac{1}{1+\exp(-(W\cdot X_n^T+b))}$$

$$y=\varphi(f(x))=\begin{cases} 0\,（第1类），\ f(x)<0.5 \\ 1\,（第2类），\ f(x)>0.5 \end{cases}$$

a)逻辑回归的函数

b)逻辑回归的函数图像

**图 8-2　二分类逻辑回归模型示意图**

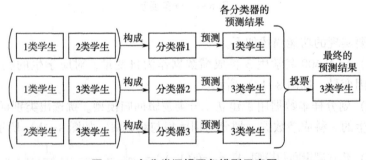

**图 8-3　多分类逻辑回归模型示意图**

理解逻辑回归的要点如下。

（1）算法的输入是：600 名学生的语文、数学、英语成绩和类别标签值：$(x_{11},\ x_{12},\ x_{13},\ Y_1)$，$(x_{21},\ x_{22},\ x_{23},\ Y_2)$，…，$(x_{600,1},\ x_{600,2},\ x_{600,3},$

$Y_{600}$)。

（2）算法的模型是：$Y_n = \varphi(f(X_M)) = \varphi\left(\dfrac{1}{1 + \exp(-(W \cdot X_M{}^T + b))}\right)$，待求解的模型参数是 $w_1$、$w_2$、$w_3$ 和 $b$。

（3）算法的输出是：学生所属的类别标签值 predict。

（4）算法的核心思想是：将输入样本通过逻辑函数 $f(x)$ 映射到 $[0, 1]$ 区间中，再将映射后的结果经过分类函数 $\varphi(f(x))$ 映射为 0 或 1，从而实现将原数据分为两类（分别用 0 和 1 表示）。

（5）算法的注意事项如下。

• 样本量要大：逻辑回归建立在大样本的基础上，样本量越大，分析结果越可靠。一般地，在使用逻辑回归时，样本数至少应该是自变量个数的 10 倍以上。

• 去掉无效值：当样本量足够大且所有自变量的属性之间没有关联时，最好把所有的属性都放入模型中；但若样本量有限，最好先进行单因素方差分析，剔除无统计学意义或无实际意义的属性。同时，要注意仔细检查各属性间的关联程度，关联密切的属性一般不同时作为模型的输入。如果发现属性之间有较强的相关性，建议进行筛选，将最具代表性的属性作为模型的输入。

（6）多分类逻辑回归与二分类逻辑回归的关系：多分类逻辑回归算法通过将多个二分类逻辑回归分类器的结果进行投票实现多分类。如图 8-3 所示，分类器 1、分类器 2 和分类器 3 均为二分类逻辑回归分类器，它们对样本的预测结果分别为类 1、类 3 和类 3，类 3 在预测结果中占多数，因此最终的预测结果为类 3。

### 8.4.3 实现步骤

**步骤 1** 准备数据。引入 pandas 包，并命名为 pd。读入在当前工作目录下名为 'ClassifyMyMake' 的数据集，赋值给 datas，显示 datas 的前 5 行数据。见 In [1]。

```
In [1]:  import pandas as pd
         datas = pd.read_csv('ClassifyMyMake.csv')    # 读入CSV格式的数据
         datas.head()
```

Out[1]:

|   | YuWen | YingYu | ShuXue | Class |
|---|-------|--------|--------|-------|
| 0 | 81 | 90 | 79 | 3 |
| 1 | 84 | 77 | 80 | 3 |
| 2 | 89 | 86 | 80 | 3 |
| 3 | 62 | 78 | 83 | 2 |
| 4 | 86 | 86 | 68 | 1 |

**步骤2** 在 3 种类别的原数据集中。筛选出分类为 2 的数据和分类为 3 的数据。其中，使用 iloc（located by index，按照索引号定位）与 loc 函数（按照索引定位）对数据进行切片，将分类为 2，3 的数据的集合赋值给 datas_two。见 In［2］。

```
In [2]:  temp = datas.iloc[:,3] != 1    # ':'即为行或列的全部。
         datas_two = datas.loc[temp,]    # temp保留了布尔型的判断结果（即此元组是否为第1类）。
```

**步骤3** 将 data_two 数据集划分为训练集与测试集。见 In［3］。

```
In [3]:  from sklearn.model_selection import train_test_split
         X_train,X_test,Y_train,Y_test=train_test_split(datas_two.iloc[:,0:3], datas_two.iloc
         [:,3], test_size=0.2, random_state=220)
         # (1) test_size参数代表测试集占据的比例。 (2) random_state参数将分割的training和
         testing集合打乱，相当于随机数种子的设定。random state参数如果相同，则每次运行结果都
         相同
```

**步骤4** 构建二分类逻辑回归模型并求解模型参数：①导入 sklearn 逻辑回归中的 LogisticRegressionCV 包；②建立逻辑回归模型 model；③逻辑回归模型求解：输入为 X_train，Y_train。见 In［4］。

```
In [4]:  from sklearn.linear_model import LogisticRegressionCV
         import numpy as np
         model = LogisticRegressionCV(multi_class="ovr",fit_intercept=True,Cs=np.logspace
         (-2, 2, 1),cv=3,penalty="12" ,solver="lbfgs",tol=0.01)
         # (1) multi_class:分类方式选择参数，有"ovr(默认)"和"multinomial"两个值可选择，在二
         元逻辑回归中无区别  (2) fit intercept是否计算截距
         # (3) Cs:正则化系数λ的倒数，float类型，默认为1.0。必须是正浮点型数，越小的数值表示
         越强的正则化。
         # (4) cv:设定进行几折交叉验证，默认None，使用三折交叉验证 (5) penalty:正则化选择参
         数，用于解决过拟合，可选"11","12"(默认为"12")
         # (6) solver:优化算法选择参数，(7) tol: 容忍度设置，即当目标函数下降到该值时就停
         止，防止计算的过多。
         model.fit(X_train,Y_train)
         print("决策函数中的特征系数： ",model.coef_)
         print("决策函数中的截距：     ",model.intercept_)

         决策函数中的特征系数： [[ 0.2698126    0.33492931  -0.14992667]]
         决策函数中的截距：    [-34.16303229]
```

**步骤5** 根据模型求解测试集的预测类别值。见 In［5］。

```
In [5]:  predict = model.predict(X_test)
```

**步骤6** 将测试集的预测类别值与真实类别值的对比结果进行可视化展示。①引入 matplotlib.pyplot 包，并给此包定义一个别名 plot；②画图对预测值和真实值进行比较，并输出模型预测结果的正确率。见 In［6］，In［7］。

```
In [6]: import matplotlib.pyplot as plot
        def logistic_model_figure(): #封装一个名为logistic_model_figure的函数; 其功能为画
        出logistic模型预测结果与真实值的对比图;
            x_len = range(len(X_test)) # 以测试集X_test的范围定义横轴的长度
            plot.figure(figsize=(14,7), facecolor='w') #定义图片的大小为14×7和表面颜色为
        白色
            plot.ylim(1,4) #定义竖轴的范围为1到4
            plot.plot(x_len, Y_test, 'yo',markersize = 7, zorder=1, label='true label')
        #画出真实值的点, 设置点为黄色、7号大、显示次序在 "1图层" (相对在红点上面一层)、标签
        名:'true label'
            plot.plot(x_len, predict, 'ro', markersize = 12, zorder=0, label='predict label'
            % model.score(X_train, Y_train)) # 画出我们预测值的点, 设置点为红色、12号大、
        显示次序在 "0图层"、标签名:'predict label'
            plot.legend(loc = 'upper left')# 设置图例在左上角
            plot.title('The Result of Logistic Regression', fontsize=20)#设置图标题, 字体大
        小为20号
            plot.show()#显示图片
        print("%s Score: %0.2f%%" % ("logistic二分类模型预测正确率",model.score(X_test,
        Y_test)*100))  #输出预测正确率统计结果
```

logistic二分类模型预测正确率 Score: 97.50%

```
In [7]: logistic_model_figure()  # 调用已封装好的绘图函数进行绘图
```

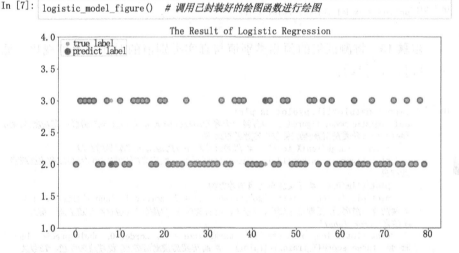

**步骤 7** 将数据集中的全部数据重新划分为训练集与测试集。见 In [8]。

```
In [8]: X_train,X_test,Y_train,Y_test=train_test_split(datas.iloc[:,0:3],datas.iloc[:,3],
        test_size=0.2, random_state=220)
```

**步骤 8** 构建多分类逻辑回归模型并求解模型参数。①导入 sklearn 逻辑回归中的 LogisticRegressionCV 类库;②建立多分类逻辑回归模型 model_three;③多分类逻辑回归模型求解:输入为 X_train,Y_train。见 In [9]。

```
In [9]:  model_three = LogisticRegressionCV(multi_class='multinomial',fit_intercept=True,
         Cs=np.logspace(-2,2,1),cv=2,solver='newton-cg',penalty='12',tol=0.01)
         # (1) multi_class:分类方式选择参数, 这里选择"multinomial"多分类; (2) fit_intercept
         是否计算截距
         # (3) Cs:正则化系数λ的倒数, float类型, 默认为1.0。必须是正浮点型数, 越小的数值表示
         越强的正则化。(4) cv:设定进行几折交叉验证, 默认None, 使用三折交叉验证
         # (5) solver:优化算法选择参数。这里选择适用于较小数据量、多分类数据集newton-cg优化
         算法 (6) penalty:正则化选择参数, 用于解决过拟合, 这里配合newton-cg优化算法选择"12"
         # (7) tol: 容忍度设置, 即当目标函数下降到该值是就停止, 防止计算的过多
         model_three.fit(X_train, Y_train)
         print("决策函数中的特征系数: \n",model_three.coef_)
         print("决策函数中的截距: ",model_three.intercept_)

         决策函数中的特征系数:
         [[ 0.20464432  0.20251659 -0.29064006]
          [-0.24751743 -0.26982764  0.20930006]
          [ 0.04288674  0.06731901  0.08135286]]
         决策函数中的截距: [-10.28841926  24.05763545 -13.76921619]
```

**步骤9** 根据模型求解测试集的预测类别值。见 In〔10〕。

```
In [10]:  predict = model_three.predict(X_test)
```

**步骤10** 将测试集的预测类别值与真实类别值的对比结果可视化。见
In〔11〕, In〔12〕。

```
In [11]:  import matplotlib.pyplot as plot
          def logistic_model_figure():  #封装一个名为logistic_model_figure的函数; 其功能为画出
          logistic三分类模型预测结果与真实值的对比图;
              x_len = range(len(X_test))  # 以测试集X_test的范围定义横轴的长度
              plot.figure(figsize=(14,7), facecolor='w')  # 定义图片的大小为14×7和表面颜色
          为白色
              plot.ylim(0,4)  # 定义纵轴的范围为0到4
              plot.plot(x_len, Y_test, 'go', markersize = 7, zorder=1, label='true label')
          # 画出真实值的点, 设置点为绿色、7号大、显示次序在"1图层"(相对在红点上面一层)、
          标签名:'true label'
              plot.plot(x_len, predict, 'ro', markersize = 12, zorder=0, label='predict label'
          %model_three.score(X_train,Y_train))  # 画出我们预测值的点, 设置点为红色、12号大、
          显示次序在"0图层"、标签名:'predict label'
              plot.legend(loc = 'upper left')# 设置图例在左上角
              plot.title('The Result of Multi-class Logistic Regression', fontsize=20)  #设
          置图标题, 字体大小为20号
              plot.show()#显示图片
          print("%s Score: %0.2f%%" % ("logistic多分类模型预测正确率",model_three.score
          (X_test,Y_test)*100))  # 输出预测正确率统计结果

          logistic多分类模型预测正确率 Score: 93.33%
```

In [12]: `logistic_model_figure()` *# 调用已封装好的绘图函数进行绘图*

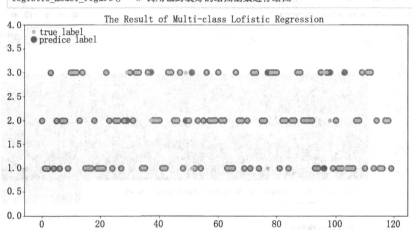

## 8.5  本章总结

本章实现的工作是：首先导入样本数据，包括学生的语文、数学、英语成绩及学生所属类别（文科生、理科生、综合生），并划分训练集与测试集。然后采用逻辑回归算法，用样本数据构建回归模型，进而利用模型和更多学生的成绩进行分类预测。最后将预测与真实类别标签值进行对比显示，检验模型预测正确率。

本章掌握的技能是：①读取样本数据并划分样本为训练集与测试集；②使用 LogisticRegressionCV 模块构建逻辑回归模型；③使用 Matplotlib 库绘制散点图，实现数据的可视化。

## 8.6  本章作业

➤ 实现本章的案例，即导入数据集并划分样本数据，实现逻辑回归模型的建模、预测和数据可视化。

➤ 登录 Kaggle 官网，针对名为"Titanic：Machine Learning from Disaster"的经典逻辑回归问题，运用本章所学逻辑回归方法，利用训练集数据训练逻辑回归模型，预测测试集中样本的分类结果，并计算预测准确率。访问链接 www.kaggle.com，注册账号并登录到 Kaggle 官方网站中，访问数据集的链接 https：//www.kaggle.com/c/titanic 找到数据集。见图8-4。

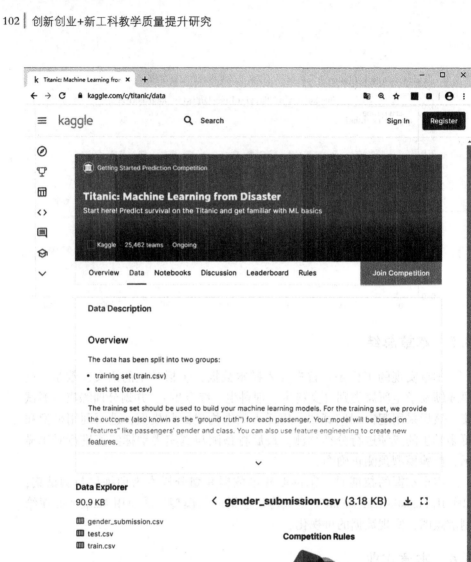

# 9 贝叶斯算法

## 9.1 本章工作任务

采用贝叶斯算法编写程序，对含有侮辱性词语的邮件进行过滤。①算法的输入是：40个随机词语；②算法模型需要求解的是：某词语出现在含有侮辱性词语邮件的概率；③算法的结果是：词语的类型（属于侮辱性词语还是非侮辱性词语）。

## 9.2 本章技能目标

➢ 掌握贝叶斯算法原理
➢ 掌握概率分布原理
➢ 使用 Python 实现文本分类
➢ 使用 Python 实现朴素贝叶斯分类器训练

## 9.3 本章简介

**贝叶斯算法是指**：一种根据新样本的已有特征在数据集中的条件概率来判断新样本所属类别的算法。

**条件概率是指**：已知事件 B 已经发生的条件下，事件 A 发生的概率。

**贝叶斯算法可以解决的科学问题是**：已知 A 个结果和 B 个导致该结果的样本，得到在具有某特征的样本发生的条件下某结果发生的概率 $P(A \mid B)$。根据 $P(B \mid A) = \dfrac{P(A \mid B) \cdot P(B)}{P(A)}$，得到在某结果出现时某个样本可能发生的概率 $P(B \mid A)$。

**贝叶斯算法可以解决的实际应用问题是**：根据已知标签（被过滤邮件和非被过滤邮件）的样本数据，输入待检验的词汇，通过贝叶斯算法，判断其是否为侮辱类词语（根据样本数据中词语出现在被过滤邮件和非被过滤邮件的概率）。

**本章的重点是**：贝叶斯算法的理解和使用。

## 9.4 理论讲解部分

### 9.4.1 任务描述

任务内容如图9-1所示。

| | |
|---|---|
| ['maybe','not','take','him','to','dog','park','stupid'],<br>['my','dalmation','is','so','cute','I','love','him'],<br>['stop','posting','stupid','worthless','garbage'],<br>['mr','licks','ate','my','steak','how','to','stop','him'],<br>['quit','buying','worthless','dog','food','stupid']] | p0: -7.694848072384611<br>p1: -9.826714493730215<br>['love', 'my', 'dalmation'] 属于非侮辱类<br>p0: -7.20934025660291<br>p1: -4.702750514326955<br>['stupid', 'garbage'] 属于侮辱类 |
| a) 创建实验样本 | b) 贝叶斯预测结果 |

**图9-1 任务展示**

需要实现的功能描述如下。

(1) 创建实验样本，有40个样本，其中部分属于侮辱性语言，部分不属于侮辱性语言，如图9-1a）所示。

(2) 建模并测试朴素贝叶斯分类器，输入待检验的词汇，输出词汇的类型（侮辱类、非侮辱类），如图9-1b）所示。

### 9.4.2 一图精解

贝叶斯算法的原理可以参考图9-2理解。

**图9-2 贝叶斯模型示意图**

理解贝叶斯算法的要点如下。

（1）算法的输入是：$m$ 个训练样本（包含样本的属性和类别），每个样本有 $d$ 个属性。

（2）算法的模型是：$P(Y=y\mid X) = \dfrac{P(Y) = \prod_{i=1}^{d} P(X_i\mid Y)}{P(X)}$，其中，$y$ 为一个类别的标号。

（3）算法的输出是：最大的 $P(Y=y\mid X)$ 对应的类别 $y$。

（4）算法的核心思想是：结合模型训练过程中计算出的不同类别下不同属性取值的概率，利用贝叶斯公式计算待测样本在不同类别的概率，将概率最大的类别作为待测样本的类别。

（5）算法的注意事项是：当属性之间存在关联时，模型预测的误差较大，因为朴素贝叶斯模型假设样本属性之间是独立的，即属性之间是无关联的。

### 9.4.3　实现步骤

**步骤 1**　准备工具包。引入 NumPy 包，并将其命名为 np。从 functools 库中引入 reduce，reduce 函数用于将多个参数合并。引入 sklearn 模块中的 naive_bayes，导入其中的 MultinomialNB。见 In [1]。

```
In [1]: import numpy as np
        from functools import reduce
        from sklearn.naive_bayes import MultinomialNB
```

**步骤 2**　创建实验样本。postingList 是词条，classVec 则是词条对应的分类标签。见 In [2]。

```
In [2]: def loadDataSet():
            postingList=[['my', 'dog', 'has', 'flea', 'problems', 'help', 'please'],
        #切分的词条
                        ['maybe', 'not', 'take', 'him', 'to', 'dog', 'park', 'stupid'],
                        ['my', 'dalmation', 'is', 'so', 'cute', 'I', 'love', 'him'],
                        ['stop', 'posting', 'stupid', 'worthless', 'garbage'],
                        ['mr', 'licks', 'ate', 'my', 'steak', 'how', 'to', 'stop', 'him'],
                        ['quit', 'buying', 'worthless', 'dog', 'food', 'stupid']]
            classVec = [0,1,0,1,0,1]   #类别标签向量，1代表侮辱性词汇，0代表不是
            return postingList,classVec   #返回实验样本切分的词条和类别标签向量
```

**步骤 3**　将词条样本向量化。inputSet 是重复的词条样本集，而 vocabList 是无重复的词汇表。见 In [3]。

```
In [3]: def createVocabList(dataSet):
            vocabSet = set([])      #创建一个空的不重复列表
            for document in dataSet:
                vocabSet = vocabSet | set(document)   #取并集
            return list(vocabSet)

        def setOfWords2Vec(vocabList,inputSet):  #将单词转化为向量，便于进行计算
            returnVec = [0] * len(vocabList)   #创建一个其中所含元素都为0的向量
            for word in inputSet:   #遍历每个词条
                if word in inputSet:   #如果词条存在于词汇表中，则置1
                    returnVec[vocabList.index(word)] = 1
                else:
                    print("词汇：%s 并没有在词汇表中" % word)   #词汇表中没有这个单词，表示
出现了问题
            return returnVec   #返回文档向量
```

**步骤4** 定义朴素贝叶斯分类器训练函数。见 In ［4］。

```
In [4]: def trainNB0(trainMatrix,trainCategory):
            numTrainDocs = len(trainMatrix)    #训练集中样本数量
            numWords = len(trainMatrix[0])     #每条样本中的词条数量
            pAbusive = sum(trainCategory)/float(numTrainDocs)   #文档属于侮辱类的概率
            p0Num = np.ones(numWords);p1Num = np.ones(numWords)  #词条初始化次数为1，避免出
现0的情况，拉普拉斯平滑第一步
            p0Denom = 2.0; p1Denom = 2.0   #分母初始化为2.0，拉普拉斯平滑第二步
            for i in range(numTrainDocs):   #对每个标签进行判断
                if trainCategory[i] == 1:#统计属于侮辱类的条件概率所需的数据，即P(w0/1),
P(w1/1),P(w2/1)···
                    p1Num += trainMatrix[i]
                    p1Denom += sum(trainMatrix[i])
                else:   #统计属于非侮辱类的条件概率所需的数据，即P(w0/0),P(w1/0),P(w2/0)···
                    p0Num += trainMatrix[i]
                    p0Denom += sum(trainMatrix[i])
            p1Vect = np.log(p1Num/p1Denom)   #相除，然后取对数，防止下溢出
            p0Vect = np.log(p0Num/p0Denom)
            return p0Vect,p1Vect,pAbusive   #返回属于侮辱类的条件概率数组，属于非侮辱类的
条件概率数组，文档属于侮辱类的概率
```

**步骤5** 定义朴素贝叶斯分类器分类函数。对 vec2Classify 进行分类。
见 In ［5］。

```
In [5]: def classifyNB(vec2Classify,p0Vec,p1Vec,pClass1):
            p1 = sum(vec2Classify*p1Vec)+np.log(pClass1)   #对应元素相乘，log(A*B)=logA+logB
            p0 =sum(vec2Classify*p0Vec)+np.log(1.0-pClass1)
            print('p0:',p0)
            print('p1:',p1)
            if p1>p0:
                return 1
            else:
                return 0
```

**步骤6** 测试朴素贝叶斯分类器。输入检验的词汇即可输出其是否为侮
辱类。见 In ［6］。

```
In [6]: def testingNB():
            listOPosts, listClasses = loadDataSet()  #创建实验样本
            myVocabList = createVocabList(listOPosts)  #创建词汇表
            trainMat=[]
            for postinDoc in listOPosts:
                trainMat.append(setOfWords2Vec(myVocabList, postinDoc))  #将实验样本向量化
            p0V, p1V, pAb = trainNB0(np.array(trainMat), np.array(listClasses))  #训练朴素贝
        叶斯分类器
            testEntry = ['love', 'my', 'dalmation']  #测试样本1
            thisDoc = np.array(setOfWords2Vec(myVocabList, testEntry))  #测试样本向量化
            if classifyNB(thisDoc, p0V, p1V, pAb):
                print(testEntry,'属于侮辱类')  #执行分类并打印分类结果
            else:
                print(testEntry,'属于非侮辱类')  #执行分类并打印分类结果
            testEntry = ['stupid', 'garbage']  #测试样本2

            thisDoc = np.array(setOfWords2Vec(myVocabList, testEntry))  #测试样本向量化
            if classifyNB(thisDoc, p0V, p1V, pAb):
                print(testEntry,'属于侮辱类')  #执行分类并打印分类结果
            else:
                print(testEntry,'属于非侮辱类')  #执行分类并打印分类结果

        if __name__ == '__main__':
            testingNB()
```

```
p0: -7.694848072384611
p1: -9.826714493730215
['love', 'my', 'dalmation'] 属于非侮辱类
p0: -7.20934025660291
p1: -4.702750514326955
['stupid', 'garbage'] 属于侮辱类
```

## 9.5  本章总结

本章实现的工作是：首先采用 Python 语言生成单词词组。然后采用贝叶斯算法，对样本数据进行计算得到每个单词出现的概率。进而采用贝叶斯模型对待分类的邮件进行判断。最后将判断结果进行展示。

本章掌握的技能是：①构造并使用朴素贝叶斯分类器；②使用 sklearn 模块中的 naive_bayes 库进行文本分类。

## 9.6  本章作业

➤ 实现本章的案例，即生成样本数据，实现贝叶斯模型的建模、预测。

➤ 引用 sklearn 库中的鸢尾花案例，所需代码如图 9-3 所示，运用贝叶斯方法对其进行分类。

```
import pandas as pd
from sklearn import datasets
iris = datasets.load_iris()
data = iris["data"]
labels = iris["target"]
```

**图 9-3　读取鸢尾花数据**

# 10 决策树

## 10.1 本章工作任务

采用 ID3 和 CART 决策树算法编写程序，依据学生的数学、英语成绩，对学生进行分类（类别包括：文科生、理科生和综合生）。①算法的输入是：600 名学生的成绩与所属类别；②算法模型需要求解的是：决策树（各节点代表的属性与分支条件）；③算法的结果是：根据待测样本成绩预测的分类结果。

## 10.2 本章技能目标

➢ 掌握决策树原理
➢ 使用 Python 配置决策树模型的参数
➢ 使用 Python 实现决策树模型建模
➢ 使用 Python 实现决策树模型学习与预测
➢ 使用 Python 对决策树分类结果进行可视化展示

## 10.3 本章简介

**决策树是指**：一种树形结构的分类算法，该算法依据各节点属性与分支条件对数据进行分类。例如，根据学生各科成绩对学生进行分类时，先按照数学成绩分为两类，数学成绩即为该节点分支依据的属性，小于 80 分的学生分到左支，小于 80 分即为分支条件。

**ID3 算法是指**：一种以信息增益作为分支依据，决定各节点根据什么属性进行分支的决策树算法。

**CART 算法是指**：一种以基尼系数作为分支依据，决定各节点根据什么属性进行分支的决策树算法。

**决策树算法可以解决的科学问题是**：已知 $M$ 个样本 $S_m(m = 1, 2, \cdots, M)$，对于第 $m$ 个样本 $S_m$ 具有 $N$ 个属性 $X_{mi}(m = 1, 2, \cdots, M, i = 1, 2, \cdots, N)$ 和 1 个标签值 $Y_m$，通过找到属性值与类别之间的关系 $Y_m = f_l(X_{m1}, X_{m2}, \cdots, X_{mN})$，实现根据第 $t$ 个测试样本 $X_{t1} \cdots X_{tN}$ 得到分类结果 $Y_t$。

**决策树算法可以解决的实际应用问题是**：实现根据学生的各科成绩和

学生所属类别，找到各科成绩与学生类别的关系（建立模型、求解模型），然后根据更多的学生成绩使用模型对其所属类别进行预测。

**本章的重点是：决策树算法的理解和使用。**

## 10.4　理论讲解部分

### 10.4.1　任务描述

任务内容参见图 10-1。

| | YingYu | ShuXue | Class |
|---|---|---|---|
| 0 | 90 | 79 | 3 |
| 1 | 77 | 80 | 3 |
| 2 | 86 | 80 | 3 |
| ... | ... | ... | ... |
| 597 | 82 | 77 | 1 |
| 598 | 80 | 78 | 3 |
| 599 | 85 | 64 | 1 |

a) 导入样本数据

| | YingYu | ShuXue | Class | | YingYu | ShuXue | Class |
|---|---|---|---|---|---|---|---|
| 158 | 78 | 81 | 3 | 185 | 78 | 93 | 2 |
| 505 | 72 | 88 | 2 | 547 | 89 | 65 | 1 |
| 280 | 81 | 56 | 1 | 372 | 81 | 63 | 1 |
| ... | ... | ... | ... | ... | ... | ... | ... |
| 120 | 78 | 86 | 3 | 107 | 73 | 84 | 2 |
| 180 | 90 | 81 | 1 | 25 | 66 | 82 | 2 |
| 15 | 81 | 57 | 1 | 129 | 93 | 71 | 1 |

b) 划分训练、测试样本

c) 建立与求解ID3决策树模型

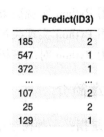

| | Predict(ID3) |
|---|---|
| 185 | 2 |
| 547 | 1 |
| 372 | 1 |
| ... | ... |
| 107 | 2 |
| 25 | 2 |
| 129 | 1 |

d) ID3决策树算法预测结果

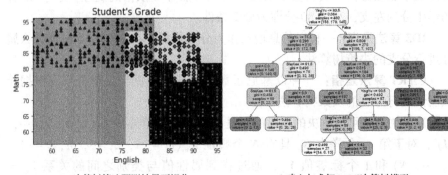

e) ID3决策树算法预测结果可视化

f) 建立与求解CART决策树模型

**图 10-1**

| Predict(CART) | |
| --- | --- |
| 185 | 2 |
| 547 | 1 |
| 372 | 1 |
| ... | ... |
| 107 | 2 |
| 25 | 2 |
| 129 | 1 |

g) CART决策树算法预测结果

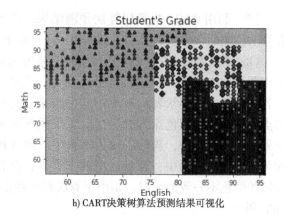

h) CART决策树算法预测结果可视化

图 10-1 任务展示

需要实现的功能描述如下。

（1）导入并展示样本数据。

• 导入 CSV 文件中的数据：导入学生的英语、数学成绩作为训练样本的输入（自变量），导入学生的所属类别作为训练样本的标签值（因变量）。

• 检验样本数据：输出前 3 行和最后 3 行数据进行展示，如图 10-1a) 所示。

（2）划分训练样本和测试样本。将 600 个学生数据划分为训练数据集（480 个）和测试数据集（120 个），如图 10-1b) 所示。

（3）建立与求解 ID3 决策树模型。建立一个模型，配置模型参数，求解模型，并将求解出的模型画出。求解后的 ID3 决策树模型，如图 10-1c) 所示。

（4）利用 ID3 决策树算法预测结果。两列数据分别代表学生的标号和算法预测的学生所属类别，如图 10-1d) 所示。

（5）将 ID3 决策树算法的预测结果可视化。在二维平面上对训练样本与测试样本的输入、输出进行可视化，浅色点表示训练样本，深色点表示各测试样本，形状表示样本的实际类别。其中，三角形点为理科生，菱形点为文科生，圆点为综合生。背景颜色区域表示样本点所在区域应当所属的类别。其中，灰色区域为理科生，浅灰色区域为文科生，深灰色区域为综合生。该图中，背景区域的交界处，存在测试样本点的颜色与背景区域的颜色不一致的情况，是由于算法对这些点分类错误导致的，如图 10-1e) 所示。

（6）建立与求解 CART 决策树模型。建立一个决策树模型，配置该模型的参数，进而求解该模型，最终将求解出的模型（树结构）可视化。求解后的 CART 决策树模型可视化结果，如图 10-1f) 所示。

(7) 利用 CART 决策树算法预测结果。两列数据分别代表学生的标号和算法预测的学生所属类别，如图 10-1g）所示。

(8) 将 CART 决策树算法的预测结果可视化。在二维平面上对训练样本与测试样本的输入、输出进行可视化，浅色点表示训练样本，深色点表示各测试样本，形状表示样本的实际类别。其中，三角形点为理科生，菱形点为文科生，圆色点为综合生。背景颜色区域表示样本点所在区域应当所属的类别，其中，灰色区域为理科生，浅灰色区域为文科生，深灰色区域为综合生。该图中，背景区域的交界处，存在测试样本点的颜色与背景区域的颜色不一致的情况，是由于算法对这些点分类错误导致的，如图 10-1h）所示。

### 10.4.2 一图精解

决策树算法原理可以参考图 10-2 理解。

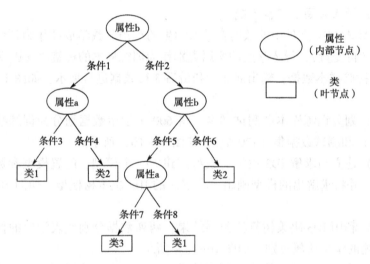

**图 10-2　决策树算法模型示意图**

理解决策树算法的要点如下。

（1）算法的输入是：$M$ 个样本，每个样本具有 $N$ 个维度，可以表示为：$X_{mi}(i = 1, 2, \cdots, N)$ 和每个样本对应的标签值 $Y_m$。

（2）待求解的模型参数是：决策树模型，决策树模型包括各分支节点依据的分支属性与分支条件。

（3）算法的输出是：待测样本的预测类别。

（4）算法的核心思想是：找到分类效率最高的（使信息不确定性、信息熵、系统混乱度或系统纯净度下降速度最快的）属性作为决策树的每个分支节点的分类依据，从而构建具有多个分类节点的树状分类器。

（5）算法的注意事项是：

· ID3 的缺点是：在分类时，ID3 决策树算法容易将连续型属性（如序号、身份证号等）视为可使信息不确定性下降最快（分类效率最高）的属性，将其置于树的顶层节点，而这些属性显然不是分类的可行依据（如身份证号无法判别学生是文科生还是理科生）。从理论上解释：ID3 以信息增益作为指标，信息增益越大，代表属性可选性越高，而连续型属性的信息增益较大，因此会出现没有分类价值的属性成为顶层分类节点的情况。

· CART 决策树可解决上述问题，因为 CART 决策树使用基尼系数衡量系统的不确定性，降低了连续型属性被选择作为分类节点的可能性。某属性的基尼系数越小，其信息不确定性越小，该属性的可选性越高。

### 10.4.3 实现步骤

**步骤 1** 引入 Python 中与决策树算法相关的包。引入 NumPy，matplotlib. pyplot, pandas 包，将其分别命名为 np, plt, pd，同时引入 os 包。matplotlib. pyplot 包用于绘制图形，os 包用于返回目录的绝对路径，pandas 包用于数据导入及整理，NumPy 包用于数组与矩阵的运算。引用 sklearn 中关于决策树模型和绘图的包。sklearn 是 Python 的重要机器学习库，其中 tree 模块用于创建树模型，DecisionTreeClassifier 模块用于创建决策树模型，metrics 模块用于为程序提供辅助统计信息。见 In〔1〕。

```
In [1]:  import numpy as np
         import matplotlib.pyplot as plt
         import os
         import pandas as pd
         from sklearn import tree
         from sklearn.tree import DecisionTreeClassifier
         from sklearn import metrics
         from sklearn import model_selection
         import datetime
```

**步骤 2** 修改当前的工作路径，其中 os. path. abspath() 用于将相对路径转化为绝对路径，os. chdir() 用于改变当前工作目录，getcwd() 用于获取当前工作目录（当前工作目录默认都是当前文件所在的文件夹，不同设备绝对路径不同）。见 In〔2〕。

```
In [2]:  thisFilePath=os.path.abspath('.')
         os.chdir(thisFilePath)
         os.getcwd()
```

```
Out[2]:  'D:\\Artificial Intelligence\\WorkingSpace\\Data Science\\维度规约'
```

**步骤 3** 读取存储学生成绩的 CSV 文件，usecols 参数用于选取文件中指定的数据列，type() 函数用于返回对象的类型，head() 函数用于查看前 3 行数据。见 In〔3〕。

```
In [3]:  myData = pd.read_csv('spider04_forClassifyMyMake.csv',
                              usecols = ['YingYu','ShuXue','Class'])
         type(myData)  #以整数的形式返回文件中数据的类型
         myData.head(3)
```

Out[3]:

|   | YingYu | ShuXue | Class |
|---|--------|--------|-------|
| 0 | 90     | 79     | 3     |
| 1 | 77     | 80     | 3     |
| 2 | 86     | 80     | 3     |

**步骤 4** 将样本划分为训练集和测试集。其中，train_test_split( )函数用于划分训练集和测试集，test_size 参数用于设定测试集占据的比例，random_state 参数用于设定随机数，trainSet_x 的属性 shape 用于输出训练集的维度。见 In〔4〕。

```
In [4]:  from sklearn.model_selection import train_test_split
         trainSet_x,testSet_x, trainSet_y, testSet_y = train_test_split(myData.iloc[:,0:2],
                                                                        myData.iloc[:,2],
                                                                        test_size=0.2,
                                                                        random_state=220)

         #划分训练集和测试集,其中random_state为随机数种子
         trainSet_x.shape
```

Out[4]:  (480, 2)

**步骤 5** 设置决策树图像绘制函数的参数。函数名为 tree_typed_figure，功能是设置决策树图像的基本样式，参数为 mode（模型名称），返回值是 dot_data（设置好的决策树样式）。见 In〔5〕。

```
In [5]:  import pydotplus
         from IPython.display import Image  #引用pydotplus的image功能, 用于画决策树
         def tree_typed_figure(model):  #将决策树数据转化为DOT格式
             dot_data = tree.export_graphviz(
                 model,
                 out_file = None,  #输出文件为空
                 feature_names = trainSet_x.columns.values,
                 filled = True,    #设置颜色为彩色
                 impurity = True,  #考虑不纯度值, 一个节点只有其不纯度值大于该值时才会被分裂
                 rounded = True    #True表示输出的结点四个角是圆润的, False则表示为直角
             )
             return(dot_data)
```

**步骤 6** 编写根据样本数据绘制分类结果图的函数。函数名为 plot，功能是画分类图，参数为 trainSet_x（训练集输入）、trainSet_y（训练集标签）、testSet_x（测试集输入）、testSet_y（测试集标签）和 model（模型名称），用于输出绘制的分类图、样本点并圈中测试样本。见 In〔6〕。

```
In [6]: import matplotlib as mpl
        def plot(train_x, train_y, test_x, test_y, model):
            x1_min, x1_max = train_x.iloc[:, 0].min(), train_x.iloc[:, 0].max()
            # yingyu的最低分和最高分
            x2_min, x2_max = train_x.iloc[:, 1].min(), train_x.iloc[:, 1].max()
            x1, x2 = np.mgrid[x1_min:x1_max:80j, x2_min:x2_max:80j]
            # 生成网格采样点(根据x1与x2的范围即56~96)，80j表示精度，越大越准确
            grid_test = np.stack((x1.flat, x2.flat), axis=1)
            # 测试点，flat是将数组转换为一维迭代器，按照第一维将x1,x2进行拼合，
            #stack函数用于堆叠数组，取出第二维(axis=1纵轴，若=0，第一维)进行打包;
            grid_hat = model.predict(grid_test)# 预测分类值
            grid_hat = grid_hat.reshape(x1.shape)
            # 使之与输入的x1形状相同，转换为200*200,转换前为40000*1
            #设置三种色系，供绘制分类图时选择
            color = ['g', 'r', 'b']
            color_dark = ['darkgreen', 'darkred', 'darkblue']
            markers = ['o','^','D']
            #画分类图，绘制背景，
            plt.pcolormesh(x1, x2, grid_hat)

            train_x_arr = np.array(train_x)
            test_x_arr  = np.array(test_x)
            for i, marker in enumerate(markers):
                # 画样本点，c表示(x,y)点的颜色
                #edgecolors是指描绘点的边缘色彩-黑色
                #s指描绘点的大小，marker表示点的形状
                # [train_y==i+1]和[test_y==i+1]表示筛选出类型为i+1的样本
                plt.scatter(train_x_arr[train_y==i+1][:, 0], train_x_arr[train_y==i+1][:, 1],
                            c=color[i], edgecolors='black', s=20, marker = marker)
                plt.scatter(test_x_arr[test_y==i+1][:, 0], test_x_arr[test_y==i+1][:, 1],
                            c=color_dark[i], edgecolors='black',
                            s=40, marker=marker)   # 圈中测试集样本
            plt.xlabel('English', fontsize=13)  # 将横纵轴字体大小设置为13
            plt.ylabel('Math', fontsize=13)
            plt.xlim(x1_min, x1_max)  #将x轴范围设置在x1的最大最小值之间
            plt.ylim(x2_min, x2_max)  #将y轴范围设置在x2的最大最小值之间
            plt.title('Student\'s Grade', fontsize=15)  #标题字号大小设置为15
            plt.show()
```

**步骤7**　建立决策树分类模型。criterion 参数用于设定使用的计算依据，entropy 参数表示使用信息增益的计算结果，比较属性可选程度，某属性的信息增益越大，代表其确定性越大，则该属性的可选性越高。min_samples_split 参数用于设定最小切分数。见 In [7]。

```
In [7]: model_c_tree = DecisionTreeClassifier(criterion = "entropy",
                                              min_samples_split =51)
        #将最小切分数设置为51，该数可由交叉验证法得到，在此不为重点，不做描述
```

**步骤8**　求解决策树分类模型。并输出 ID3 决策树分类图。其中，使用fit()方法用于决策树拟合。tree_typed_figure()函数为上面定义的子函数，用于设定决策树样式，pydotplus()函数提供了一个完整的界面，用于在图表语言中的计算机处理与过程图表（需要先安装该模块）。见 In [8]。

In [8]:
```
import os
os.environ["PATH"] += os.pathsep + 'C:/Program Files (x86)/Graphviz2.38/bin/'  #这里
是Windows系统安装Graphviz的默认路径
print("*****ID3决策树模型*****")
start_time = datetime.datetime.now()
model_c_tree=model_c_tree.fit(trainSet_x, trainSet_y)  #函数输入训练集数据进行模型拟合
predict = model_c_tree.predict(testSet_x)  #使用model.predict函数进行模型预测
print("%s Score: %0.2f" % ("model",model_c_tree.score(testSet_x, testSet_y)))
#输出模型自带的打分
dot_data = tree_typed_figure(model_c_tree)
graph = pydotplus.graph_from_dot_data(dot_data)  #以DOT数据进行graph绘制
graph.get_nodes()[1].set_fillcolor("#FFF2DD")  #显示设置的颜色
Image(graph.create_png())  #将graph图像显示出来
```

```
*****ID3决策树模型*****
model Score: 0.88
```

Out[8]:

上面的决策树绘制结果说明：该图主要体现样本数据，每个方框中，从上至下代表的信息为该子树的划分依据（数据范围）、该子树的信息增益值、该子树所包含的样本数和每一个分类包含多少该样本。以根节点为例，代表的信息为该决策树样本的英语成绩均小于等于80.5，样本量为480个，其"英语成绩小于等于80.5"属性的信息增益值为1.579。叶子节点（无分支的节点）代表该子树下均视为一类，不再划分，可直接做类别判断。

**步骤9** 输出样本数据经过分类后的结果。见 In [9]。

In [9]:

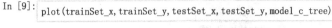

plot(trainSet_x, trainSet_y, testSet_x, testSet_y, model_c_tree)

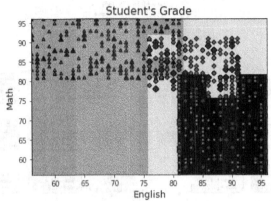

分类图解读：浅色点表示训练样本，深色点表示各测试样本，形状为样本的实际类别。其中，三角形点为理科生，菱形点为文科生，圆点为综合生。背景颜色区域表示样本点所在区域应当所属的类别。其中，灰色区域为理科生，浅灰色区域为文科生，深灰色区域为综合生。该图中，背景区域的交界处，存在测试样本点的颜色与背景区域的颜色不一致的情况，是由于算法对这些点分类错误导致的。

步骤 10　载入 CART 决策树分类模型。CART 决策树使用基尼（Gini）系数来衡量数据集的划分效果，基尼系数越小，则该属性的可选性越高。见 In ［10］。

In [10]:
```
model_cartc_tree = DecisionTreeClassifier(min_samples_split = 51)
#将最小切分数设置为51，该数可由交叉验证法得到，在此不为重点，不做描述
```

步骤 11　绘制 CART 决策树分类模型。见 In ［11］。

In [11]:
```
print("******CART分类树模型******")
# fit_model(model_cartc_tree, trainSet_x, trainSet_y, testSet_x, testSet_y)
# #决策树拟合，得到模型
start_time = datetime.datetime.now()
model_cartc_tree=model_cartc_tree.fit(trainSet_x, trainSet_y)    # 函数输入训练集数据进行模型拟合
predict = model_cartc_tree.predict(testSet_x)   #使用model.predict函数进行模型预测
print("%s Score: %0.2f" % ("model", model_cartc_tree.score(testSet_x, testSet_y)))
#输出模型自带的打分
dot_data = tree_typed_figure(model_cartc_tree)    #将决策树数据转换成DOT格式
graph = pydotplus.graph_from_dot_data(dot_data)    #以DOT数据进行graph绘制
graph.get_nodes()[1].set_fillcolor("#FFF2DD")    #设置显示颜色
Image(graph.create_png())    #将graph图像显示出来
```

```
******CART分类树模型******
model Score: 0.88
```

Out[11]:

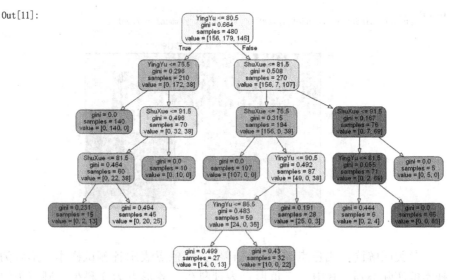

决策树解读：每个方框中，从上至下代表的信息为该子树的划分依据（数据范围）、该子树的基尼系数、该子树所包含的样本数和每一个分类包含多少该样本。以根节点为例，代表的信息为：①该决策树总体样本的英语成绩均小于等于80.5。②根节点共包含有480个样本。③该属性的基尼系数为1.579。叶子节点（无分支的节点）代表满足该子树条件下的样本均为一类，不再划分，可直接做类别判断。

**步骤 12** 根据样本数据画出图形。参数分别为 trainSet_x（训练集输入）、trainSet_y（训练集标签）、testSet_x（测试集输入）、testSet_y（测试集标签）和 model_cartc_tree_adj（模型名称）。见 In［12］。

In [12]:
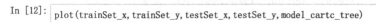

```
plot(trainSet_x, trainSet_y, testSet_x, testSet_y, model_cartc_tree)
```

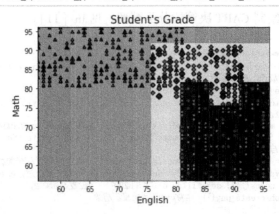

分类图解读：浅色点表示训练样本，深色点表示各测试样本，形状为样本的实际类别。其中，三角形点为理科生，菱形点为文科生，圆点为综

合生。背景颜色区域表示样本点所在区域应当所属的类别。其中，灰色区域为理科生，浅灰色区域为文科生，深灰色区域为综合生。该图中，背景区域的交界处，存在测试样本点的颜色与背景区域的颜色不一致的情况，是由于算法对这些点分类错误导致的。

## 10.5　本章总结

本章实现的工作是：首先使用 Python 导入学生英语、数学成绩及学生所属类别（文科生、理科生、综合生）的样本数据。然后分别采用 ID3 和 CART 决策树算法，对样本数据进行模型拟合，求出各属性值的信息增益或基尼系数，进而求解决策树模型，并采用求解后的模型进行预测。最后将训练样本与测试样本进行展示。

本章掌握的技能是：①使用 Python 导入学生成绩的数据；②使用 pydot-plus 包配置决策树绘制方法的参数；③使用 sklearn 中决策树分类工具实现 ID3 和 CART 决策树模型建立、求解与预测；④使用 matplotlib 库对 ID3 和 CART 决策树分类结果进行可视化展示。

## 10.6　本章作业

➢ 实现本章的案例，即实现 ID3 和 CART 决策树模型的建模、预测和数据可视化。

➢ 引用 sklearn 库中的鸢尾花数据集，所需代码如图 10-3 所示。采用 sklearn 中的决策树算法工具对其进行分类。

In [13]:
```python
from sklearn.datasets import load_iris
iris = load_iris()
iris.keys()  # 数据集关键字
descr = iris['DESCR']
data = iris['data']
```

**图 10-3　决策树算法模型示意图**

# 11 支持向量机

## 11.1 本章工作任务

采用支持向量机算法编写程序，根据 400 名学生的英语成绩和数学成绩对这 400 名学生进行分类，将其划分为文科生和理科生。①算法的输入是：400 名学生的语文成绩和数学成绩以及正确的分类信息（文科生、理科生）；②算法模型需要求解的是：线性核函数下支持向量机的超平面方程 $f(x) = w^T\varphi(x) + \gamma$ 的系数 $w$ 和 $\gamma$；③算法的结果是：待测样本中学生的分类结果。

## 11.2 本章技能目标

➢ 掌握支持向量机分类原理
➢ 使用 Python 读取样本数据并划分为训练集和测试集
➢ 使用 Python 实现支持向量机分类模型的建模与求解
➢ 使用 Python 实现使用支持向量机分类模型对样本数据进行分类
➢ 使用 Python 将支持向量机的分类结果进行可视化展示

## 11.3 本章简介

**支持向量机**（Support Vector Machine，SVM）是一种线性二分类器。它的工作原理是在两个类别的样本数据中找出一个超平面作为决策边界，使得分为两类后误差尽可能的小。特别说明：①SVM 处理多分类问题时，先将多分类问题转换为多个二分类问题，进而将多个二分类的结果进行统计，得出多分类的结论。②SVM 处理非线性问题时，先采用核函数进行维度变换，从而将非线性分类问题转化为线性可分问题，进而找出超平面进行分类。在理解支持向量机的分类原理之前，我们需要预先掌握以下几个概念。见表 11-1、表 11-2。

表 11-1 需要理解的概念（之一）

| 支持向量 | 到超平面的距离最小的样本点 |
|---|---|
| 最优超平面 | 分类误差尽可能小（支持向量到超平面的距离最大）时所形成的分割面（注：超平面可能是一个面，也可能是一条线，也可能是一个三维空间。总之，超平面的维数总比维度变换后的样本空间少一维。） |

续表

| 支持向量 | 到超平面的距离最小的样本点 |
| --- | --- |
| 核函数 | 支持向量机在解决非线性问题时，会将低维空间中线性不可分的数据映射到高维空间中，使之变为线性可分的，但是映射过后的维数可能会非常高，且形成的内积计算起来非常复杂，造成计算十分困难的问题。为解决此问题，我们发现在低维空间中恰好存在某个函数 $K(x, x')$，它正好等于映射后高维空间中形成的内积，从而轻松解决了运算困难的问题。这个函数就是核函数 |

表 11-2 需要理解的概念 （之二）

| 几分类 | 是否线性 | 分类原理 | 注意事项 |
| --- | --- | --- | --- |
| 二类 | 线性 | 找到一个最优超平面，使得两类支持向量（分别属于需要分类的两个类）到超平面的距离之和最大化 | 两类支持向量到超平面的距离是相等的 |
| | 非线性 | 对低维线性不可分的数据进行升维处理，使得变换后的样本点是线性可分的，接着使用核函数在低维空间中计算，进而可计算出在高维空间中找到的、可以将数据分开的最优超平面 | 维度变换后所找的超平面依旧满足"到两类支持向量的距离之和最大"的约定 |
| 多类 | 非线性 | 在一对多（一对一）的策略下，支持向量机将多分类问题转换为 $n$（或（$\frac{n \cdot (n-1)}{2}$））个二分类问题，接着支持向量机便会生成 $n$（或（$\frac{n \cdot (n-1)}{2}$））个二分类器，最后对这些二分类器的结果进行投票就可得到最终的分类结果 | ①支持向量机进行多分类原理和逻辑回归进行多分类时原理相似，可通过逻辑回归的多分类原理来理解支持向量机多分类原理。②每一个二分类器都对应着一个分割超平面。③此时生成的每个二分类器的分类原理和在做普通二分类时的分类原理相同 |

　　我们用表 13-1、表 13-2 罗列出支持向量机模型解决分类问题时所用的原理，使大家能更直观地理解支持向量机分类器的本质——线性二分类器。

　　**支持向量机算法可以解决的科学问题是：**已知 $N$ 个样本数据，每个数据具有 $M$ 个输入属性，即 $(X_{11}, X_{12}, X_{13}, \cdots, X_{1m})$，$(X_{21}, X_{22}, X_{23}, \cdots, X_{2m}) \cdots (X_{n1}, X_{n2}, X_{n3}, \cdots, X_{nm})$，$N$ 个样本的分类标签值分别是 $(Y_1, Y_2, Y_3, \cdots, Y_n)$。根据样本数据建立支持向量机模型，可以找到样本属性

和样本分类标签之间的关系，之后对于新的任意 $T$ 个样本数据（$X_{t1}$，$X_{t2}$，$X_{t3}$，…，$X_{tm}$），都可以推算出该样本所属的类别（分类标签值）$Y_t$。

**支持向量机算法可以解决的实际应用问题是**：已知 $N$ 个样本（学生），每个样本具有 $M$ 个输入属性（数学成绩和英语成绩），每个样本对应的分类标签值分别是文科生和理科生。通过建立支持向量机模型，可以找到样本属性（成绩）与样本分类标签（文科生、理科生）之间的关系，从而对于任意 $T$ 个新的样本（学生），都可以利用该样本所具有的属性推算出该样本所属的分类标签。

**本章的重点是**：支持向量机分类算法的理解和使用。

## 11.4　理论讲解部分

### 11.4.1　任务描述

支持向量机实现线性二分类问题的任务内容如图 11-1。

| YuWen | YingYu | ShuXue | Class |
|-------|--------|--------|-------|
| 62 | 78 | 83 | 2 |
| 86 | 86 | 68 | 1 |
| 64 | 81 | 90 | 2 |
| 78 | 77 | 89 | 2 |
| 60 | 60 | 82 | 2 |
| ……… | | | |
| 58 | 65 | 92 | 2 |
| 86 | 85 | 66 | 1 |
| 91 | 92 | 58 | 1 |
| 96 | 96 | 77 | 1 |
| 78 | 62 | 87 | 2 |

划分训练集和测试集，训练集和测试集的输出如下：

train_x:

[[78　83]　[86　68]　[81　90]　[77　89]　[60　82]　[71　88]　… [84　75]　[73　83]　[58　83]　[79　84]　[83　63]　[64　94]　[81　76]]

test_x:

[[89　75]　[77　93]　[81　64]　[78　81]　[91　80]　[68　90]　… [95　74]　[95　68]　[65　92]　[85　66]　[92　58]　[96　77]　[62　87]]

train_y:　　（训练集所对应的标签值）

[2　1 2 2 2 2 … 1 2 2 2 1 2 1]

test_y:　　（测试集所对应的标签值）

　[1　2 1 2 1 2 … 1 1 2 1 1 1 2]

a) 导入并展示样本数据　　　　　　　　b) 划分训练集和测试集

**图 11-1**

建立线性核函数下的超平面方程模

型：$w^T\varphi(x)+\gamma=0$

构建方程的约束条件：

$$\begin{cases} \min \dfrac{||w^T||^2}{2} \\ s.t. y_i *(w^T\varphi(x_i)+\gamma) \geqslant 1 \quad i=1,\ 2,\ 3\cdots n \end{cases}$$

求解可得模型参数：

$w^T=[-0.8\ 0.4]^T$

$\varphi=31.399\ 999\ 999\ 992\ 815$

c) 建模并求解

训练集的预测结果：

2 1 2 2 2 2 1 1 2 1 2 1 1 1 1 2 1 1 1 1 2 2 1 1
2 1 2 1 2 2 2 1 2 1 2 1 2 2 2 2 2 1 1 2 2 2 2 1
2 2 1 2 1 2 1 2 2 1 1 1 1 2 1 2 1 2 1 1 2 2 2 1
1 2 2 2 1 1⋯1 1 1 2 2 2 2 1 2 1 2 2 1 2 2 1 2
2 2 2 2 1 2 1 2 2 1 2 2 1 2 2 1 2 2 2 1 1 1 1
1 2 2 2 2 1 1 2 2 2 1 2 1 2 1 2 2 2 1 2 1

测试集的预测结果

[1 2 1 2 1 2 2 1 1 2 1 1 2 2 2 1 1 2 2 2 1 1 1
2 2 2 1⋯1 1 1 2 2 2 2 2 2 2 1 1 2 2 2 2 2 2 1
2 1 1 1 2 2 1 1 1 2 1 1 2 1 1 1 1 2]

训练集的预测精度：1.0

测试集的预测精度：1.0

d) 分类结果展示

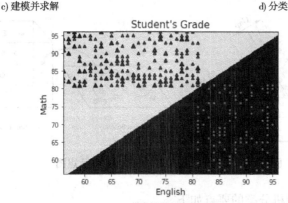

e) 分类结果可视化展示

图 11-1 任务展示

需要实现的功能描述如下。

（1）读取样本数据集所在的 CSV 文件（该文件的内容是学生成绩分类表，该表中包含两个属性列，即 400 个学生的数学和英语成绩，以及每个学生的分类标签）；显示上述数据的前 5 行和后 5 行，如图 11-1a) 所示。

（2）划分样本训练集和测试集。其中，train_x 是训练集数据，表示的是前 300 个学生的数学和英语成绩；train_y 是训练集的标签，表示的是前 300 个学生所对应的正确分类结果（1，2 分别代表文科生、理科生）；test_x 是测试集数据，表示的是后 100 个学生的数学和英语成绩；test_y 为测试集的标签，表示的是后 100 个学生所对应的正确分类结果，如图 11-1b) 所示。

（3）建立支持向量机分类器模型，求解超平面方程 $w^T x + \gamma = 0$，得到超平面方程的系数为：$w^T = [-0.80.4]^T$，$\gamma = 31.399\,999\,999\,992\,815$，如图 11-1c）所示。

（4）建立支持向量机分类器（SVC，Support Vector Classifier）模型，并带入训练集数据求解模型。接着利用求解后的模型预测样本的分类结果，所得分类结果和分类精度值如图 11-1d）所示。

（5）预测不同成绩的学生所对应的分类结果，并将分类结果绘制出来。其中，横坐标代表学生的英语成绩，纵坐标代表学生的数学成绩，深色点表示测试样本，浅色点表示各训练样本，红色点代表理科生，蓝色点代表文科生；不同区域的颜色表示落入该区域的样本数据的预测分类结果。其中，红色区域代表理科生，蓝色区域代表文科生，如图 11-1e）所示。

### 11.4.2 一图精解

支持向量机分类的原理可以参考图 11-2 理解。

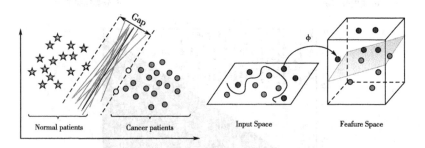

**图 11-2 非线性支持向量机分类模型示意图**

理解支持向量机分类的要点如下。

（1）算法的输入是：样本数据集 $D = \{(X)_1, Y_1)(X_2, Y_2), \cdots, (X_n, Y_n)\}$。

（2）算法的模型是：支持向量机分类器模型（SVC 模型）。

（3）算法的输出是：待分类样本所对应的分类结果。

（4）算法的核心思想是：①当样本数据线性可分时，试图找到一个超平面。这个超平面到不同类别的"支持向量"之间的间隔是最大的，同时这个超平面也是使得分类效果实现最优化的分类面。②在本数据线性不可分的情况下，支持向量机模型会将样本数据映射到一个高维空间中，从而使得样本数据变为线性可分的。然后支持向量机就可基于变换后线性可分的情况，找到能使间隔最大化的超平面，并利用核函数计算出超平面，实现分类的最优化。③解决多分类问题时，转换为多个二分类问题来求解。

（5）算法需要注意的是：支持向量机的本质是一个二分类器，在解决多分类问题时，支持向量机会将多分类问题转换为多个二分类问题解决分类问题。

### 11.4.3  实现步骤

**步骤 1**  为防止运行过程中出现不必要的警告信息，引入 warnings 包以忽略后面可能出现的警告信息。见 In［1］。

```
In [1]:  import warnings
         warnings.filterwarnings("ignore")
```

**步骤 2**  引入需要的库、包、模块和方法集：引入 pandas 包和 numpy 包，分别命名为 pd 和 np。从 sklearn 库中引入 svm（支持向量机）方法集。引入 matplotlib 库（绘图库）和绘图库中的 pyplot 模块，分别命名为 mpl 和 plt。见 In［2］。

```
In [2]:  import pandas as pd
         import numpy as np
         from sklearn import svm
         import matplotlib as mpl
         import matplotlib.pyplot as plt
```

**步骤 3**  读取 CSV 文件，并输出文件的前 5 行数据（注：不同设备的路径可能不同；若读取的 CSV 文件与当前文件不在同一路径下，一定要标识出 CSV 文件的路径）。见 In［3］。

```
In [3]:  df = pd.read_csv('D:\\myData.csv')
         df.head()
```

Out[3]:

|   | Unnamed: 0 | YuWen | ShuXue | Class |
|---|---|---|---|---|
| **0** | 1 | 62 | 83 | 2 |
| **1** | 2 | 86 | 68 | 1 |
| **2** | 3 | 64 | 90 | 2 |
| **3** | 4 | 78 | 89 | 2 |
| **4** | 5 | 60 | 82 | 2 |

**步骤 4**  划分训练集和测试集（注：iloc 函数中涉及的索引是左开右闭的）。①提取 CSV 文件的第 2 列和第 3 列的前 300 行数据，将其转换为数组后赋值给 train_x 作为训练集；②提取文件的第 4 列的前 300 行数据，将其转换为数组后赋值给 train_y，作为训练集；③提取文件的第 2，3 列的第 301 行到第 400 行的数据，将其转换为数组后赋值给 test_x，作为测试集所对应的分类标签值；④提取文件的第 4 列的第 301 行到第 400 行的数据，将其转换为数组后赋值给 test_y，作为测试集所对应的分类标签值。见 In［4］。

```
In [4]:  temp=df.iloc[0:300,1:3]
         train_x=temp.values
         temp=df.iloc[0:300,3]
         train_y=temp.values
         temp=df.iloc[301:400,1:3]
         test_x=temp.values
         temp=df.iloc[301:400,3]
         test_y=temp.values
```

**步骤5** 创建支持向量机分类器（SVC）模型，并输入训练数据 train_x、train_y 求解 SVC 模型。求解后模型中的参数 C 是模型惩罚参数，当支持向量机分类模型的惩罚参数过大时，或者当核函数类型选择不当时，可能产生欠拟合现象；当惩罚参数过小时，或核函数类型选择不当时，可能产生过拟合现象）。见 In［5］。

```
In [5]:  model = svm.SVC(kernel='linear')
         model.fit(train_x, train_y)
         print(model.decision_function)

         <bound method BaseSVC.decision_function of SVC(C=1.0, cache_size=200, class_weight
         =None, coef0=0.0,
            decision_function_shape='ovr', degree=3, gamma='auto_deprecated',
            kernel='linear', max_iter=-1, probability=False, random_state=None,
            shrinking=True, tol=0.001, verbose=False)>
```

**步骤6** 预测分类结果，并输出预测结果及预测精度：①利用已求解的 SVC 模型预测"train_x"和"test_x"数据集的分类标签（即预测结果），并输出预测结果；②分别输出训练集和测试集的预测精度。见 In［6］。

```
In [6]:  train_y0 = model.predict(train_x)
         test_y0=model.predict(test_x)
         print(train_y0)
         print(test_y0)
         print(model.score(train_x, train_y))    # 训练集的预测精度
         print(model.score(test_x, test_y))       # 测试集的预测精度

         [2 1 2 2 2 2 1 1 2 1 2 1 1 1 1 2 1 1 1 1 2 2 1 2 1 2 2 2 1 2 1 2 1 2
          2 2 2 2 1 1 2 2 2 2 1 2 2 1 2 1 2 1 2 2 1 1 1 1 2 1 2 1 2 1 1 2 2 2 1 1 2
          2 2 1 1 2 1 2 1 1 2 1 1 2 1 1 1 1 2 2 1 1 1 2 2 1 1 2 2 2 1 1 2 2 2 1 1
          1 1 2 2 2 1 1 1 2 2 2 2 1 2 1 1 2 2 1 2 2 1 1 2 1 1 2 2 1 1 2 1 1 2 1 1 2
          1 2 1 1 2 1 1 1 2 2 2 2 1 1 2 1 1 1 1 1 2 1 2 2 2 2 2 2 1 1 2 1 1 1 2 2 1
          1 2 1 1 1 2 2 1 1 1 2 1 2 1 2 1 2 2 1 1 2 2 1 2 2 2 1 1 1 1 2 1 2 2 2 1 2 2
          2 2 2 1 2 1 2 2 2 2 2 2 1 1 2 1 1 1 1 2 2 2 2 2 2 1 2 1 2 1 2 2 1 2 2 2 2
          1 1 1 2 1 2 2 2 1 2 1 2 2 1 1 1 1 2 2 2 2 1 1 2 2 2 1 2 1 2 1 2 1 2 2
          2 1 2 1]
         [2 1 2 1 2 2 2 2 1 2 1 1 2 2 2 1 2 1 1 2 2 2 1 1 1 2 2 2 1 2 2 1 2 2 2 1 1 2 1
          2 2 1 1 2 1 2 2 1 2 2 1 1 1 2 1 2 1 2 2 1 1 1 1 1 2 2 2 2 2 2 1
          2 2 2 2 2 2 2 1 2 1 1 1 2 2 1 1 1 2 1 1 2 1 1 1 1 2]
         0.99666666666666667
         0.98989898989899
```

**步骤7** 利用 matplotlib 绘图，并将其封装为绘图函数。见 In［7］。

In [7]:
```python
def plot (train_x, train_y, test_x, test_y, model):
    x1_min, x1_max = train_x[:, 0].min(), train_x[:, 0].max()   #找出yingyu的最低分和最
    高分, 分别记作x1 min, x1 max
    x2_min, x2_max = train_x[:, 1].min(), train_x[:, 1].max()   #找出shuxue的最低分和最
    高分, 分别记作x2_min, x2_max
    x1, x2 = np.mgrid[x1_min:x1_max:200j, x2_min:x2_max:200j]   # 上一行代码表示: 生成
    网格采样点(根据x1与x2的范围找采样点, 本案例即55~95), 其中 200j表示精度, 越大越准确。
    步长为复数, 表示点数(取200个), 左闭右闭; 步长为实数表示间隔, 左闭右开
    grid_test = np.stack((x1.flat, x2.flat), axis=1)
    # 上一行代码表示: 测试点, 其中flat是将数组转换为一维迭代器, 按照第一维将x1, x2进
    行拼合. stack函数用于堆叠数组, 取出第二维(axis=1纵轴, 若=0, 则是第一维)进行打包
    grid_hat = model.predict(grid_test)       # 预测分类值
    grid_hat = grid_hat.reshape(x1.shape)     # 使之与输入的x1形状相同, 转换为200·200, 转
    换前为40000·1
    colors = ['r', 'b']
    colors_dark= ['darkred', 'darkblue']
    markers = ["o","^"] # 设定点的形状, o表示圆点, ^表示三角形点
    plt.pcolormesh(x1, x2, grid_hat)   # 画分类图, 绘制背景
    for i, marker in enumerate(markers):  # 注意i从0开始, 最大为1
        plt.scatter(train_x[:, 0][train_y==i+1], train_x[:, 1][train_y==i+1], c=
colors[i], edgecolors='black', s=20, marker=marker)   # 上一行代码表示: 画出样本点, c表示
(x, y)点的颜色, edgecolors指描绘点的边缘色彩——黑色, s指描绘点的大小, marker表示点的形
状。[train y==i+1]用于筛选出类别为i+1的样本
        plt.scatter(test_x[:, 0][test_y==i+1], test_x[:, 1][test_y==i+1], c=colors_dark
[i], edgecolors='black', s=40, marker=marker)    # 按相同方法绘制测试集样本

    plt.xlabel('English', fontsize=13)    #将英语设置为图片的横坐标, 字号设置为13
    plt.ylabel('Math', fontsize=13)       #将数学设为纵坐标, 字号设为13
    plt.xlim(x1_min, x1_max)    #设置横坐标的取值范围为[x1_min, x1_max]
    plt.ylim(x2_min, x2_max)    #设置横坐标的取值范围为[x2_min, x2_max]
    plt.title('Student\' s Grade', fontsize=15)   #为图片添加标题, 字号设为15
    plt.show()    #打印图片
```

**步骤8** 利用封装好的绘图函数绘图。见 **In** [8]。

In [8]:
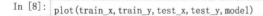
```python
plot(train_x, train_y, test_x, test_y, model)
```

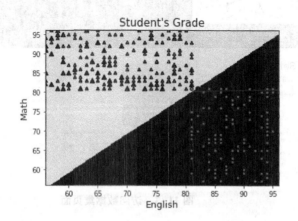

## 11.5 本章总结

本章实现的工作是：首先导入含有学生数学成绩、英语成绩和学生所属类别（文科生、理科生和综合生）的样本数据，利用 Python 语言中的 iloc 方法将样本划分为训练集和测试集。然后调用 SVM 方法集中的 SVC 算法创建支持向量机分类器（SVC）模型，接着输入训练数据，求解支持向量机分类器模型，进而在输入更多学生的数学成绩和英语成绩时，能利用已求解的支持向量机分类器模型预测其分类结果。最后将预测结果进行可视化展示。

本章掌握的技能是：①使用 Python 读取 CSV 文件中的数据；②使用 iloc 方法划分训练集和测试集；③使用 sklearn 库中的支持向量机模块解决非线性多分类问题；④使用 Matplotlib 库实现数据的可视化，绘制散点图。

## 11.6 本章作业

➢ 实现本章的案例，即生成样本数据，实现非线性支持向量机回归模型的建模、预测和数据可视化。

➢ 从 UCI 数据库中下载 Iris（鸢尾花）原始数据集，运用支持向量机分类算法，实现根据鸢尾花的任意两个特征对其进行分类。

数据集下载步骤和使用说明。

（1）进入 UCL 数据集网站，搜索 lris 即可得到图 11-3 的页面（具体网址为：http：//archive. ics. uci. edu/ml/datasets/Iris）。

**图 11-3 访问数据集页面**

（2）在该页面单击 Data Folder 可以下载 iris. data 文件。

（3）将 data 文件导入项目所在文件夹。

（4）采用 pandas 包里的 read_csv 方法读取数据，可得到如下数据。

```
import pandas as pd
data = pd.read_csv('iris.data')
data.head()
```

|   | 5.1 | 3.5 | 1.4 | 0.2 | Iris-setosa |
|---|-----|-----|-----|-----|-------------|
| 0 | 4.9 | 3.0 | 1.4 | 0.2 | Iris-setosa |
| 1 | 4.7 | 3.2 | 1.3 | 0.2 | Iris-setosa |
| 2 | 4.6 | 3.1 | 1.5 | 0.2 | Iris-setosa |
| 3 | 5.0 | 3.6 | 1.4 | 0.2 | Iris-setosa |
| 4 | 5.4 | 3.9 | 1.7 | 0.4 | Iris-setosa |

# 第五部分
## 集成算法

# 12 随机森林

## 12.1 本章工作任务

采用随机森林分类算法编写程序，根据 600 名学生的英语、数学成绩，对这 600 名学生进行分类，将其划分为文科生、理科生和综合生。①算法的输入是：600 个学生的英语、数学成绩以及学生的所属类别（文科生、理科生、综合生）；②算法模型需要求解的是：6 棵决策树（包括各节点属性与分支条件）；③算法的结果是：待测样本中学生的分类结果。

## 12.2 本章技能目标

- ➢ 掌握随机森林分类原理
- ➢ 使用 Python 实现随机森林分类模型的建模
- ➢ 使用 Python 优化随机森林分类模型的参数
- ➢ 使用 Python 实现随机森林分类模型的求解与预测
- ➢ 使用 Python 对随机森林分类结果进行可视化展示

## 12.3 本章简介

**集成学习是指：**一种分类方法，其核心思想是将若干个弱分类器（分类器的分类准确率通常在 60%~80% 之间）按照一定的结合策略组合起来，得到一个分类性能显著优越的强分类器（分类器的分类准确率通常在 90% 以上）。集成学习算法主要分为 3 类，如表 12-1 所示。

**随机森林分类算法是指：**一种 Bagging 集成学习算法，当一棵决策树无法很好地对待测样本进行分类时，采用多棵决策树对待测样本进行分类。该分类算法从给定训练集中有放回的均匀抽取多组样本，每组样本建立一棵决策树，进而形成一个森林（由多棵不同的决策树构成），森林中的每棵决策树都会生成一个分类结果，接着将多个分类结果进行投票统计，得票最多的类别即为最终的分类结果。

**随机森林分类算法可以解决的科学问题是：**已知有 $N$ 个样本数据，每个样本数据均具有 $M$ 个输入属性，即 $(X_{11}, X_{12}, X_{13}, \cdots, X_{1m})$，$(X_{21}, X_{22}, X_{23}, \cdots, X_{2m}) \cdots (X_{n1}, X_{n2}, X_{n3}, \cdots, X_{nm})$，$N$ 个样本的分类标

签值分别是 $Y_1$，$Y_2$，$Y_3$，…，$Y_n$。根据样本数据建立随机森林分类模型，可以找到样本属性和样本分类标签值之间的关系，之后对于新的任意第 $t$ 个样本数据 $(X_{t1}$，$X_{t2}$，$X_{t3}$，…，$X_{tm})$，都可以推算出该样本所属的类别（分类标签值）$Y_t$。

表 12-1　集成学习分类

| 分类 | 举例 | 算法示意图 |
|---|---|---|
| Bagging | 随机森林 | |

续表

| 分类 | 举例 | 算法示意图 |
|------|------|-----------|
| Boosting | GBDT<br>Adaboost<br>XGBoost | 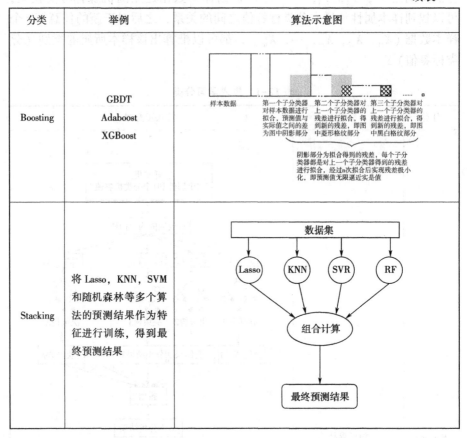 |
| Stacking | 将 Lasso，KNN，SVM 和随机森林等多个算法的预测结果作为特征进行训练，得到最终预测结果 | |

随机森林分类算法可以解决的实际应用问题是：已知 $N$ 个样本（学生），每个样本具有 $M$ 个输入属性（英语成绩和数学成绩），每个样本（学生）对应的分类标签值分别是 1 为文科生、2 为理科生和 3 为综合生。通过建立随机森林分类模型，可以找到样本属性（英语成绩和数学成绩）与样本分类标签值（文科生、理科生和综合生）之间的关系，从而对于任意第 $t$ 个新的样本（学生），都可以根据样本属性（英语成绩和数学成绩）推算出样本的分类标签值（文科生、理科生和综合生）。

本章的重点是：随机森林分类算法的理解和使用。

## 12.4 理论讲解部分

### 12.4.1 任务描述

任务内容参见图 12-1。

需要实现的功能描述如下。

（1）导入样本数据。yingyu 表示学生的英语成绩，shuxue 表示学生的

| | yingyu | shuxue | shuxue |
|---|---|---|---|
| **0** | 90 | 79 | 3 |
| **1** | 77 | 80 | 3 |
| **2** | 86 | 80 | 3 |
| **3** | 78 | 83 | 2 |
| **4** | 86 | 68 | 1 |
| | ...... | | |
| **595** | 70 | 93 | 2 |
| **596** | 83 | 78 | 1 |
| **597** | 82 | 77 | 1 |
| **598** | 80 | 78 | 3 |
| **599** | 85 | 64 | 1 |

a) 导入样本数据并显示

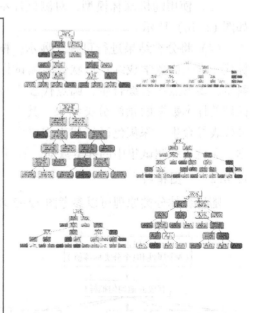

b) 建立与求解随机森林模型

```
array([2, 1, 1, 3, 1, 2, 1, 3, 2, 1, 3, 3, 3, 2, 3, 1, 1, 1, 3, 1, 1, 1,
       3, 2, 1, 2, 2, 1, 2, 2, 2, 2, 2, 3, 1, 1, 3, 2, 2, 2, 3, 1, 1, 3,
       3, 2, 3, 1, 2, 2, 3, 1, 2, 1, 2, 3, 2, 3, 3, 2, 2, 3, 1, 1,
       3, 2, 2, 1, 2, 1, 3, 1, 3, 3, 3, 3, 1, 3, 2, 1, 2, 2, 3,
       3, 2, 2, 2, 2, 1, 1, 3, 1, 3, 1, 2, 1, 1, 1, 1, 1, 2, 2, 3,
       1, 3, 2, 1, 2, 1, 1, 2, 2, 1])
```

c) 对测试样本进行分类

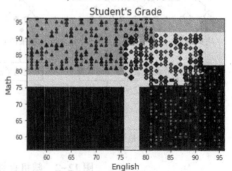

d) 绘制样本分类图

**图 12-1　任务展示**

数学成绩，Class 表示学生的类型。三者的关系是：英语成绩好的学生为文科生，属于类型 1；数学成绩好的学生为理科生，属于类型 2；数学成绩和英语成绩都好的学生为综合生，属于类型 3。上述样本的前 5 行及后 5 行数据，如图 12-1a）所示。

（2）建立随机森林分类模型，绘制随机森林模型的树形图。建立模型，训练数据，得到 6 棵决策树（注：由于一次只能显示一棵决策树，不能显示整个森林，想要显示出 6 棵决策树必须通过修改 6 次参数才能实现），并对这 6 棵决策树进行可视化展示，如图 12-1b）所示。

（3）使用随机森林模型，对测试样本进行分类。测试样本的分类结果如图 12-1c）所示。

（4）将分类结果进行可视化展示。横坐标代表学生的英语成绩，纵坐标代表学生的数学成绩；形状代表测试样本的实际类别，三角形点代表理科生，菱形点代表综合生，圆点代表文科生；不同区域的颜色表示落入该区域的样本数据的预测分类结果。其中，灰色区域代表理科生，浅灰色区域代表综合生，深灰色区域代表文科生；图中浅色表示训练集中的样本数据，深色表示测试集中的样本数据，如图 12-1d）所示。

### 12.4.2　一图精解

随机森林分类原理可以参考图 12-2 理解。

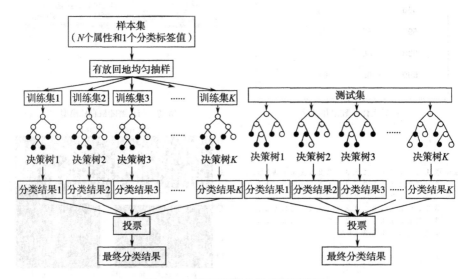

图 12-2　随机森林分类模型示意图

理解随机森林分类算法的要点如下。

（1）算法的输入是：$N$ 组样本数据（每组数据具有 $M$ 个属性）的输入为 $(X_{11}, X_{12}, X_{13}, \cdots, X_{1m})$，$(X_{21}, X_{22}, X_{23}, \cdots, X_{2m}) \cdots (X_{n1}, X_{n2}, X_{n3'}, \cdots, X_{nm})$，样本的分类标签值分别是 $Y_1, Y_2, Y_3, \cdots, Y_n$。

（2）算法的模型是：随机森林分类模型（$L$ 棵决策树，每棵树对于第 $t$ 个样本的分类结果是：$C_l = f_l(X_{t1}, X_{t2}, \cdots, X_{tM})$，最终的分类结果是：$C = \sum_{l=1}^{L} f_l(X_{t1}, X_{t2}, \cdots, X_{tM})$，模型需要求解的是 $L$ 个 $f_l[X_{t1}, X_{t2}, \cdots, X_{tM})]$。

（3）算法的输出是：待分类样本所对应的分类结果。

（4）算法的核心思想是：①随机森林算法从给定训练集中有放回的均

匀抽取多组样本，每组样本建立一棵决策树，进而形成一个森林（由多棵不同的决策树构成），森林中的每棵决策树都会生成一个分类结果；②随机森林模型生成的最终分类结果是由投票产生的。

（5）算法的注意事项是：①相对于决策树算法，随机森林算法在训练和预测时运算速度较慢。②当数据中存在的错误或异常（偏离期望值）数据较多时，随机森林算法容易产生过拟合现象。

### 12.4.3　实现步骤

**步骤 1**　准备工具包。引入 NumPy 包和 pandas 包，将它们分别命名为 np 和 pd，用于处理基本数据。引入 matplotlib. pyplot 模块，将它命名为 plt，用于绘制图像。引入 os 模块用于获取及修改当前工作目录路径。见 In [1]。

```
In [1]:
import numpy as np
import pandas as pd
import matplotlib.pyplot as plt
import os
```

**步骤 2**　改变工作目录到数据所在的路径。os. path. abspath( )用于返回一个目录的绝对路径。os. chdir( )用于改变当前工作目录到指定的路径。os. getcwd( )用于返回当前的工作目录（注：不同计算机的绝对路径不同）。见 In [2]。

```
In [2]:
thisFilePath=os.path.abspath('.')
os.chdir(thisFilePath)
os.getcwd()
```

Out[2]: '/Users/qujianbo'

**步骤 3**　导入数据。读取存储学生成绩的 CSV 文件，usecols 表示选取的数据列，选取 'yingyu' 'shuxue' 'Class' 列并赋值给 myData。type( )函数用于返回对象的数据类型，myData 的数据类型是 DataFrame，是一种二维表。head( )方法用于查看数据的前几行。见 In [3]。

```
In [3]:
myData = pd.read_csv('spider04_forClassifyMyMake.csv',usecols = ['YingYu','ShuXue',
'Class']) type(myData)
myData.head(3)
```

Out[3]:

|   | yingyu | shuxue | class |
|---|--------|--------|-------|
| 0 | 90 | 79 | 3 |
| 1 | 77 | 80 | 3 |
| 2 | 86 | 80 | 3 |

**步骤 4**　将数据集随机划分为训练集和测试集。引入 sklearn. model_selection 模块的 train_test_split 函数，用于划分训练集和测试集。train_test_split 函数包含 4 个参数：①需要划分数据的属性列（此处是 myData 中的

YingYu 和 ShuXue 列）。②需要划分数据的标签值（此处是 myData 中的 Class 列）。③测试集样本数占所有样本数的比例（默认值为 0.25），有 3 种类型：0~1 之间浮点数、整数或 None。0~1 之间的浮点数表示测试集样本数占所有样本数的比例；整数表示就是测试集样本数；None 表示是训练集的补充。④随机方式（默认值为 None），有 3 种类型：整数、RandomState 实例或 None。整数表示它指定了随机数生成器的种子；RandomState 实例表示指定了随机数生成器；None 表示使用默认的随机数生成器，随机选择一个种子（此处与其他相关章节统一设置为 220）。设置随机数种子的值，便于结果复现，即重复实验时得到一组一样的随机数。Shape 属性用于显示 DataFrame 的结构。见 In［4］。

```
In [4]:  from sklearn.model_selection import train_test_split
         trainSet_x,testSet_x, trainSet_y, testSet_y = train_test_split(myData.iloc[:,0:2],
         myData.iloc[:,2],test_size=0.2, random_state=220)
         trainSet_x.shape  #训练集结构为480行2列
```

Out[4]:  (480, 2)

**步骤 5** 建立随机森林分类模型。导入 sklearn. ensemble 模块的 RandomForestClassifier 包，用于建立随机森林分类模型。导入 datetime 包用于计算求解时间。导入 sklearn 模块的 tree 包用于制作树。建立随机森林分类模型，其中，RandomForestClassifier 函数包含 4 个参数（参数值的选取见后文）：①分割内部节点所需要的最小样本数：min_samples_split = 5，默认值为 2；②决策树数量：n_estimators = 6，默认值为 10；③随机数种子：random_state = 42，默认值为 None；④树的最大深度：max_depth = 5，默认值为 None。见 In［5］。

```
In [5]:  from sklearn.ensemble import RandomForestClassifier
         import datetime
         from sklearn import tree
         #建立空模型
         model_forest = RandomForestClassifier(min_samples_split = 5, n_estimators = 6,
         random_state = 42,max_depth=5)
         #输入训练集数据训练模型
         model_forest= model_forest.fit(trainSet_x, trainSet_y)
```

**步骤 6** 将随机森林分类模型进行可视化展示。在绘制前需安装 graphviz 插件（在 Windows 系统的环境下）：①下载 graphviz 插件；②配置环境变量：将 graphviz 安装目录下的 bin 文件夹添加到 Path 环境变量中；③验证：进入 Windows 命令行界面（cml. exe），输入 dot－version，按 Enter 键，如果显示 graphviz 的相关版本信息，则安装配置成功。引入 pydotplus 包，引入 IPython. display 模块的 Image 函数，用于绘制图像。export_graphviz 函数用于调节树形图的样式以及要显示的内容，其中，export_graphviz 函数包含 6 个参数：①模型名称；②输出文件名称；③特征名称；④由颜色标识不纯度；⑤不纯度；⑥树节点形状。将第一棵树进行可视化展示。树形图中每个方框代表用某个属性分类，从上至下分别表示：该节点划分的数据范围、该节点的基尼系数、该节点包含的样本数和该节点样本中各分类占比。见 In［6］，In［7］。

In [6]:
```
import pydotplus
from IPython.display import Image
dot_data = tree.export_graphviz(
        model_forest.estimators_[0],  #模型名称
        out_file = None, #输出文件名称，如果没有，则返回字符串形式的结果，默认值为None
        feature_names = trainSet_x.columns.values,  #特征名称，默认值为None
        filled = True,  #由颜色标识不纯度，默认值为False
        impurity = True,  #不纯度，设置为true时，显示每个节点上的不纯度，默认值为True
        rounded = True  #树结点四个角是圆润的，False则是直角，默认值为False
    )
graph = pydotplus.graph_from_dot_data(dot_data)
Image(graph.create_png())
```

Out[6]:

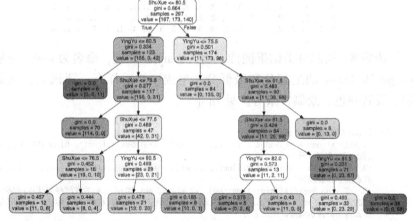

In [7]:
```
#将第2棵树进行可视化展示（以此类推可展示6棵树）
dot_data = tree.export_graphviz(
        model_forest.estimators_[1],
        out_file = None,
        feature_names = trainSet_x.columns.values,
        filled = True,
        impurity = True,
        rounded = True
    )
graph = pydotplus.graph_from_dot_data(dot_data)
Image(graph.create_png())
```

Out[7]:

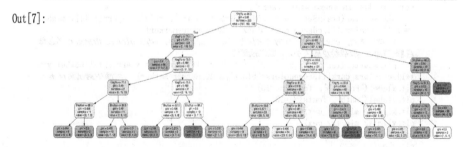

**步骤7**  使用随机森林分类模型对测试样本进行分类。输出结果的含义：①模型的准确率，model Score：0.88；②求解时间，model Time：0.01；③测试样本的分类结果。见 In［8］。

```
In [8]:  print("******随机森林模型******")
         start_time = datetime.datetime.now()
         predict = model_forest.predict(testSet_x) #输入测试集数据进行预测
         print("%s Score: %0.2f" % ("model",model_forest.score(testSet_x, testSet_y)))
         #计算模型得分
         end_time = datetime.datetime.now()
         time_spend = end_time - start_time
         print("%s Time: %0.2f" % ("model", time_spend.total_seconds())) #计算运行时间
         predict#显示预测结果

         ******随机森林模型******
         model Score: 0.88
         model Time: 0.01

Out[8]: array([2, 1, 1, 3, 1, 2, 1, 3, 2, 1, 3, 3, 3, 2, 3, 1, 1, 1, 3, 1, 1, 1,
         3, 2, 1, 2, 2, 1, 2, 2, 2, 2, 3, 1, 1, 3, 2, 2, 2, 3, 1, 1, 3,
         3, 2, 2, 3, 1, 2, 3, 1, 2, 1, 2, 3, 2, 3, 2, 2, 3, 1, 1,
         3, 2, 2, 1, 2, 1, 3, 1, 2, 3, 3, 3, 1, 3, 2, 1, 2, 2, 3,
         3, 2, 2, 2, 2, 1, 1, 3, 1, 3, 3, 1, 2, 1, 1, 1, 1, 1, 2, 2, 3,
         1, 3, 2, 1, 2, 1, 1, 2, 2, 1])
```

**步骤8**  绘制分类结果图像。引入 matplotlib 包，命名为 mpl。分别找出 yingyu 和 shuxue 的最高分和最低分、生成网络采样点、测试点、预测分类值、设置颜色、绘制背景等。见 In［9］。

```
In [9]:  import matplotlib as mpl
         x1_min, x1_max = trainSet_x.iloc[:, 0].min(), trainSet_x.iloc[:, 0].max() # yingyu
         的最低分和最高分
         x2_min, x2_max = trainSet_x.iloc[:, 1].min(), trainSet_x.iloc[:, 1].max() # shuxue
         的最低分和最高分
         x1, x2 = np.mgrid[x1_min:x1_max:80j, x2_min:x2_max:80j]  # 生成网格采样点(根据x1与
         x2的范围即56~96)  80j表示精度,越大越准确。步长为复数表示点数 (取200个), 左闭右闭;
         步长为实数表示间隔, 左闭右开
         grid_test = np.stack((x1.flat, x2.flat), axis=1)  # 测试点    # flat是将数组转换
         为一维迭代器, 按照第一维将x1, x2进行拼合. stack函数用于堆叠数组, 取出第二维 (axis=1纵
         轴, 若=0, 第一维) 进行打包;
         grid_hat = model_forest.predict(grid_test)  # 预测分类值
         grid_hat = grid_hat.reshape(x1.shape)   #使之与输入的x1形状相同, 转换为200·200, 转换
         前为40000·1

         trainSet_x_arr = np.array(trainSet_x)
         testSet_x_arr  = np.array(testSet_x)
         colors = ['g', 'r', 'b']
         colors_dark= ['darkgreen', 'darkred', 'darkblue']
         markers = ["o","^","D"]
         plt.pcolormesh(x1, x2, grid_hat)   # 画分类图, 绘制背景
         for i,marker in enumerate(markers):
             plt.scatter(trainSet_x_arr[:,0][trainSet_y==i+1], trainSet_x_arr[:,1][trainSet_
         y==i+1],c=colors[i],edgecolors='black', s=20,marker=marker)
                 # 画样本点, c=y表示按照y的值来区分 (x,y) 点的颜色, edgecolors是指描绘点的边缘
         色彩-黑色, s指描绘点的大小, c指点的颜色
             plt.scatter(testSet_x_arr[:,0][testSet_y==i+1], testSet_x_arr[:,1][testSet_y==
         i+1],c=colors_dark[i],edgecolors='black', s=40,marker=marker)   # 圈中测试集样本
         plt.xlabel('English', fontsize=13)
         plt.ylabel('Math', fontsize=13)
         plt.xlim(x1_min, x1_max)
         plt.ylim(x2_min, x2_max)
         plt.title('Student\'s Grade', fontsize=15)
         plt.show()
```

Out [9]:

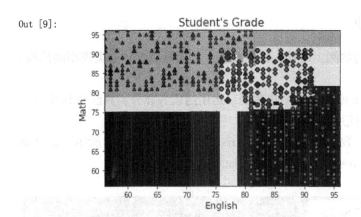

补充：选择模型的最佳参数。导入 sklearn. model_selection 模块的 Grid-SearchCV 包，用于自动寻找模型的最佳参数。选择模型的最佳参数，其中，GridSearchCV 函数包含 4 个参数：①分类器名称：model_forest；②需要最优化的参数的取值 param_grid，值为字典或者列表，此处为列表；③独立同分布 iid，默认值为 True，默认各个样本 fold 概率分布一致，误差估计为所有样本之和，而非各个 fold 的平均；④交叉验证参数 cv，默认值为 None，默认使用三折交叉验证。使用选择好的最佳参数训练样本，得到最好的切分样本数和树的个数。见 In ［10］。

In [10]:
```
from sklearn. model_selection import GridSearchCV
tree_param_grid={'min_samples_split':list(range(2,10)),'n_estimators':list(range(2,10))}
grid = GridSearchCV(model_forest,param_grid=tree_param_grid, iid=True, cv=5)
grid.fit(trainSet_x, trainSet_y)
print("最好的切分样本数: %s" % (grid.best_params_['min_samples_split']))
print("最好的树的个数: %s" % (grid.best_params_['n_estimators']))
```

最好的切分样本数: 5
最好的树的个数: 6

## 12.5　本章总结

本章实现的工作是：首先采用 Python 导入含有 600 个学生的英语成绩、数学成绩以及学生所属类型（文科生、理科生、综合生）的样本数据。然后建立随机森林分类模型，利用训练样本训练该模型，得到 6 棵决策树，进而采用改进后的随机森林分类模型对待测样本数据进行预测。最后将预测结果进行展示。

本章掌握的技能是：①使用 NumPy 库实现对样本数据的读取；②使用 sklearn 库实现训练集和测试集的划分；③使用 sklearn 库中的随机森林分类算法解决分类问题；④使用 Pydotplus 库实现数据的可视化，绘制树形图；⑤使用 Matplotlib 库实现数据的可视化，绘制分类图。

## 12.6　本章作业

➤ 实现本章的案例，即导入样本数据，实现随机森林分类模型的建模、预测和数据可视化。

➤ 引用 sklearn 库中的鸢尾花案例，运用随机森林分类算法对其分类。数据集下载和使用说明。

（1）进入 UCL 数据集官网，搜索 Iris 即可得到如图 12-3 所示页面（链接为：http：//archive.ics.uci.edu/ml/datasets/Iris）。

**图 12-3　访问数据集页面**

（2）在该页面单击 Data Folder 可以下载 iris.data 文件。

（3）将 data 文件导入项目所在文件夹。

（4）采用 pandas 包中的 read_csv 函数读取数据。

# 13　AdaBoost 算法

## 13.1　本章工作任务

采用 AdaBoost 分类算法编写程序，根据 600 名学生的英语成绩和数学成绩进行分类，将其划分为文科生、理科生和综合生。①算法的输入是：600 名学生的英语成绩和数学成绩以及正确的学生分类信息（文科生、理科生和综合生）数据；②算法模型需要求解的是：每个弱分类器和分类器的权值；③算法的结果是：根据学生的成绩预测的分类结果。

## 13.2　本章技能目标

- ➤ 掌握 AdaBoost 算法原理
- ➤ 使用 Python 读取数据并划分为训练集和测试集
- ➤ 使用 Python 实现 AdaBoost 算法模型的建模与优化
- ➤ 使用 Python 实现 AdaBoost 算法模型的计算与预测
- ➤ 使用 Python 对 AdaBoost 算法模型结果进行可视化展示

## 13.3　本章简介

**AdaBoost 算法是**：一种集成算法，其核心思想是针对同一个训练集反复学习得到一系列弱分类器（子分类器），每个弱分类器都具有分类能力，但是对最终的分类结果的影响力不同（权值不同），每个弱分类器通过加权后得到强分类器（总分类器）。它的特点是：在每一次迭代时，被弱分类器错误分类的样本权值会增大，正确分类的样本权值会减小，权值变更后的样本用来训练下一个弱分类器。

**弱分类器（子分类器）是指**：每次训练迭代过程中所产生的分类器。

**强分类器（总分类器）是指**：由多个弱分类器的分类结果进行加权计算，得到的最终分类器（输出最终分类结果）。最终分类结果（总分类器输出）$\hat{y}_i = \text{sign}(\sum_{t=1}^{T} \alpha_t G_t(x_i))$，其中，$G_t(x)$ 表示第 $t$ 个分类器的分类结果，$\alpha_t$ 表示第 $t$ 个分类器的权值。

**AdaBoost 算法可以解决的科学问题是**：已知 $N$ 个样本数据，每个样本

数据具有 $M$ 个输入属性，即 $(X_{11}$，$X_{12}$，$\cdots$，$X_{1M})$，$(X_{21}$，$X_{22}$，$\cdots$，$X_{2M})$，$\cdots$，$(X_{N1}$，$X_{N2}$，$\cdots$，$X_{NM})$，$N$ 个样本数据的标签值分别是 $y_1$，$y_2$，$\cdots$，$y_N$。根据上述样本数据建立 AdaBoost 分类算法模型，可以找到属性值和标签值之间的关系，之后对于新的任意第 $k$ 个测试样本 $(X_{k1}$，$X_{k2}$，$\cdots$，$X_{kM})$，可以推算出该样本的所属类别（标签值）$y_k$。

**AdaBoost 分类算法可以解决的实际应用问题是**：根据已知的样本特征值（学生成绩）和其对应的标签值（学生类别）找到样本属性值和标签值的关系，从而对于任意 $K$ 个新的样本（学生），都可以利用该样本所具有的属性值推算出该样本所属的类别。

**本章的重点是**：AdaBoost 算法的理解和使用。

## 13.4　理论讲解部分

### 13.4.1　任务描述

任务内容参见图 13-1。

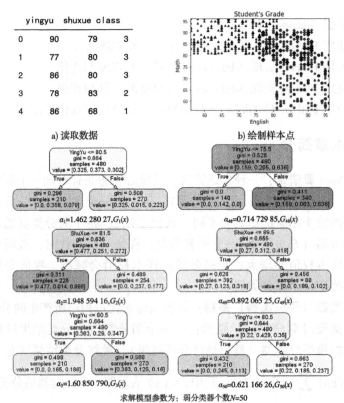

a) 读取数据　　　　　　　　b) 绘制样本点

求解模型参数为：弱分类器个数 $N$=50

c) 建模和求解基础模型

**图 13-1**

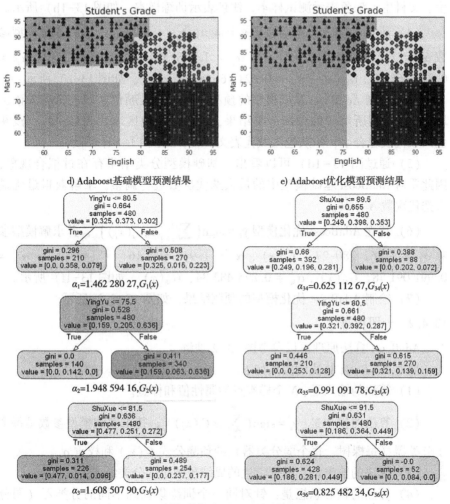

d) Adaboost基础模型预测结果　　　　e) Adaboost优化模型预测结果

$\alpha_1=1.462\,280\,27, G_1(x)$

$\alpha_2=1.948\,594\,16, G_2(x)$

$\alpha_3=1.608\,507\,90, G_3(x)$

$\alpha_{34}=0.625\,112\,67, G_{34}(x)$

$\alpha_{35}=0.991\,091\,78, G_{35}(x)$

$\alpha_{36}=0.825\,482\,34, G_{36}(x)$

求解模型参数为：最优弱分类器数$N=36$

f) 建模和求解优化模型

**图 13-1　任务展示**

需要实现的功能描述如下。

（1）导入样本数据，划分训练集和测试集。随机抽取 80% 的数据作为训练集，其中，训练集学生的数学、英语成绩是训练集样本的属性值，训练集学生的类别信息是训练集样本的标签值。之后，将剩下的 20% 学生数据作为测试集。其中，测试集学生的数学、英语成绩为测试集样本的属性值，测试集学生的类别为测试集样本的标签值，如图 13-1a）所示。

（2）将样本数据点可视化。以学生的英语成绩为横坐标，数学成绩为纵坐标，用三角形、菱形、圆 3 种形状分别代表样本标签中的理科生、综合生、文科生，深色表示测试样本，浅色表示训练样本，如图 13-1b）所示。

（3）建立 AdaBoost 基础模型 $\hat{y}_i = \mathrm{sign}(\sum_{t=1}^{T} \alpha_t G_t(x_i))$，并求解模型参数 $\alpha_1 = 1.462\,280\,27$，$G_1(x)$，$\alpha_2 = 1.948\,594\,16$，$G_2(x)$，$\cdots$，$\alpha_{49} = 0.892\,065\,25$，$G_{49}(x)$，$\alpha_{50} = 0.621\,166\,26$，$G_{50}(x)$，如图 13-c）所示。

（4）绘制 AdaBoost 基础模型的预测结果。背景颜色区域表示落入该区域的样本数据所对应的预测分类结果，其中，灰色区域代表理科生，浅灰色区域代表综合生，深灰色区域代表文科生，如图 13-1d）所示。

（5）通过图 13-1d）可以看出，基础模型分类结果存在过拟合现象，因此要对 AdaBoost 基础模型中的最大迭代次数进行调整，求解获得最优最大迭代次数 $N = 36$。

（6）建立 AdaBoost 优化模型 $\hat{y}_i = \mathrm{sign}\left(\sum_{t=1}^{T} \alpha_t G_t(x_i)\right)$，并求解模型参数 $\alpha_1 = 1.462\,280\,27$，$G_1(x)$，$\alpha_2 = 1.948\,594\,16$，$G_2(x)$，$\cdots$，$\alpha_{35} = 0.991\,091\,78$，$G_{35}(x)$，$\alpha_{36} = 0.825\,482\,34$，$G_{36}(x)$，如图 13-1f）所示。

（7）绘制 AdaBoost 优化模型的预测结果，如图 13-1e）所示。

### 13.4.2 一图精解

AdaBoost 算法原理可以参考图 13-2 理解。

理解 AdaBoost 算法的要点如下。

（1）算法的输入是：$N$ 个样本点的属性值和标签。

（2）算法的模型是：$\hat{y}_i = \mathrm{sign}(\sum_{t=1}^{T} \alpha_t G_t(x_i))$，待求解的模型参数是每个子分类器（每棵树、每个弱分类器）的预测公式 $G_t(x_i)$ 和权重 $\alpha_i$。

（3）算法的输出是：根据学生的成绩预测出的分类结果。

（4）算法的核心思想是：针对同一个训练集训练不同的分类器（弱分类器），根据弱分类器的错分样本权值和为其分配不同的权重参数，然后把这些弱分类器集合起来，加权构成一个更强的最终分类器（强分类器）。每棵树（每个弱分类器）分支（将样本数据划分为两部分，每棵树只有一次分支）的原则是：使得被错分的样本的权值的和最小。在第 $t$ 棵树中，为了给 $t+1$ 棵树分支做好准备（更新每个样本的权值），使第 $t$ 棵树分类错误的样本权值变大，从而增强被错误分类的样本在第 $t+1$ 棵树分支中发挥的作用。同时，使上述第 $t$ 棵树分类正确的样本权值变小，从而减弱被正确分类的样本在第 $t+1$ 棵树分支中发挥的作用。

（5）算法需要注意的是：如果弱分类器的数量太少，则会出现欠拟合现象，分类器的数量太多则会出现过拟合现象，因此要注意设置合理的弱分类器数量，例如，sklearn 中 AdaBoost 训练函数默认的弱分类器数量为 $T =$

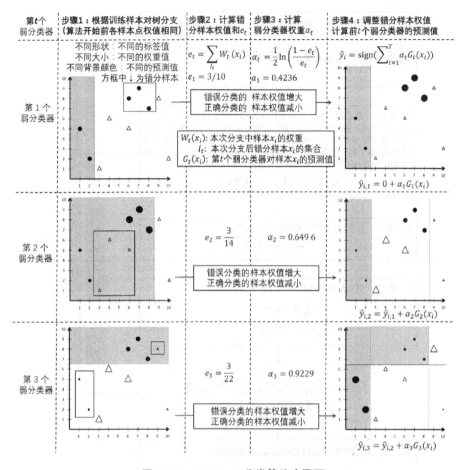

图 13-2　AdaBoost 分类算法步骤图

50，也可以通过交叉验证的方法，找到最佳的弱分类器数量。

（6）算例详解：AdaBoost 算法流程见图 13-3。

具体算例如下。

**步骤 0**　训练样本数据描述与算法参数配置。

**步骤 0.1**　训练样本集如表 13-1 所示。

表 13-1　样本数据

| 样本序号 $i$ | 1 | 2 | 3 | 4 | 5 | 6 | 7 | 8 | 9 | 10 |
|---|---|---|---|---|---|---|---|---|---|---|
| 特征值 $p_i$ | 0 | 1 | 2 | 3 | 4 | 5 | 6 | 7 | 8 | 9 |
| 标签值 $y_i$ | 1 | 1 | 1 | -1 | -1 | -1 | 1 | 1 | 1 | -1 |

**步骤 0.2**　算法参数配置。AdaBoost 关键参数设置为：设置弱分类器为二分类器 min_samples_split = 2，设置弱分类器的数量（分类树的数量）为

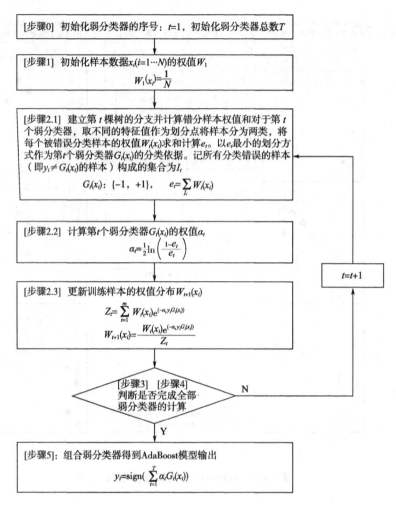

图 13-3  Adaboost 算法流程

$T = 3$。

**步骤 1**  初始化训练样本的权值。算法执行前各样本的权值 $W_1$ 相同，均为 $W_1 = \dfrac{1}{10} = 0.1$，训练样本如表 13-2 所示。

表 13-2  样本权值分布

| $i$ | 1 | 2 | 3 | 4 | 5 | 6 | 7 | 8 | 9 | 10 |
|---|---|---|---|---|---|---|---|---|---|---|
| $p_i$ | 0 | 1 | 2 | 3 | 4 | 5 | 6 | 7 | 8 | 9 |
| $y_i$ | 1 | 1 | 1 | -1 | -1 | -1 | 1 | 1 | 1 | -1 |
| $W_1$ | 0.1 | 0.1 | 0.1 | 0.1 | 0.1 | 0.1 | 0.1 | 0.1 | 0.1 | 0.1 |

**步骤 2**  第一个弱分类器的建模。

**步骤 2.1**  第一个弱分类器对样本数据的划分（建立第一棵树的分支）并计算错分样本权值和。

本步骤的核心工作是：对样本集 $x_i$ 遍历每一种划分的情况，每一种划分后，计算出错分样本的权值和，找出上述权值和最小的划分方法为最佳划分，最佳划分对应的错分样本的权值和用于进一步计算该弱分类器的权值。

接下来以第一次对样本数据划分、寻找最佳分割、计算错分样本权值和为例进行算例讲解。

首先对样本数据进行第一次划分、寻找最佳分割。第一个弱分类器对各个样本的分类结果用 $G_1(x_i) = \begin{cases} 1, & i < l \\ -1, & i > l \end{cases}$ 表示，含义是：样本 $x_i$ 在当前分割方法（分割值 $l$）下对应的预测值。将错分的样本定义为集合 $I_1$，即集合 $I_1$ 包含了所有的 $y_i \neq G_1(x_i)$ 的情况，错分样本总数为 $n_1$ 个。则各种不同分割情况下，错分样本权值和的计算参见公式 13-1。

$$e_1 = \sum_{I_t} W_t(x_i) \tag{13-1}$$

基于上述定义，可以计算不同分割情况下错分样本权值和 $e_1$，如表 13-3 所示。

表 13-3  输入数据

| 分割值→<br>预测值↘ | 0.5 | 1.5 | 2.5 | 3.5 | 4.5 | 5.5 | 6.5 | 7.5 | 8.5 |
|---|---|---|---|---|---|---|---|---|---|
| $G_1(x_0)$ | 1 | 1 | 1 | 1 | 1 | 1 | 1 | 1 | 1 |
| $G_1(x_1)$ | -1 | 1 | 1 | 1 | 1 | 1 | 1 | 1 | 1 |
| $G_1(x_2)$ | -1 | -1 | 1 | 1 | 1 | 1 | 1 | 1 | 1 |
| $G_1(x_3)$ | -1 | -1 | -1 | 1 | 1 | 1 | 1 | 1 | 1 |
| $G_1(x_4)$ | -1 | -1 | -1 | -1 | 1 | 1 | 1 | 1 | 1 |
| $G_1(x_5)$ | -1 | -1 | -1 | -1 | -1 | 1 | 1 | 1 | 1 |
| $G_1(x_6)$ | -1 | -1 | -1 | -1 | -1 | -1 | 1 | 1 | 1 |
| $G_1(x_7)$ | -1 | -1 | -1 | -1 | -1 | -1 | -1 | 1 | 1 |
| $G_1(x_8)$ | -1 | -1 | -1 | -1 | -1 | -1 | -1 | -1 | 1 |
| $G_1(x_9)$ | -1 | -1 | -1 | -1 | -1 | -1 | -1 | -1 | -1 |
| $e_1$ | 0.5 | 0.4 | 0.3 | 0.4 | 0.5 | 0.6 | 0.5 | 0.4 | 0.3 |

其中，分割值为 2.5 和 8.5 时错分样本权值和 $e_1$ 最小，为 0.3。根据 $e_1$ 计算第一个弱分类器的权重。

**步骤2.2** 第一个弱分类器的权重计算。

第一个弱分类器的权重计算参见公式 13-2。

$$\alpha_1 = \frac{1}{2}\ln\left(\frac{1-e_1}{e_1}\right) = 0.423\,6 \tag{13-2}$$

每个弱分类器预测结果对总分类器的影响能力由该权重决定。

**步骤2.3** 第一个弱分类器分支后各样本的权值调整。

在调整权值前，各样本（无论是否错分）的权值均为 0.1，参见表 13-2。准备将各样本的权值进行归一化处理，即各样本的权值加和总数为 1。归一化前各样本待分配的权值和 $Z_1$ 的计算参见公式 13-3。

$$Z_1 = \sum_{i=1}^{N} W_1(x_i)\, e^{(-\alpha_1 y_i C_1(x_i))} = 0.916\,52 \tag{13-3}$$

第一棵树各样本归一化后的权值，即各样本未来在第二棵树训练时的权值 $W_2$ 的计算参见公式 13-4。

$$W_2 = \frac{W_1(x_i)\, e^{(-\alpha_1 y_i C_1(x_i))}}{Z_1} \tag{13-4}$$

由公式 13-4 可以看出，当第一棵树的分类结果与样本标签值相同时，样本权值减小，当第一棵树的分类结果与样本标签值不同时，样本权值增大。

计算结果如表 13-4 所示。

**表 13-4 更新样本权值分布**

| $i$ | 1 | 2 | 3 | 4 | 5 | 6 | 7 | 8 | 9 | 10 |
|---|---|---|---|---|---|---|---|---|---|---|
| $p_i$ | 0 | 1 | 2 | 3 | 4 | 5 | 6 | 7 | 8 | 9 |
| $y_i$ | 1 | 1 | 1 | -1 | -1 | -1 | 1 | 1 | 1 | -1 |
| $W_1$ | 0.1 | 0.1 | 0.1 | 0.1 | 0.1 | 0.1 | 0.1 | 0.1 | 0.1 | 0.1 |
| $W_2$ | 0.071 | 0.071 | 0.071 | 0.071 | 0.071 | 0.071 | 0.167 | 0.167 | 0.167 | 0.071 |

**步骤3** 第二个弱分类器的建模。

按照步骤 2 的三个过程，对第二个弱分类器建模，计算不同分割情况下错分样本权值和 $e_2$，如表 13-5 所示。

表 13-5　第二轮计算数据

| 分割值→<br>预测值↘ | 0.5 | 1.5 | 2.5 | 3.5 | 4.5 | 5.5 | 6.5 | 7.5 | 8.5 |
|---|---|---|---|---|---|---|---|---|---|
| $G_2(x_0)$ | 1 | 1 | 1 | 1 | 1 | 1 | 1 | 1 | 1 |
| $G_2(x_1)$ | -1 | 1 | 1 | 1 | 1 | 1 | 1 | 1 | 1 |
| $G_2(x_2)$ | -1 | -1 | 1 | 1 | 1 | 1 | 1 | 1 | 1 |
| $G_2(x_3)$ | -1 | -1 | -1 | 1 | 1 | 1 | 1 | 1 | 1 |
| $G_2(x_4)$ | -1 | -1 | -1 | -1 | 1 | 1 | 1 | 1 | 1 |
| $G_2(x_5)$ | -1 | -1 | -1 | -1 | -1 | 1 | 1 | 1 | 1 |
| $G_2(x_6)$ | -1 | -1 | -1 | -1 | -1 | -1 | 1 | 1 | 1 |
| $G_2(x_7)$ | -1 | -1 | -1 | -1 | -1 | -1 | -1 | 1 | 1 |
| $G_2(x_8)$ | -1 | -1 | -1 | -1 | -1 | -1 | -1 | -1 | 1 |
| $G_2(x_9)$ | -1 | -1 | -1 | -1 | -1 | -1 | -1 | -1 | -1 |
| $e_2$ | 0.642 8 | 0.571 4 | 0.5 | 0.571 4 | 0.642 9 | 0.714 3 | 0.547 6 | 0.381 0 | 0.214 3 |

第二个弱分类器分割值为 8.5 时错分样本权值和 $e_2 = 0.214\ 3$，最小，根据 $e_2$ 计算第二个弱分类器的权重。

第二个弱分类器的权重计算参见公式 13-5。

$$\alpha_2 = \frac{1}{2}\ln\left(\frac{1-e_2}{e_2}\right) = 0.649\ 6 \tag{13-5}$$

归一化前各样本的权值和计算参见公式 13-6。

$$Z_2 = \sum_{i=1}^{N} W_2(i)\ e^{(-\alpha_2 y_i G_1(x_i))} = 0.820\ 65 \tag{13-6}$$

更新第三个弱分类器的样本权值，计算参见公式 13-7。

$$W_3 = \frac{W_2(x_i)\ e^{(-\alpha_2 y_i G_2(x_i))}}{Z_2} \tag{13-7}$$

计算结果如表 13-6 所示。

表 13-6　第三个弱分类器的样本权值分布

| $x_i$ | 1 | 2 | 3 | 4 | 5 | 6 | 7 | 8 | 9 | 10 |
|---|---|---|---|---|---|---|---|---|---|---|
| $p_i$ | 0 | 1 | 2 | 3 | 4 | 5 | 6 | 7 | 8 | 9 |
| $y_i$ | 1 | 1 | 1 | -1 | -1 | -1 | 1 | 1 | 1 | -1 |
| $W_1$ | 0.1 | 0.1 | 0.1 | 0.1 | 0.1 | 0.1 | 0.1 | 0.1 | 0.1 | 0.1 |
| $W_2$ | 0.071 | 0.071 | 0.071 | 0.071 | 0.071 | 0.071 | 0.167 | 0.167 | 0.167 | 0.071 |
| $W_3$ | 0.045 | 0.045 | 0.045 | 0.167 | 0.167 | 0.167 | 0.106 | 0.106 | 0.106 | 0.045 |

**步骤 4** 第三个弱分类器的建模。

按照步骤 2 的三个过程，对第三个弱分类器建模，计算不同分割情况下错分样本权值和 $e_3$，如表 13-7 所示。

表 13-7 第三轮计算数据

| 分割值→<br>预测值↓ | 0.5 | 1.5 | 2.5 | 3.5 | 4.5 | 5.5 | 6.5 | 7.5 | 8.5 |
|---|---|---|---|---|---|---|---|---|---|
| $G_3(x_0)$ | 1 | 1 | 1 | 1 | 1 | 1 | 1 | 1 | 1 |
| $G_3(x_1)$ | -1 | 1 | 1 | 1 | 1 | 1 | 1 | 1 | 1 |
| $G_3(x_2)$ | -1 | -1 | 1 | 1 | 1 | 1 | 1 | 1 | 1 |
| $G_3(x_3)$ | -1 | -1 | -1 | 1 | 1 | 1 | 1 | 1 | 1 |
| $G_3(x_4)$ | -1 | -1 | -1 | -1 | 1 | 1 | 1 | 1 | 1 |
| $G_3(x_5)$ | -1 | -1 | -1 | -1 | -1 | 1 | 1 | 1 | 1 |
| $G_3(x_6)$ | -1 | -1 | -1 | -1 | -1 | -1 | 1 | 1 | 1 |
| $G_3(x_7)$ | -1 | -1 | -1 | -1 | -1 | -1 | -1 | 1 | 1 |
| $G_3(x_8)$ | -1 | -1 | -1 | -1 | -1 | -1 | -1 | -1 | 1 |
| $G_3(x_9)$ | -1 | -1 | -1 | -1 | -1 | -1 | -1 | -1 | -1 |
| $e_3$ | 0.590 9 | 0.636 3 | 0.681 8 | 0.515 1 | 0.348 5 | 0.181 8 | 0.287 9 | 0.393 9 | 0.5 |

第三个弱分类器分割值为 5.5 时，错分样本权值和 $e_3$ 最小，为 0.181 8，根据 $e_3$ 计算第三个弱分类器的权重。

第三个弱分类器的权重计算参见公式 13-8。

$$\alpha_3 = \frac{1}{2}\ln\left(\frac{1-e_3}{e_3}\right) = 0.752\ 0 \tag{13-8}$$

**步骤 5** 总分类器的建模。

总分类器的建模原理为：AdaBoost 算法通过将 $T$ 个弱分类器的预测值进行加权求和，从而构成强分类器，实现对每个样本 $x_i$ 求出预测值 $\hat{y}_i$，总分类器的预测结果见公式 13-9。

$$\hat{y}_i = \mathrm{sign}\left(\sum_{t=1}^{T}\alpha_t G_t(x_i)\right) \tag{13-9}$$

其中，$G_t(x_i)$ 表示第 $t$ 个弱分类器根据样本 $x_i$ 的特征值划分到相应的分支中，从而得到的分类结果；$\alpha_t$ 表示第 $t$ 个弱分类器的权重。

本算例中总分类器的建模与求解如下。

步骤 2 至步骤 4 已计算出三个弱分类器的权重 $\alpha_1 = 0.423\ 6$，$\alpha_2 = 0.649\ 6$，$\alpha_3 = 0.752\ 0$，进而可以得到每个样本的分类结果（三个弱分类器和总分类器对每个样本的预测结果），如表 13-8 所示。

表 13-8 分类结果

| $i$ | 1 | 2 | 3 | 4 | 5 | 6 | 7 | 8 | 9 | 10 |
|---|---|---|---|---|---|---|---|---|---|---|
| $p_i$ | 0 | 1 | 2 | 3 | 4 | 5 | 6 | 7 | 8 | 9 |
| $y_i$ | 1 | 1 | 1 | −1 | −1 | −1 | 1 | 1 | 1 | −1 |
| $G_1(x_i)$ | 1 | 1 | 1 | −1 | −1 | −1 | −1 | −1 | −1 | −1 |
| $G_2(x_i)$ | 1 | 1 | 1 | 1 | 1 | 1 | 1 | 1 | 1 | −1 |
| $G_3(x_i)$ | −1 | −1 | −1 | −1 | −1 | −1 | 1 | 1 | 1 | 1 |
| $\sum_{t=1}^{T}\alpha_t G_t(x_i)$ | 0.32 | 0.32 | 0.32 | −0.53 | −0.53 | −0.53 | 0.98 | 0.98 | 0.98 | −0.32 |
| $\hat{y}_i$ | 1 | 1 | 1 | −1 | −1 | −1 | 1 | 1 | 1 | −1 |
| 分类是否正确 | 是 | 是 | 是 | 是 | 是 | 是 | 是 | 是 | 是 | 是 |

### 13.4.3 实现步骤

**步骤 1** 导入 numpy 包, 将其命名为 np; 导入 os 包; 导入 pandas 包, 将其命名为 pd。见 In [1]。

```
In [1]: import numpy as np
        import os
        import pandas as pd
```

**步骤 2** 改变当前工作目录到数据所在路径下, 不同设备的目录不同。见 In [2]。

```
In [2]: thisFilePath=os.path.abspath('.')
        os.chdir(thisFilePath)
        os.getcwd()  #获取当前工作目录
```

```
Out[2]: '/Users/bill/workspace/py/test'
```

**步骤 3** 读取要学习数据中 YingYu, ShuXue, Class 3 列数据到表格型数据结构（DataFrame 类）, 显示前 5 行。见 In [3]。

```
In [3]: myData = pd.read_csv('spider04_forClassifyMyMake.csv', usecols = ['YingYu','ShuXue',
        'Class'])myData.head(5)
```

```
Out[3]:    yingyu  shuxue  class
        0    90      79      3
        1    77      80      3
        2    86      80      3
        3    78      83      2
        4    86      68      1
```

**步骤 4** 构造训练集和测试集, 导入 sklearn.model_selection 包的 train_test_split 函数, 该函数包含 4 个参数: 样本特征集、样本标签、样本占比

（测试集占总样本比例）和随机数种子（该组随机数的编号，在需要重复试验的时候，保证得到一组一样的随机数）。见 In［4］。

```
In [4]:  from sklearn.model_selection import train_test_split
         trainSet_x,testSet_x, trainSet_y, testSet_y = train_test_split(myData.iloc[:,0:2],
                                                                        myData.iloc[:,2],
                                                                        test_size=0.2,
                                                                        random_state=220)

         trainSet_x.shape   #显示训练特征集的行列数
```

Out[4]: (480, 2)

**步骤 5** 定义绘制模型分类图函数，导入 matplotlib 包，命名为 mpl；导入 matplotlib. pyplot 包，命名为 plt，函数名是 plot。函数的功能：绘制分类图；函数的参数包括：训练样本特征集（train_x）、训练样本标签（train_y）、测试样本特征集（test_x）、测试样本标签（test_y）和算法模型（model）；函数无返回值：函数的显示输出是该模型的分类图。见 In［5］。

```
In [5]:  import matplotlib as mpl
         import matplotlib. pyplot as plt
         def plot(train_x, train_y, test_x, test_y, model):
             x1_min, x1_max = train_x.iloc[:, 0].min(), train_x.iloc[:, 0].max()     # yingyu
             的最低分和最高分
             x2_min, x2_max = train_x.iloc[:, 1].min(), train_x.iloc[:, 1].max()     # shuxue
             的最低分和最高分
             x1, x2 = np.mgrid[x1_min:x1_max:80j, x2_min:x2_max:80j]
             # 生成网格采样点(根据x1与x2的范围即56~96)80j表示在x1与x2的范围内取80个点。
             #步长为复数表示点数（取80个），左闭右闭；步长为实数表示间隔，左闭右开
             grid_test = np.stack((x1.flat, x2.flat), axis=1)
             # 测试点  # flat是将数组转换为一维迭代器, 按照第一维将x1, x2进行拼合.stack函数用于
             #堆叠数组，取出第二维（axis=1纵轴，若=0，第一维）进行打包；
             grid_hat = model.predict(grid_test)     # 预测分类值
             grid_hat = grid_hat.reshape(x1.shape)      # 使之与输入的x1形状相同，转换为80*80,
             转换前为6400*1

             color = ['g', 'r', 'b']
             color_dark = ['darkgreen', 'darkred', 'darkblue']
             markers = ["o","^","D"]
             train_x_arr = np.array(train_x)
             test_x_arr = np.array(test_x)
             plt.pcolormesh(x1, x2, grid_hat)      # 画分类图, 绘制背景
             for i,marker in enumerate(markers):
                 plt.scatter(train_x_arr[train_y==i+1][:,0], train_x_arr[train_y==i+1][:,1],
             c=color[i],
                         edgecolors='black', s=20, marker=marker)     # 画样本点, c表示点
                 的颜色, s指描绘点的大小
                 plt.scatter(test_x_arr[test_y==i+1][:,0], test_x_arr[test_y==i+1][:,1], c=
             color_dark[i],
                         edgecolors='black', s=40, marker=marker)     # 圈中测试集样本
             plt.xlabel('English', fontsize=13)     #x坐标名为: English
             plt.ylabel('Math', fontsize=13)     #y坐标名为: Math
             plt.xlim(x1_min, x1_max)     #定义x轴显示范围
             plt.ylim(x2_min, x2_max)     #定义y轴显示范围
             plt.title('Student\'s Grade', fontsize=15)     #分类图名为: Student's Grade
             plt.show()
```

**步骤 6** 导入 sklearn. tree 包中的 DecisionTreeClaasifier 函数，导入 datatime 包，导入 sklearn. ensemble 包中的 AdaBoostClassifier 函数，导入 sklearn. model_selection 包中的 GridSearchCV 函数和 cross_val_score 函数。见 In [6]。

```
In [6]:    from sklearn import tree
           from sklearn.tree import DecisionTreeClassifier
           from sklearn.tree import DecisionTreeRegressor
           from sklearn.model_selection import cross_val_score
           from sklearn.model_selection import GridSearchCV
           import datetime
           from sklearn.ensemble import AdaBoostClassifier
```

**步骤 7** 建立 AdaBoost 基础模型。见 In [7]。

```
In [7]:    ada_model = AdaBoostClassifier(algorithm=' SAMME')    #设置算法为SAMME
           ada_model.fit(trainSet_x, trainSet_y)    #模型拟合
           ada_model.score(testSet_x, testSet_y)    #计算模型准确率
```

Out[7]: 0.85

**步骤 8** 绘制 AdaBoost 基础模型的分类图。见 In [8]。

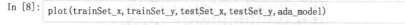

```
In [8]:    plot(trainSet_x, trainSet_y, testSet_x, testSet_y, ada_model)
```

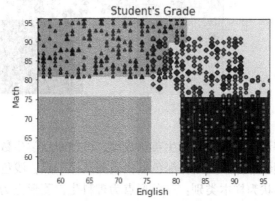

分类图解读：横轴表示学生英语成绩，纵轴表示学生数学成绩。点的含义：①点的颜色为样本类型：深色点代表测试样本点，浅色点代表训练样本点；②点的形状为样本类别：三角形点为理科生，菱形点为综合生，圆点为文科生。背景颜色的含义：算法模型通过学习后所划分出的 3 个类别的预测值分布，灰色区域为理科生，浅灰色区域为综合生，深灰色区域为文科生。

可以看出，由于基础模型没有设置最大迭代次数，出现过拟合现象。

**步骤9** 优化 AdaBoost 基础模型的参数：最大迭代次数。见 In ［9］。

In ［9］:
```
tree_param_grid = {'n_estimators':list(range(2,50))}    #建立最大迭代次数范围的字典
grid = GridSearchCV(ada_model,param_grid=tree_param_grid, cv=5)
#使用GridSearchCV对Adaboost基本模型的最大迭代次数范围进行自动调参
grid.fit(trainSet_x, trainSet_y)
print("最好的树的个数: %s" % (grid.best_params_['n_estimators']))
#显示出用GridSearchCV自动选择的最优最大迭代次数
```

最好的树的个数：25

**步骤10** 建立 AdaBoost 的优化模型。见 In ［10］。

In ［10］:
```
ada_model_adj = AdaBoostClassifier(n_estimators = grid.best_params_['n_estimators'],
                                   #设置弱学习器的最大迭代次数为2
                    algorithm='SAMME')    #设置算法为SAMME
ada_model_adj.fit(trainSet_x, trainSet_y)    #模型拟合
ada_model_adj.score(testSet_x, testSet_y)    #计算模型
```

Out［10］: 0.825

**步骤11** 绘制 AdaBoost 优化模型的分类图。见 In ［11］。

In ［11］:
```
plot(trainSet_x, trainSet_y, testSet_x, testSet_y, ada_model_adj)
```

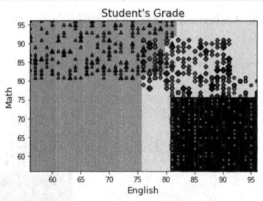

分类图解读：横轴表示学生英语成绩，纵轴表示学生数学成绩。点的含义：①点的颜色为样本类型：深色点代表测试样本点，浅色点代表训练样本点；②点的形状为样本类别：三角形点为理科生，菱形点为综合生，圆点为文科生。背景颜色的含义：算法模型通过学习后所划分出的3个类别的预测值分布，灰色区域为理科生，浅灰色区域为综合生，深灰色区域为文科生。

可以看出，优化模型结果中通过优化最大迭代次数，模型过拟合现象消失（灰色区域不再被浅灰色区域隔断）。

## 13.5 本章总结

本章实现的工作是：首先采用 Python 语言读取数据并构造训练集和测

试集。然后建立 AdaBoost 模型，利用训练集训练该模型，接着优化最大迭代次数，得到 AdaBoost 优化模型，求解得到每个弱分类器 $G(x)$ 和它的权重 $\alpha$，进而得到最终的分类器，实现计算模型准确率。最后将预测的分类结果可视化。

本章掌握的技能是：①使用 os 库改变工作目录；②使用 pandas 库读取数据；③使用 train_test_split 函数构建训练集和测试集；④使用 Matplotlib 库实现数据的可视化，绘制分类图；⑤使用 sklearn. ensemble 库中的 AdaBoost-Classifier 函数建立 AdaBoost 模型，进行模型拟合，计算模型准确率；⑥使用 sklearn. model_selection 中的 GridSearchCV 函数对 AdaBoost 参数中的最大迭代次数进行自动调参。

## 13.6 本章作业

➤ 实现本章的案例，即构造训练集和测试集，实现 AdaBoost 模型的建模、测试和分类结果可视化。

➤ 设计一个通过鸢尾花的花萼长度、花萼宽度、花瓣长度、花瓣宽度 4 个属性，预测鸢尾花卉属于 (Setosa，Versicolour，Virginica) 3 个种类中的哪一类。

数据集下载和使用说明。

（1）该数据集可以从 UCI 数据集上直接下载，具体地址为：http：//archive. ics. uci. edu/ml/datasets/Iris。

（2）进入该网站单击 Data Folder 下载 iris. data 文件（见图 13-4）。

| Data Set Characteristics: | Multivariate | Number of Instances: | 150 | Area: | Life |
| Attribute Characteristics: | Real | Number of Attributes: | 4 | Date Donated | 1988-07-01 |
| Associated Tasks: | Classification | Missing Values? | No | Number of Web Hits: | 2639609 |

**图 13-4**

（3）将 data 文件导入项目所在文件夹。

（4）采用 pandas 包里的 read_csv 方法读取数据。

```
import pandas as pd
data = pd.read_csv('iris.data')
data.head()
```

|   | 5.1 | 3.5 | 1.4 | 0.2 | Iris-setosa |
|---|-----|-----|-----|-----|-------------|
| 0 | 4.9 | 3.0 | 1.4 | 0.2 | Iris-setosa |
| 1 | 4.7 | 3.2 | 1.3 | 0.2 | Iris-setosa |
| 2 | 4.6 | 3.1 | 1.5 | 0.2 | Iris-setosa |
| 3 | 5.0 | 3.6 | 1.4 | 0.2 | Iris-setosa |
| 4 | 5.4 | 3.9 | 1.7 | 0.4 | Iris-setosa |

# 14　梯度提升决策树

## 14.1　本章工作任务

采用梯度提升决策树（Gradient Boosting Decision Tree，GBDT）算法编写程序，根据700名学生的数学成绩和英语成绩对其进行分类，将其划分为文科生、理科生和综合生。①算法的输入是：700名学生的数学和英语成绩以及相应的学生类型；②算法模型需要求解的是：$N$ 颗残差树（每颗残差树需要求解所有分支，每个分支节点需要求解该分支的属性及分支的阈值）；③算法的结果是：待测样本中学生的分类。

## 14.2　本章技能目标

- ➤ 掌握 GBDT 原理
- ➤ 使用 Python 读取样本数据，并划分训练集和测试集
- ➤ 使用 Python 实现 GBDT 的建模与求解
- ➤ 掌握 GBDT 模型的参数调整方法
- ➤ 使用 GBDT 模型实现预测
- ➤ 使用 Python 实现对 GBDT 分类结果进行可视化展示

## 14.3　本章简介

**梯度提升决策树（GBDT）是指**：一种集成算法，由多个子分类器（弱分类器）的分类结果进行累加，从而得到总分类器（强分类器）的分类结果。GBDT 子分类器的特点是后一个子分类器是对前一个子分类器得到的分类结果与目标值之间的差值进行的拟合，即后一个子分类器是对前一个子分类器得到的残差值的矫正。

**梯度提升决策树（GBDT）算法可以解决的科学问题是**：已知 $N$ 个样本数据，每个样本数据具有 $M$ 个输入属性（样本特征），即 $(X_{11}, X_{12}, \cdots, X_{1M})$，$(X_{21}, X_{22}, \cdots, X_{2M})$，$\cdots$，$(X_{N1}, X_{N2}, \cdots, X_{NM})$，$N$ 个样本数据的标签值分别是 $Y_1$，$Y_2$，$\cdots$，$Y_N$。根据上述样本数据建立梯度提升决策树算法模型，然后根据这个模型，对于新的任意 $T$ 个测试样本 $(X_{t1}, X_{t2}, \cdots, X_{tM})$，可以推算出该样本的所属类别。

梯度提升决策树（GBDT）算法可以解决的实际应用问题是：已知 $N$ 个样本数据，样本特征是学生的数学成绩和英语成绩，样本标签是学生的类型。通过建立 GBDT 模型对样本数据进行训练，找到样本特征和样本标签之间的关系，从而预测出 $T$ 个新的样本（学生）的类型。

**本章的重点是：**梯度提升决策树方法的理解和使用。

## 14.4　理论讲解部分

### 14.4.1　任务描述

任务内容参见图 14-1。

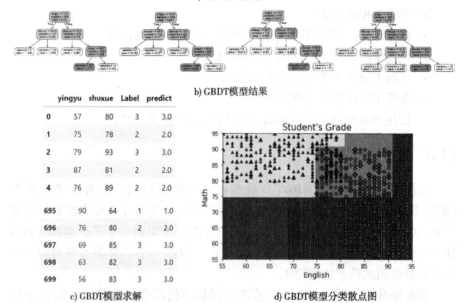

|  | yingyu | shuxue | Label |
|---|---|---|---|
| 0 | 57 | 80 | 3 |
| 1 | 75 | 78 | 2 |
| 2 | 79 | 93 | 3 |
| 3 | 87 | 81 | 2 |
| 4 | 76 | 89 | 2 |

|  | yingyu | shuxue | Label |
|---|---|---|---|
| 695 | 90 | 64 | 1 |
| 696 | 76 | 80 | 2 |
| 697 | 69 | 85 | 3 |
| 698 | 63 | 82 | 3 |
| 699 | 56 | 83 | 3 |

a) 导入样本数据

b) GBDT模型结果

|  | yingyu | shuxue | Label | predict |
|---|---|---|---|---|
| 0 | 57 | 80 | 3 | 3.0 |
| 1 | 75 | 78 | 2 | 2.0 |
| 2 | 79 | 93 | 3 | 3.0 |
| 3 | 87 | 81 | 2 | 2.0 |
| 4 | 76 | 89 | 2 | 2.0 |
| 695 | 90 | 64 | 1 | 1.0 |
| 696 | 76 | 80 | 2 | 2.0 |
| 697 | 69 | 85 | 3 | 3.0 |
| 698 | 63 | 82 | 3 | 3.0 |
| 699 | 56 | 83 | 3 | 3.0 |

c) GBDT模型求解

d) GBDT模型分类散点图

**图 14-1　任务展示**

需要实现的功能描述如下。

（1）读取样本数据。样本数据中包括两个属性列和一个标签列，分别是"yingyu""shuxue""Label"，其中，"yingyu"表示英语成绩，"shuxue"

表示数学成绩，"Label"表示学生类型，样本数据如图14-1a）所示。

（2）对模型求解结果进行可视化展示。利用样本数据对模型进行求解，并将求解出的模型结果进行可视化展示，模型结果如图14-1b）所示。

（3）对模型进行求解，并展示出求解结果。模型通过对训练集样本数据的学习，将求得的模型结果进行运用，得出样本数据的预测结果，结果如图14-1c）所示。

（4）将分类结果可视化。横坐标是英语成绩，纵坐标是数学成绩；点表示样本数据，点的形状表示样本数据的实际类别；不同区域的颜色表示落入该区域的样本数据的预测分类结果，其中，浅灰色区域代表理科生，灰色区域代表综合生，深灰色区域代表文科生；图中较小的点表示训练集中的样本数据，较大的点表示测试集中的样本数据，分类结果如图14-1d）所示。

### 14.4.2 一图精解

梯度提升决策树的原理可以参考图14-2理解。

理解 GBDT 的要点如下。

（1）算法的输入是：$N$ 个训练样本（每个样本有 $P$ 个特征）的输入为：$(x_{11}, x_{12}, \cdots, x_{1P})$，$(x_{21}, x_{22}, \cdots, x_{2P})$，$\cdots$，$(x_{N1}, x_{N2}, \cdots x_{NP})$；每个样本的标签为 $(y_1, y_2, \cdots, y_N)$。

（2）算法的基础模型：GBDT 模型由 $K$ 棵残差树构成，前 $k$ 棵树对样本 $x_i$ 的预测结果可以表示为：

$$F_k(x_i) = f_k(x_i) + F_{k-1}(x_i), i \in \{1, 2, \cdots, N\}, k \in \{1, 2, \cdots, K\}$$

第 $k$ 棵树对于任意样本 $x_i$ 的预测值为：

$$f_k(x_i) = \gamma_{jk}, j = q(k, x_i)$$

其中，$f_k(x_i)$ 表示计算任意一个样本 $x_i$ 送入第 $k$ 棵树后的预测结果。$\gamma_{jk}$ 是第 $k$ 棵树第 $j$ 个节点的预测值。$x_i$ 将被分到第 $k$ 棵树的第 $j$ 个节点，$j$ 的计算公式为 $q(k, x_i)$。

GBDT 模型由两部分构成：一是每棵树的分支结构（每个样本在每棵树中将会被分到哪个叶子节点）；二是每棵树的每个叶子节点的预测值（每个样本落入叶子节点后的预测值）。

（3）算法的输出是：第 $i$ 个测试样本（一共有 $I$ 个测试样本）的分类结果 $(\hat{y}_1, \hat{y}_2, \cdots, \hat{y}_I)$。

（4）算法的核心思想是：使用多个弱学习器（子分类器）组合成一个强学习器（总分类器），解决单一分类器无法对全体样本精准学习的问题（每个子分类器可以对部分样本精准学习）。通过两个关键步骤实现：第一步对每棵树的每一层进行分支（找到每棵树每层的最佳分支），分支后样本 $x_i$ 在第 $k$ 棵树中会落入第 $j = q(k, x_i)$ 个叶子节点；第二步是对上述所有叶

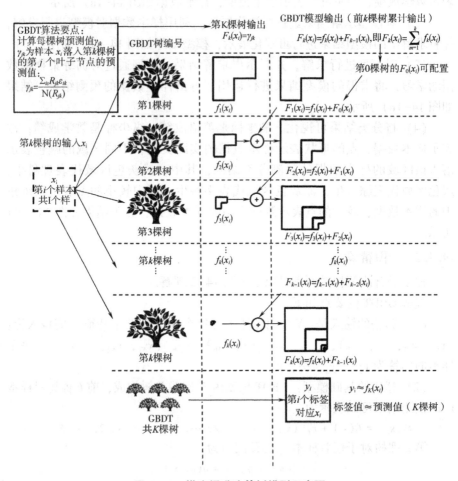

**图 14-2　梯度提升决策树模型示意图**

子节点（第 $k$ 棵树的第 $j$ 个叶子节点）计算出该叶子节点的预测值为 $\gamma_{jk}$。

（5）算法的具体步骤是：

**步骤 0**　准备训练样本和测试样本，配置算法参数

算法参数包括：树的最大深度 max_depth；树的棵数 $k$；学习率 $lr$。

**步骤 1**　定义第 $k$ 棵树的目标函数。

GBDT 的目标函数（损失函数）为 $Obj^{(k)} = \sum\limits_{i=1}^{N} L(y_i, F_k(x_i))$，其中：

$F_k(x_i) = \sum\limits_{k=1}^{K} f_k(x_i)$，$i$ 为样本编号，$N$ 为样本总数，$L(y_i, F_k(x_i))$ 为标签值与预测值的误差，$y_i$ 为第 $i$ 个样本 $x_i$ 的标签值，$F_k(\mathrm{x}_i)$ 为第 $k$ 棵树对第 $i$ 个样本 $x_i$ 的预测。

总误差 $Obj^{(k)}$ 优化目标是尽可能小。

**步骤 2** 对第 $k$ 棵树进行分支。

对第 $k$ 棵树第 $l$ 层的分支方法：将样本数据划分到左右两个分支，分别求左右两个分支中所有样本的待拟合值（残差）的方差，两个方差求和得到方差和，方差和最小的分支即为最佳分支。最佳分支的意义是：将待拟合值接近的样本数据划分为一类。上述分支过程可以用如下数学模型（流程、伪代码）表示：

---

For 层数 $l$ = 1to 设定的最大层数 $L$

    For each 分支情况 $s$ = 1, 2, $\cdots$, $S$

        求第一层第 s 个分支方案下，左右两个分支中所有样本的待拟合值（残差）

        的方差和 $\sigma_s^2 = \dfrac{1}{L}\sum\limits^{L}(I_L - \bar{I}_L)^2 + \dfrac{1}{R}\sum\limits^{R}(I_R - \bar{I}_R)^2$

    End

    第 $k$ 棵树第 $l$ 层的最佳分支情况编号 $s$：$\text{Best}(k, l) = \text{argmin}_s \sigma_s^2$

End

---

其中，$L$ 表示被分到左支中的所有样本的个数，$R$ 表示被分到右支中的所有样本的个数；$I_L$ 表示被分到左支中的所有样本，$I_R$ 表示被分到右支中的所有样本，$\overline{\bullet}$ 表示求均值。在算例中将会展示具体计算过程。

**步骤 3** 求第 $k$ 棵树各叶子节点的预测值。

各叶子节点的预测值 $\gamma_{jk}$ 计算的流程（伪代码）可以表示如下：

---

Foreach 叶子节点 $j$ = 1, 2, $\cdots$, $J$

$$\gamma_{jk} = \frac{\sum\limits_{i \in R_{jk}} \varepsilon_{ik}}{N(R_{jk})}$$

    End

---

其中，$R_{jk}$ 表示第 $k$ 棵树中的第 $j$ 个叶子节点，$i \in R_{jk}$ 表示落入 $R_{jk}$ 的样本编号为 $i$ 的样本，$\sum\limits_{i \in R_{jk}} \varepsilon_{ik}$ 表示对落入 $R_{jk}$ 的编号为 $i$ 的样本对应的待拟合值求和，$N(R_{jk})$ 表示 $R_{jk}$ 中的样本个数，$\varepsilon_{ik}$ 表示第 $k-1$ 棵树中的残差和第 $i$ 个样本在第 $k$ 棵树中的待拟合值。

（6）算例详解：本算例先后建立了两棵 GBDT 子树，每棵树建模的过程分为两步：第一步是分支，分支是指样本 $x_i$ 在第 $k$ 课树的每层上被划分到左右不同分支的条件。例如，英语成绩 < 70 分的学生，在第一棵树第一层中被划分到左分支，70 分即为上述分支条件；第二步是分支后各叶子节点的预测值，即样本落入叶子节点后的取值，即样本被这棵树预测的值。具体建模过程如下：

**步骤 0** 训练样本数据描述与算法参数配置。

**步骤 0.1** 训练样本数据集如表 14−1 所示。

**表 14−1 输入数据**

| 样本编号 $i$ | 1 | 2 | 3 | 4 |
|---|---|---|---|---|
| 样本 $x_i$ | $x_1$ | $x_2$ | $x_3$ | $x_4$ |
| 特征 1：$p_{i1}$ | 5 | 7 | 21 | 30 |
| 特征 2：$p_{i2}$ | 20 | 30 | 70 | 60 |
| 标签值：$y_i$ | 1.1 | 1.3 | 1.7 | 1.8 |

其中，$i$ 为训练样本的编号，$x_i$ 表示第 $i$ 个训练样本，$p_{i1}$ 为训练样本的第一个特征值，$p_{i2}$ 为训练样本的第二个特征值，$y_i$ 为第 $i$ 个样本的标签值。

**步骤 0.2** 算法参数配置。

GBDT 算法参数设置为：树的最大深度 max_depth = 2；树的棵数 $k = 5$；学习率 $lr = 0.1$，作用是防止过拟合，原理是削弱每棵树对最终结果的拟合能力（减小每棵树准备拟合的残差占标签值的比例，从而使更多棵树共同决定最终的拟合结果）。

**步骤 0.3** 损失函数的定义。

本文损失函数 $L(y_i, F(x_i))$ 采用均方损失函数，即：

$$L(y_i, F(x_i)) = \frac{1}{2}(y_i - F(x_i))^2$$

损失函数用来量化模型预测值 $F(x_i)$ 和真实标签值 $y_i$ 之间的差异，均方损失函数经常用在预测标签值为连续的实数值的任务中，一般用于回归问题。

损失函数的特征（凹凸性）可以通过求导来确定：

$$\frac{\partial L(y_i, F(x_i))}{\partial F(x_i)} = -(y_i - F(x_i)) = F(x_i) - y_i$$

$$\frac{\partial^2 L(y_i, F(x_i))}{\partial^2 F(x_i)} = 1 > 0$$

由于损失函数的二阶导数大于 0，所以损失函数为凸函数。

**步骤 0.4** 第 0 棵树的建立。

因为第一棵树计算时，需要用到第 0 棵树的预测值 $f_0(x_i)$，因此需要先计算出 $f_0(x_i)$。将第 0 棵树设计为只有一个根节点，所有样本数据都会落入这个根节点，该根节点的预测值（即叶子节点值）记作 $\gamma_0$，即 $f_0(x_i) = \gamma_0$。$\gamma_0$ 的计算原则为：使得损失函数和最小，因此进行如下计算：

$$f_0(x_i) = \underset{\gamma_0}{\mathrm{argmin}} \sum_{i=1}^{N} L(y_i, \gamma_0) = \underset{\gamma_0}{\mathrm{argmin}} \sum_{i=1}^{N} \frac{1}{2}(y_i - \gamma_0)^2$$

由于损失函数是凸函数，所以其一阶导数等于 0 时得到预测值 $\gamma_0$ 可以使损失函数最小，则损失函数对 $\gamma_0$ 求偏导的公式为：

$$\sum_{i=1}^{N} \frac{\partial L(y_i, \gamma_0)}{\partial \gamma_0} = \sum_{i=1}^{N} \frac{\partial \frac{1}{2}(y_i - \gamma_0)^2}{\partial \gamma_0} = \sum_{i=1}^{N} (\gamma_0 - y_i)$$

令导数等于 0，则：

$$\sum_{i=1}^{N} (\gamma_0 - y_i) = 0$$

即：

$$N\gamma_0 - \sum_{i=1}^{N} y_i = 0$$

因此：

$$\gamma_0 = \frac{\sum\limits_{i=1}^{N} y_i}{N}$$

$$f_0(x_i) = \gamma_0 = \frac{1.1 + 1.3 + 1.7 + 1.8}{4} = 1.475$$

**步骤 1**　第一棵树的建立。

**步骤 1.1**　第一棵树待拟合值的计算。

因为 GBDT 算法的原理是对前一棵树的残差进行学习，即将前一棵树的残差作为下一个树学习所用的待拟合值。

以计算第一棵树待拟合值为例：根据第 0 棵树的预测值 $f_0(x_i) = \gamma_0$ 和标签值 $y_i$，可以计算出第一棵树的待拟合值 $\varepsilon_{i1}$（第 $k$ 棵树第 $i$ 个样本的待拟合值为 $\varepsilon_{ik}$）。

以残差作为待拟合值的原因的具体解释如下。

一句话解释原因：当使用残差作为待拟合值的时候，损失函数最小。该结论的推导过程如下：

残差是指样本 $x_i$ 的标签值 $y_i$ 与前 $k-1$ 棵树的累计预测值 $F_{k-1}(x_i)$ 的差，记作 $\varepsilon_{ik} = y_i - F_{k-1}(x_i)$。

前 $k-1$ 棵树累计预测值为：$F_{k-1}(x_i)$，

则 $k-1$ 棵树的损失函数为：$L(y_i, F_{k-1}(x_i))$，

第 $k$ 棵树的目标是找到一个新的预测值 $f_k(x_i)$，使得第 $k$ 轮的累计预测值 $F_k(x_i)$ 与标签值 $y_i$ 更加接近。

第 $k$ 棵树的累计预测值的计算公式为：

$$F_k(x_i) = F_{k-1}(x_i) + f_k(x_i)$$

将其代入损失函数，可以得到：

$$L(y_i, F_{k-1}(x_i) + f_k(x_i)) = \frac{1}{2}(y_i - F_{k-1}(x_i) - f_k(x_i))^2$$

由于损失函数是凸函数，则当其一阶导数为 0 时可以得到损失函数的最小值，则损失函数对 $F_k(x_i)$ 求偏导的公式为：

$$\frac{\partial L(y_i,\ F_k(x_i))}{\partial F_k(x_i)} = \frac{\partial L(y_i,\ F_{k-1}(x_i) + f_k(x_i))}{\partial F_{k-1}(x_i) + f_k(x_i)}$$

$$\frac{\partial L(y_i,\ F_{k-1}(x_i) + f_k(x_i))}{\partial (F_{k-1}(x_i) + f_k(x_i))} = \frac{\partial \{\frac{1}{2}\ (y_i - F_{k-1}(x_i) - f_k(x_i))^2\}}{\partial (F_{k-1}(x_i) + f_k(x_i))}$$

$$\frac{\partial \{\frac{1}{2}\ (y_i - F_{k-1}(x_i) - f_k(x_i))^2\}}{\partial (F_{k-1}(x_i) + f_k(x_i))} = (y_i - F_{k-1}(x_i) - f_k(x_i)) = 0$$

$$f_k(x_i) = y_i - F_{k-1}(x_i)$$

又因为残差的计算公式为：

$$\varepsilon_{ik} = y_i - F_{k-1}(x_i)$$

所以 $f_k(x_i) = \varepsilon_{ik}$，残差就是第 $k$ 棵树的待拟合值。

根据残差的计算公式，可以得出本算例中 4 个样本所对应的残差值。结果如表 14-2 所示。

**表 14-2　对应残值**

| 样本编号 | $y_i$ | $F_0(x_i)$ | $\varepsilon_{i1}$ |
| --- | --- | --- | --- |
| 1 | 1.1 | 1.475 | -0.375 |
| 2 | 1.3 | 1.475 | -0.175 |
| 3 | 1.7 | 1.475 | 0.225 |
| 4 | 1.8 | 1.475 | 0.325 |

**步骤 2**　第一棵树的分支。

定义每棵树每一层的分支：将样本数据划分到左右两个分支，分别求左右两个分支中所有样本的待拟合值（残差）的方差，两个方差求和得到方差和，方差和最小的分支即为最佳分支。最佳分支的意义是：将待拟合值接近的样本数据（待拟合值的方差最小）划分到同一个分支里。

**步骤 2.1**　第一棵树第一层。

根据上述分支原则将样本划分到叶子节点中。根据不同的分支条件（参见表 14-2 第一列），遍历可能的划分情况，经过排序比较后选择方差和 $\sigma^2$ 最小的划分点作为分支节点，$\sigma^2$ 的计算公式为：

$$\sigma^2 = \frac{1}{L} \sum_{L} (I_L - \bar{I}_L)^2 + \frac{1}{R} \sum_{R} (I_R - \bar{I}_R)^2$$

其中，$L$ 表示被分到左支中的所有样本的个数，$R$ 表示被分到右支中的所有样本的个数；$I_L$ 表示被分到左支中的所有样本，$I_R$ 表示被分到右支中的所有样本，$\overline{\bullet}$ 表示求均值。

具体划分情况如表 14-3 所示。

表 14-3 第一棵树第一层分支情况

| 分支条件 | $I_L$ | $I_L(\varepsilon_{i1})$ | $I_R$ | $I_R(\varepsilon_{i1})$ | $\sigma^2$ |
|---|---|---|---|---|---|
| $p_{i1} < 5$ | {} | {} | {1, 2, 3, 4} | {−0.375, −0.175, 0.225, 0.325} | 0.082 |
| $p_{i1} < 7$ | {1} | {−0.375} | {2, 3, 4} | {−0.175, 0.225, 0.325} | 0.047 |
| $p_{i1} < 21$ | {1, 2} | {−0.375, −0.175} | {3, 4} | {0.225, 0.325} | 0.0125 |
| $p_{i1} < 30$ | {1, 2, 3} | {−0.375, −0.175, 0.225} | {4} | {0.325} | 0.062 |
| $p_{i2} < 20$ | {} | {} | {1, 2, 3, 4} | {−0.375, −0.175, 0.225, 0.325} | 0.082 |
| $p_{i2} < 30$ | {1} | {−0.375} | {2, 3, 4} | {−0.175, 0.225, 0.325} | 0.047 |
| $p_{i2} < 60$ | {1, 2} | {−0.375, −0.175} | {3, 4} | {0.225, 0.325} | 0.0125 |
| $p_{i2} < 70$ | {1, 2, 4} | {−0.375, −0.175, 0.325} | {3} | {0.225} | 0.062 |

其中，$I_L(\varepsilon_{i1})$ 表示 $I_L$ 中样本对应的待拟合值，$I_R(\varepsilon_{i1})$ 表示 $I_R$ 中样本对应的待拟合值。例如，当分支条件为 $p_{i1} < 21$ 时，为了计算组内方差，先计算组内均值：$I_L(\varepsilon_1)$ 和 $I_R(\varepsilon_1)$ 的均值为：$\bar{I}_L = \dfrac{-0.375 - 0.175}{2} = -0.275$，$\bar{I}_R = \dfrac{0.225 + 0.325}{2} = 0.275$

则两组方差和为：

$$\sigma^2 = \frac{1}{2}\{(-0.375 - (-0.275))^2 + (-0.175 - (-0.275))^2\} +$$
$$\frac{1}{2}\{(0.225 - 0.275)^2 + (0.325 - 0.275)^2\}$$
$$= 0.0125$$

从表 14-3 的最后一列可以看出：各划分的总平方损失和 $\sigma^2$ 的最小值为 0.0125，对应着有两个划分方案：$p_{i1} < 21$ 和 $p_{i2} < 60$。随机选择一个作为第一棵树第一层的划分方案，这里选 $p_{i2} < 60$ 作为下一层的分支条件。在第一棵树第一层的划分方案中，左右两个分支中分别具有多个样本 $x_i \in I_L$ 和 $x_i \in I_R$，再将 $x_i \in I_L$ 和 $x_i \in I_R$ 继续划分。

**步骤 2.2** 第一棵树第二层左节点。

具体分支情况如表 14-4 所示。

表 14-4 第一棵树第二层左节点分支情况

| 分支条件 | $I_L$ | $I_L(\varepsilon_{i1})$ | $I_R$ | $I_R(\varepsilon_{i1})$ | $\sigma^2$ |
|---|---|---|---|---|---|
| $p_{i2} < 20$ | {} | {} | {1, 2} | {-0.375, -0.175} | 0.01 |
| $p_{i2} < 30$ | {1} | {-0.375} | {2} | {-0.175} | 0 |

**步骤 2.3** 第一棵树第二层右节点。

具体分支情况如表 14-5 所示。

表 14-5 第一棵树第二层右节点分支情况

| 分支条件 | $I_L$ | $I_L(\varepsilon_{i1})$ | $I_R$ | $I_R(\varepsilon_{i1})$ | $\sigma^2$ |
|---|---|---|---|---|---|
| $p_{i2} < 60$ | {} | {} | {3, 4} | {0.225, 0.325} | 0.003 |
| $p_{i2} < 70$ | {4} | {0.325} | {3} | {0.025} | 0 |

由于此时已经达到树的最大深度 max_depth = 2，所以不再进行下一步划分。

**步骤 3** 叶子节点值的计算。

**步骤 3.1** 叶子节点值的定义与含义。

已知 GBDT 算法共有 $k$ 棵树，对于任意一个样本数据 $x_i$，在第 $k$ 棵树中都会被分到一个叶子节点 $R_{jk}$（$R_{jk}$ 表示第 $k$ 棵树中的第 $j$ 个叶子节点，每个样本 $x_i$ 在第 $k$ 棵树中被分配到第 $j$ 个叶子节点：$j = q(k, x_i)$），其中，$f_k(x_i)$ 表示计算任意一个样本 $x_i$ 送入第 $k$ 棵树后的预测结果；$\gamma_{jk}$ 是第 $k$ 棵树第 $j$ 个节点的预测值；$q(k, x_i)$ 是 $x_i$ 被第 $k$ 棵树分支到第 $j$ 个节点时 $j$ 的计算公式。

则该样本 $x_i$ 经过第 $k$ 棵树的回归计算，可以得到的该节点的叶子节点值（预测值）$\gamma_{jk}$ 可以表示为 $\gamma_{k, q(x_i, k)}$。

**步骤 3.2** 叶子节点值的求解。

预测值越接近拟合值，拟合效果越好。每个样本 $x_i$ 在第 $k$ 棵树中被分配到第 $j$ 个叶子节点表示为：$j = q(k, x_i)$，所以叶子节点值 $\gamma_{1, q(x_i, 1)}$ 的计算原则是：使得损失函数和最小。因此对于任意一个叶子节点 $R_{jk}$，进行如下计算。

$$\operatorname*{argmin}_{\gamma_{1, q(x_i, 1)}} \sum_{i=1}^{N} L(\varepsilon_{i1}, \gamma_{1, q(x_i, 1)}) = \operatorname*{argmin}_{\gamma_{1, q(x_i, 1)}} \sum_{i=1}^{N} \frac{1}{2} (\varepsilon_{i1} - \gamma_{1, q(x_i, 1)})^2, \ i \in R_{jk}$$

由于损失函数是凸函数，则当其一阶导数为 0 时可以得到损失函数的最小值，则：

$$\sum_{i=1}^{N} \frac{1}{2} \left( \varepsilon_{i1} - \gamma_{1,\,q(x_i,\,1)} \right)^2 = 0$$

求解得到：

$$\gamma_{1,\,q(x_i,\,1)} = \frac{\sum_{i \in R_{j1}} \varepsilon_{i1}}{N(R_{j1})}$$

其中，$R_{jk}$ 表示第 $k$ 棵树中的第 $j$ 个叶子节点，$i \in R_{jk}$ 表示落入 $R_{jk}$ 的编号为 $i$ 的样本，$\sum_{i \in R_{jk}} \varepsilon_{ik}$ 表示对落入 $R_{jk}$ 的编号为 $i$ 的样本对应的待拟合值求和，$N(R_{jk})$ 表示 $R_{jk}$ 中的样本个数。

具体的叶子节点值参见表 14-6 和图 14-3。

表 14-6　第一棵树叶子节点值情况

| 样本编号 $i$ | 1 | 2 | 3 | 4 |
|---|---|---|---|---|
| 标签值：$y_i$ | 1.1 | 1.3 | 1.7 | 1.8 |
| 初始化值：$f_0(x_i)$ | 1.475 | 1.475 | 1.475 | 1.475 |
| 第一棵树叶子节点值：$\gamma_{1,\,q(x_i,\,1)}$ | −0.375 | −0.175 | 0.225 | 0.325 |

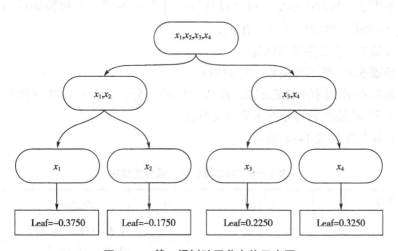

图 14-3　第一棵树叶子节点值示意图

**步骤 3.3**　前一棵树累计预测值的计算。

第 $k$ 棵树的累计预测值可以表示为前 $k-1$ 棵树的累计预测值加第 $k$ 棵树的预测值，在这里我们引入学习率 $lr = 0.1$，防止过拟合，具体公式为：

$$F_k(x_i) = F_{k-1}(x_i) + lr \cdot \gamma_{k,\,q(x_i,\,k)} (x_i \in R_{jk})$$

所以，第一棵树的累计预测值 $F_1(x_i)$ 可以表达为：

$$F_1(x_i) = f_0(x_i) + l \cdot \gamma_{1,\,q(x_i,\,1)} (x_i \in R_{j1})$$

第一棵树的残差 $\varepsilon_{i2}$（即第二棵树的待拟合值）可以表达为：

$$\varepsilon_{i2} = y_i - F_1(x_i)$$

具体的累计预测值和残差参见表 14-7。

#### 表 14-7  第一棵树累计预测值和残差

| 样本编号 $i$ | 1 | 2 | 3 | 4 |
|---|---|---|---|---|
| 标签值：$y_i$ | 1.1 | 1.3 | 1.7 | 1.8 |
| 初始化值：$F_0(x_i)$ | 1.475 | 1.475 | 1.475 | 1.475 |
| 第一棵树叶子节点值：$\gamma_{1,\,q(x_i,\,1)}$ | −0.375 | −0.175 | 0.225 | 0.325 |
| 第一棵树的累计预测值：$F_1(x_i)$ | 1.437 5 | 1.457 5 | 1.497 5 | 1.507 5 |
| 第一棵树的残差 $\varepsilon_{i2}$（第二棵树的拟合目标） | −0.337 5 | −0.157 5 | 0.202 5 | 0.292 5 |

**步骤 4**  第二棵树的建立。

**步骤 4.1**  第二棵树待拟合值的计算。

根据上一棵树的模型，可以得到每个样本 $x_i$ 在第一棵树预测后的残差值 $r_{i1}$ 即为第二棵树的待拟合值 $\varepsilon_{i2}$。

**步骤 5**  第二棵树的划分。

**步骤 5.1**  第二棵树第一层的划分。

继续根据不同的分支条件，遍历可能的划分方式，经过排序比较后选择方差和 $\sigma^2$ 最小的划分点作为分支节点。

具体情况如表 14-8 所示。

#### 表 14-8  第二棵树第一层分支情况

| 分支条件 | $I_L$ | $I_L(\varepsilon_{i2})$ | $I_R$ | $I_R(\varepsilon_{i2})$ | $\sigma^2$ |
|---|---|---|---|---|---|
| $p_{i1} < 5$ | {} | {} | {1, 2, 3, 4} | {−0.337 5, −0.157 5, 0.202 5, 0.292 5} | 0.066 |
| $p_{i1} < 7$ | {1} | {−0.337 5} | {2, 3, 4} | {−0.157 5, 0.202 5, 0.292 5} | 0.038 |
| $p_{i1} < 21$ | {1, 2} | {−0.337 5, −0.157 5} | {3, 4} | {0.202 5, 0.292 5} | 0.01 |
| $p_{i1} < 30$ | {1, 2, 3} | {−0.337 5, −0.157 5, 0.202 5} | {4} | {0.292 5} | 0.05 |

| 分支条件 | $I_L$ | $I_L(\varepsilon_{i2})$ | $I_R$ | $I_R(\varepsilon_{i2})$ | $\sigma^2$ |
|---|---|---|---|---|---|
| $p_{i2} < 20$ | {} | {} | {1, 2, 3, 4} | {−0.337 5, −0.157 5, 0.202 5, 0.292 5} | 0.066 |
| $p_{i2} < 30$ | {1} | {−0.337 5} | {2, 3, 4} | {−0.1575, 0.2025, 0.2925} | 0.038 |
| $p_{i2} < 60$ | {1, 2} | {−0.337 5, −0.157 5} | {3, 4} | {0.202 5, 0.292 5} | 0.01 |
| $p_{i2} < 70$ | {1, 2, 4} | {−0.337 5, −0.157 5, 0.292 5} | {3} | {0.202 5} | 0.05 |

从表 14-8 的最后一列可以看出：各划分的总平方损失和 $\sigma^2$ 的最小值为 0.01，对应着有两个划分方案：$p_{i1} < 21$ 和 $p_{i2} < 60$。随机选择一个划分方法作为第二棵树第一层的划分方案，这里选 $p_{i2} < 60$ 作为下一层的分支条件。在第二棵树第一层的划分方案中，左右两个分支中分别具有多个样本 $x_i \in I_L$ 和 $x_i \in I_R$，再将 $x_i \in I_L$ 和 $x_i \in I_R$ 继续划分。

**步骤 5.2** 第二棵树第二层左节点。

具体分支情况如表 14-9 所示。

**表 14-9 第二棵树第二层左节点分支情况**

| 分支条件 | $I_L$ | $I_L(\varepsilon_{i2})$ | $I_R$ | $I_R(\varepsilon_{i2})$ | $\sigma^2$ |
|---|---|---|---|---|---|
| $p_{i2} < 20$ | {} | {} | {1, 2} | {−0.337 5, −0.157 5} | 0.008 |
| $p_{i2} < 30$ | {1} | {−0.337 5} | {2} | {−0.157 5} | 0 |

**步骤 5.3** 第二棵树第二层右节点。

具体分支情况如表 14-10 所示。

**表 14-10 第二棵树第二层右节点分支情况**

| 分支条件 | $I_L$ | $I_L(\varepsilon_{i2})$ | $I_R$ | $I_R(\varepsilon_{i2})$ | $\sigma^2$ |
|---|---|---|---|---|---|
| $p_{i2} < 60$ | {} | {} | {3, 4} | {0.202 5, 0.292 5} | 0.002 |
| $p_{i2} < 70$ | {4} | {0.292 5} | {3} | {0.202 5} | 0 |

**步骤 5.4** 第二棵树全体叶子节点预测值计算。

将步骤 3.3 中推导的叶子节点计算公式代入，可以得出第二棵树叶子节点值的计算公式，即

$$\gamma_{2,\,q(x_i,\,2)} = \frac{\displaystyle\sum_{i \in R_{j2}} \varepsilon_{i2}}{N(R_{j2})}$$

具体的叶子节点值参见表 14-11 和图 14-4。

**表 14-11    第二棵树叶子节点值情况**

| 样本编号 $i$ | 1 | 2 | 3 | 4 |
|---|---|---|---|---|
| 标签值：$y_i$ | 1.1 | 1.3 | 1.7 | 1.8 |
| 第一棵树的预测值：$F_1(x_i)$ | 1.437 5 | 1.457 5 | 1.497 5 | 1.507 5 |
| 第二棵树叶子节点值：$\gamma_{2,\ q(x_i,\ 2)}$ | -0.337 5 | -0.157 5 | 0.202 5 | 0.292 5 |

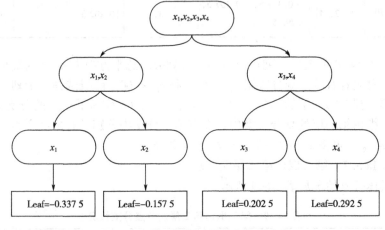

**图 14-4    第二棵树叶子节点值示意图**

**步骤 6**    前二棵树累计预测值的计算。

前二棵树的累计预测值 $F_2(x_i)$ 可以表达为：

$$F_2(x_i) = F_1(x_i) + lr \cdot \gamma_{2,\ q(x_i,\ 2)} (x_i \in R_{j2})$$

前二棵树的残差 $\varepsilon_{i3}$（即第三棵树的待拟合值）可以表达为：

$$\varepsilon_{i3} = y_i - F_2(x_i)$$

前二棵树的预测值和残差如表 14-12 所示。

**表 14-12    第二棵树累计预测值及残差情况**

| 样本编号 $i$ | 1 | 2 | 3 | 4 |
|---|---|---|---|---|
| 标签值：$y_i$ | 1.1 | 1.3 | 1.7 | 1.8 |
| 第一棵树的累计预测值：$F_1(x_i)$ | 1.437 5 | 1.457 5 | 1.497 5 | 1.507 5 |
| 第二棵树叶子节点值：$\gamma_{2,\ q(x_i,\ 2)}$ | -0.337 5 | -0.157 5 | 0.202 5 | 0.292 5 |
| 第二棵树的累计预测值：$F_2(x_i)$ | 1.403 8 | 1.441 8 | 1.517 8 | 1.536 8 |
| 第二棵树的残差 $\varepsilon_{i3}$（第三棵树的拟合目标） | -0.303 8 | -0.141 8 | 0.182 3 | 0.263 3 |

**步骤7** 第3到5棵树的计算。

第3到5棵树的计算与前两棵树的计算过程相同，于是我们可以分别计算出第3棵、第4棵、第5棵树的叶子节点值。

第3棵树叶子节点值详见图14-5，前3棵树的累计预测值 $F_3(x_i)$ ：

$$F_3(x_i) = F_2(x_i) + lr \cdot \gamma_{3,\ q(x_i,\ 3)}(x_i \in R_{j3})$$

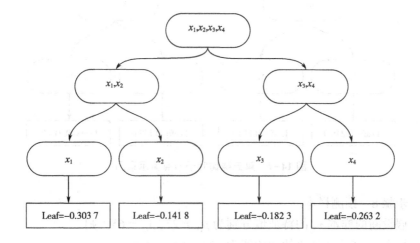

**图14-5 第三棵树叶子节点值示意图**

第4棵树叶子节点值详见图14-6，前4棵树的累计预测值 $F_4(x_i)$ ：

$$F_4(x_i) = F_3(x_i) + lr \cdot \gamma_{4,\ q(x_i,\ 4)}(x_i \in R_{j4})$$

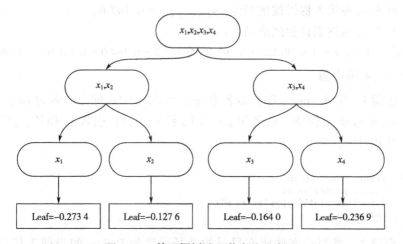

**图14-6 第四棵树叶子节点值示意图**

第四棵树叶子节点值详见图 14-7，前五棵树的累计预测值 $F_5(x_i)$：

$$F_5(x_i) = F_4(x_i) + lr \cdot \gamma_{5, q(x_i, 5)} \ (x_i \in R_{j5})$$

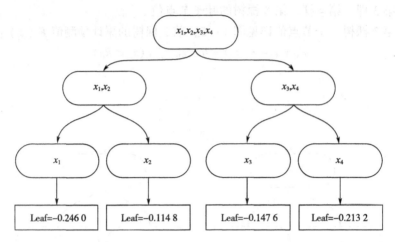

**图 14-7　第五棵树叶子节点值示意图**

**步骤 8**　预测样本。

假设新的样本 $x_5$ 的特征值分别为 $p_{i1} = 25$，$p_{i2} = 65$，则

样本 $x_5$ 在第 0 棵树的初始值为：$f_0(x_5) = 1.475$；

样本 $x_5$ 在第 1 棵树被预测为：$\gamma_{1, q(x_5, 1)} = 0.225\,0$；

样本 $x_5$ 在第 2 棵树被预测为：$\gamma_{2, q(x_5, 2)} = 0.202\,5$；

样本 $x_5$ 在第 3 棵树被预测为：$\gamma_{3, q(x_5, 3)} = 0.183\,2$；

样本 $x_5$ 在第 4 棵树被预测为：$\gamma_{4, q(x_5, 4)} = 0.164\,0$；

样本 $x_5$ 在第 5 棵树被预测为：$\gamma_{5, q(x_5, 5)} = 0.147\,6$；

样本 $x_5$ 最终累计预测结果为：

$$F_5(x_5) = 1.475 + 0.1 \times (0.225 + 0.202\,5 + 0.183\,2 + 0.164\,0 + 0.147\,6) = 1.567\,14$$

### 14.4.3　实现步骤

**步骤 1**　引入 numpy 库，命名为 np；引入 pandas 库，命名为 pd；引入 os.path.abspath() 模块，命名为 plt，用于绘制图像；引入 os 模块，用于处理文件和目录。见 In［1］。

```
In [1]:  import numpy as np
         import pandas as pd
         import matplotlib.pyplot as plt
         import os
```

**步骤 2**　将当前文件所在目录的路径设置为 Python 的当前工作目录。os.path.abspath() 用于将相对路径转化为绝对路径；os.chdir() 用于改变当前工作目录；os.getcwd() 用于获取当前工作目录（不同设备的绝对路径不同）。见 In［2］。

```
In [2]:   thisFilePath=os.path.abspath('.')    #获取当前文件的绝对路径
          os.chdir(thisFilePath)   #改变当前工作目录
          os.getcwd()   #获取当前工作目录
```

Out[2]:   'C:\\Users\\Dell\\Videos'

**步骤3**　导入并读取数据。pd. read_csv ( ) 函数用于读取数据，usecols 参数用于读取文件中指定的数据列。type( ) 函数用于返回对象的类型。head( ) 函数用于查看前几行数据，tail( ) 函数用于查看后几行数据。见 In［3］，In［4］。

```
In [3]:   myData=pd.read_csv('DataForClassify(1).csv',usecols=['yingyu','shuxue','Label'])
          #从 "DataForClassify(1).csv" 中读取 "yingyu"、"shuxue"、"ClassifyResult" 数据列
          type(myData)
          myData.head()    #查看前几行数据，输出结果
```

Out[3]:

|   | yingyu | shuxue | Label |
|---|--------|--------|-------|
| 0 | 57 | 80 | 3 |
| 1 | 75 | 78 | 2 |
| 2 | 79 | 93 | 3 |
| 3 | 87 | 81 | 2 |
| 4 | 76 | 89 | 2 |

```
In [4]:   myData.tail()    #查看后几行数据，输出结果
```

Out[4]:

|   | yingyu | shuxue | Label |
|---|--------|--------|-------|
| 695 | 90 | 64 | 1 |
| 696 | 76 | 80 | 2 |
| 697 | 69 | 85 | 3 |
| 698 | 63 | 82 | 3 |
| 699 | 56 | 83 | 3 |

**步骤4**　划分训练集和测试集。从 sklearn 包的 model_selection 模块中引入 train_test_split 函数，函数中第一个参数表示所要划分的样本特征集；第二个参数表示所要划分的样本标签；第三个参数表示测试集占样本数据的比例，若为整数，则表示绝对数量；第四个参数表示随机数种子。见 In［5］，In［6］。

```
In [5]:   from sklearn.model_selection import train_test_split    #划分训练集和测试集
          trainSet_x,testSet_x,trainSet_y,testSet_y=train_test_split(myData.iloc[:,0:2],
          myData.iloc[:,2],test_size=0.2,random_state=220)
          #将 "myData" 数据中的第一列和第二列划分为样本特征，第三列划分为样本标签，测试集
          占样本总量的20%，随机数种子为220
```

```
In [6]:  trainSet_x. shape    #显示训练集矩阵的大小，输出结果表示训练集为560行，2列，即第一
         维的长度为560,第二维的长度为2.
```

```
Out[6]:  (560, 2)
```

**步骤 5** 拟合并验证梯度提升树（GBDT）模型。从 sklearn 包中引入 ensemble，并构建模型。

从 sklearn 包的 model_selection 模块中引入 cross_val_score 函数，运用 $K$ 折交叉验证对模型的稳定性进行验证。其中，第一个参数表示模型名称，第二个参数表示样本特征集，第三个参数表示样本标签，第四个参数表示进行几折交叉验证。$K$ 折交叉验证指把初始训练样本分成 $K$ 份，其中 $K-1$ 份被用作训练集，剩下一份被用作评估集，进行 $K$ 次训练后得到 $K$ 个训练结果，通过结果对比来验证模型的稳定性。见 In〔7〕，In〔8〕。

```
In [7]:  from sklearn import ensemble
         import datetime
         start_time = datetime. datetime. now ()    #获取函数的开始时间
         GBDT_model = ensemble. GradientBoostingClassifier(n_estimators=10, min_samples_split=50)
         #构建名为GBDT_model1的模型
         GBDT_model = GBDT_model. fit (trainSet_x, trainSet_y)    #导入训练集的数据进行模型拟合
```

```
In [8]:  from sklearn. model_selection import cross_val_score
         print("%s Score: %0. 2f" % ("GBDT", GBDT_model. score (testSet_x, testSet_y)))    #
         用estimator的score函数进行模型的质量预测
         scores = cross_val_score(GBDT_model, testSet_x, testSet_y, cv=5)    #
         对"GBDT_model"模型进行5折交叉验证
         print("%s Cross Avg. Score: %0. 2f (+/- %0. 2f)"%("GBDT", scores. mean (), scores. std
         ()*2)) end_time = datetime. datetime. now ()    #
         求得函数结束的时间
         time_spend = end_time - start_time    #
         求得函数运行时间
         print("%s Time: %0. 2f" % ("GBDT", time_spend. total_seconds ()))    #
         输出模型的训练时间
```

```
GBDT Score: 0. 89
GBDT Cross Avg. Score: 0. 89 (+/- 0. 08)
GBDT Time: 0. 11
```

**步骤 6** 对模型的输出结果进行可视化。见 In〔9〕。

```
In [9]:  from sklearn import tree
         estimator = GBDT_model. estimators_[0,1]    #进行模型训练结果的展示，其中，[n,1]
         表示对（n+1）棵树进行回归树可视化展示，这里是第一棵树的输出结果。
         dot_data = tree. export_graphviz (
                 estimator,
                 out_file = None,
                 feature_names = trainSet_x. columns. values,
                 filled = True,
                 impurity = False,
                 rounded = True
                 )
         import pydotplus
         graph = pydotplus. graph_from_dot_data (dot_data)
         graph. get_nodes ()[1]. set_fillcolor ("#FFF2DD")
         from IPython. display import Image
         Image (graph. create_png ())
```

Out[9]:

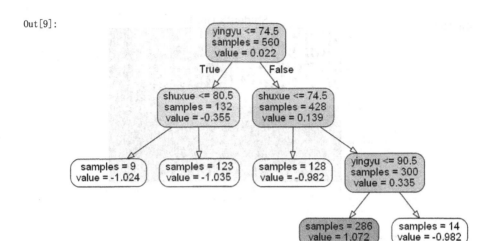

**步骤7** 对样本数据的分类结果进行可视化。见 In［10］。

```
In [10]:  import matplotlib as mpl
          def plot(train_x, train_y, test_x, test_y, model):
              x1_min, x1_max = train_x.iloc[:, 0].min(), train_x.iloc[:, 0].max()  # yingyu的
          最低分和最高分
              x2_min, x2_max = train_x.iloc[:, 1].min(), train_x.iloc[:, 1].max()  # shuxue的
          最低分和最高分
              x1, x2 = np.mgrid[x1_min:x1_max:80j, x2_min:x2_max:80j]  # 生成网格采样点(根据
          x1与x2的范围即56~96) 200j表示精度，越大越准确。步长为复数表示点数（取200个），左闭
          右闭；步长为实数表示间隔，左闭右开
              grid_test = np.stack((x1.flat, x2.flat), axis=1)   # 测试点 # flat是将数组转换
          为一维迭代器，按照第一维将x1, x2进行拼合. stack函数用于堆叠数组，取出第二维（axis=1纵
          轴，若=0，第一维）进行打包
              grid_hat = model.predict(grid_test)     # 预测分类值
              grid_hat = grid_hat.reshape(x1.shape)       # 使之与输入的x1形状相同，转换为200·
          200，转换前为40000·1


              color = ['g', 'r', 'b']
              color_dark= ['darkgreen', 'darkred', 'darkblue']
              markers = ["o", "D", "^"]
              plt.pcolormesh(x1, x2, grid_hat)         # 画分类图，绘制背景
              train_x_arr = np.array(train_x)
              test_x_arr = np.array(test_x)
              for i, marker in enumerate(markers):
                  plt.scatter(train_x_arr[train_y==i+1][:,0], train_x_arr[train_y==i+1][:,1],
          c=color[i], edgecolors='black', s=20, marker=marker)      # 画样本点，c表示点颜色，
          edgecolors是指描绘点的边缘色彩——黑色，s指描绘点的大小，marker指点的形状
                  plt.scatter(test_x_arr[test_y==i+1][:,0], test_x_arr[test_y==i+1][:,1], c=
          color_dark[i], edgecolors='black', s=40, marker=marker)    # 圈中测试集样本
              plt.xlabel('English', fontsize=13)
              plt.ylabel('Math', fontsize=13)
              plt.xlim(x1_min, x1_max)
              plt.ylim(x2_min, x2_max)
              plt.title('Student\'s Grade', fontsize=15)
              plt.show()
          plot(trainSet_x, trainSet_y, testSet_x, testSet_y, GBDT_model)
```

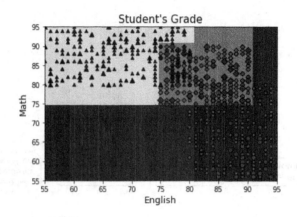

## 14.5 本章总结

本章实现的工作是：首先采用 Python 语言读取含有英语成绩、数学成绩以及学生所属类型的样本数据。然后将样本数据划分为训练集和测试集，接着采用 GBDT 算法，对训练集数据进行拟合，最后在输入更多学生的数学成绩和英语成绩后，使用已求解的最优模型去预测其分类结果。

本章掌握的技能是：①使用 NumPy 包读取连续的样本数据；②使用 sklearn 库 model_selection 模块中的 model_selection 函数实现训练集和测试集的划分；③使用 Matplotlib 库实现数据的可视化，绘制树状图。

## 14.6 本章作业

➢ 实现本章的案例，即生成样本数据，实现梯度提升决策树模型的建模、参数调整、预测和数据可视化。

➢ 利用 Iris（鸢尾花）原始数据集，运用 GBDT 算法，实现根据鸢尾花的任意两个特征对其进行分类。

数据集下载和使用说明：

（1）数据集可以从 UCI 数据集上直接下载，访问链接 http://archive. ics. uci. edu/ml/datasets/Iris 进入数据集网页。见图 14-8。

（2）单击 Data Folder 中下载 iris. data 文件。

（3）将 Data 文件导入项目所在文件夹。

（4）采用 pandas 包里的 read_csv 函数读取数据。

## Iris Data Set
*Download*: Data Folder, Data Set Description

Abstract: Famous database: from Fisher, 1936

| Data Set Characteristics: | Multivariate | Number of Instances: | 150 | Area: | | Life |
|---|---|---|---|---|---|---|
| Attribute Characteristics: | Real | Number of Attributes: | 4 | Date Donated | | 1988-07-01 |
| Associated Tasks: | Classification | Missing Values? | No | Number of Web Hits: | | 2639609 |

图 14-8

```
[1]: import pandas as pd
     data=pd.read_csv('iris.data')
     data.head()
```

| [1]: | 5.1 | 3.5 | 1.4 | 0.2 | Iris-setosa |
|---|---|---|---|---|---|
| 0 | 4.9 | 3.0 | 1.4 | 0.2 | Iris-setosa |
| 1 | 4.7 | 3.2 | 1.3 | 0.2 | Iris-setosa |
| 2 | 4.6 | 3.1 | 1.5 | 0.2 | Iris-setosa |
| 3 | 5.0 | 3.6 | 1.4 | 0.2 | Iris-setosa |
| 4 | 5.4 | 3.9 | 1.7 | 0.4 | Iris-setosa |

# 15 XGBoost

## 15.1 本章工作任务

采用 XGBoost（eXtreme Gradient Boosting）算法编写程序，根据 700 名学生的数学、英语成绩对其进行分类，将其划分为文科生、理科生和综合生。①算法的输入是：600 名学生的数学和英语成绩以及相应的学生类型；②算法模型需求解的是：$K$ 棵残差树（每棵残差树需要求解所有分支，每个分支节点需要求解该分支的属性及分支的阈值）；③算法的结果是：待测样本中学生的分类。

## 15.2 本章技能目标

> 掌握 XGBoost 原理
> 使用 Python 读取学生成绩数据
> 使用 Python 实现 XGBoost 模型建模与求解
> 使用 Python 实现 XGBoost 模型计算与预测
> 使用 Python 对 XGBoost 结果进行可视化展示

## 15.3 本章简介

**XGBoost 是指**：一种经过改进的梯度提升决策树（GBDT）算法，XG-Boost 算法也是构造 $n$ 棵分类树（子分类器）后一个子分类器对前一个子分类器的残差进行修正，各子分类器结果求和构成总分类器。

**XGBoost 与 GBDT 算法的最显著区别是**：XGBoost 的目标函数由损失函数的二阶泰勒展开项与复杂度惩罚项构成。XGBoost 被普遍认为是最经典的分类算法，应用于大量数据分析和各类学术竞赛。XGBoost 支持多种线性分类器，收敛速度快，参数学习空间大，可预防过拟合，可处理缺失值，支持并行计算、近似计算。

**XGBoost 算法可以解决的科学问题是**：已知 $N$ 个样本数据，每个样本数据具有 $M$ 个特征值，即（$X_{11}$，$X_{12}$，$\cdots$，$X_{1M}$），（$X_{21}$，$X_{22}$，$\cdots$，$X_{2M}$），$\cdots$，（$X_{N1}$，$X_{N2}$，$\cdots$，$X_{NM}$），和 $N$ 个样本数据的标签值分别是 $Y_1$，$Y_2$，$\cdots$，$Y_N$。根据上述样本数据建立梯度提升决策树模型，然后根据这个

模型，对于新的任意 $T$ 个测试样本 $(X_{t1}, X_{t2}, \cdots, X_{tM})$，$t \in \{1, 2, \cdots,$ $T\}$ 可以推算出该样本的所属类别。

    **XGBoost 算法可以解决的实际应用问题是：**已知一部分学生（样本数据）的各科成绩（特征值）和学生类别（标签），通过 XGBoost 算法找到学生各科成绩（样本数据特征值）与学生的分类值（样本数据的标签值）之间的对应（分类）规律（模型），从而可以根据另一批学生的成绩（测试样本的特征值）预测出这些学生的分类（测试样本的标签）。

    **本章的重点是：**XGBoost 方法的理解和使用。

## 15.4　理论讲解部分

### 15.4.1　任务描述

    任务内容参见图 15-1。

| | yingyu | shuxue | class |
|---|---|---|---|
| 0 | 90 | 79 | 3 |
| 1 | 77 | 80 | 3 |
| 2 | 86 | 80 | 3 |
| 3 | 78 | 83 | 2 |
| 4 | 86 | 68 | 1 |
| ... | ... | ... | ... |
| 595 | 70 | 93 | 2 |
| 596 | 83 | 78 | 1 |
| 597 | 82 | 77 | 1 |
| 598 | 80 | 78 | 3 |
| 599 | 85 | 64 | 1 |

600 rows × 3 columns

a) 读入样本数据

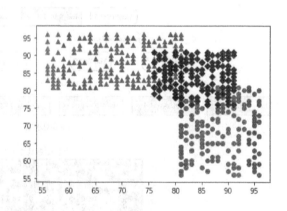

b) 绘制样本数据

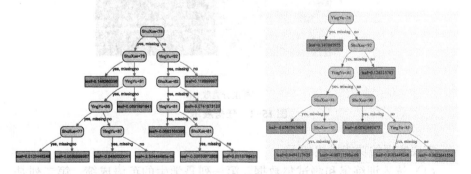

**图 15-1**

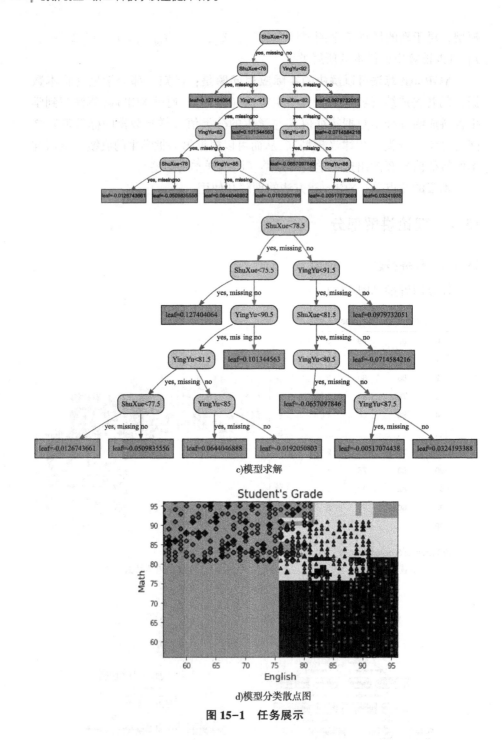

c)模型求解

d)模型分类散点图

图 15-1　任务展示

需要实现的功能描述如下。

（1）读入训练集和测试集数据。第一列是学生的英语成绩，第二列是学生的数学成绩，第三列是按成绩分支的类别，如图 15-1a）所示。

（2）将样本数据可视化。以英语成绩为横坐标，数学成绩为纵坐标，绘制散点图，如图 15-1b）所示。

（3）建立 XGBoost 模型，求解模型参数（多棵树、每棵树具有多个分支，每个分支具有不同的预测值），如图 15-1c）所示。

（4）根据求解出来的标签值计算精确度。绘制预测分类的散点图，如图 15-1d）所示。

### 15.4.2 一图精解

XGBoost 的原理可以参考图 15-2 理解。

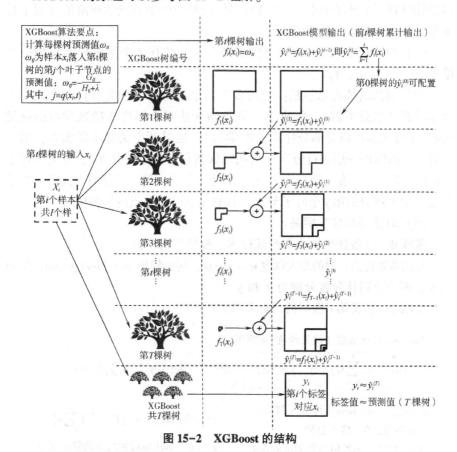

**图 15-2 XGBoost 的结构**

理解 XGBoost 的要点如下。

（1）算法的输入是：$N$ 个训练样本（每个样本有 $M$ 个特征）的输入为：$(X_{11}, X_{12}, \cdots, X_{1M})$，$(X_{21}, X_{22}, \cdots, X_{2M})$，$\cdots$，$(X_{N1}, X_{N2}, \cdots, X_{NM})$；每个样本的标签为 $(Y_1, Y_2, \cdots, Y_N)$。

（2）算法的基础模型：XGBoost 模型由 $T$ 棵残差树构成，前 $t$ 棵树对样

本 $x_i$ 的预测结果可以表示为：

$$\hat{y}_i^{(t)} = \hat{y}_i^{(t-1)} + f_t(x_i)，i \in \{1, 2, \cdots, N\}，t \in \{1, 2, \cdots, T\}$$

第 $t$ 棵树对于任意样本 $x_i$ 的预测值为：

$$f_t(x_i) = \omega_{tj}$$

其中，$f_t(x_i)$ 表示计算任意一个样本 $x_i$ 送入第 $t$ 棵树后的预测结果；对于任意一个样本 $x_i$，被划分到第 $t$ 棵树的第 $j$ 个分支后对应的预测值都是 $\omega_{tj}$。$x_i$ 被划分到第 $t$ 棵树的节点编号，可以用 $j = q(t, x_i)$ 表示，$q(t, x_i)$ 函数的输出是：第 $i$ 个样本在第 $t$ 棵树中被分类到的分支节点编号 $j$。

模型包括两部分内容：一是每棵树的分支结构（每个样本在每棵树中将会被分到哪个叶子节点）；二是每棵树的每个叶子节点的预测值（每个样本落入叶子节点后的预测值）。

（3）算法的输出是：第 $t$ 个测试样本（一共有 $T$ 个测试样本）的分类结果 $(\hat{y}_1, \hat{y}_2, \cdots, \hat{y}_T)$。

（4）算法的核心思想是：使用多个弱学习器（子分类器）组合成一个强学习器（总分类器），解决单一分类器无法对全体样本精准学习的问题（每个子分类器可以对部分样本精准学习）。通过两个关键步骤实现：第一步对每棵树的每一层进行分支（找到每棵树每层的最佳分支），分支后样本 $x_i$ 在第 $t$ 棵树中会落入第 $j = q(t, x_i)$ 个叶子节点；第二步是对上述所有叶子节点（第 $k$ 棵树的第 $j$ 个叶子节点）计算出该叶子节点的预测值 $\omega_{tj}$。

（5）算法的具体步骤是：

**步骤 0** 准备训练样本和测试样本，配置算法参数。

算法参数包括：树的最大深度 max_depth，树的棵数 num_boost_round，学习率 $\eta$；两个正则化参数分别为 $\lambda$ 和 $\gamma$。

**步骤 1** 定义第 $t$ 棵树的目标函数。

XGBoost 目标函数（损失函数+惩罚项）

$$Obj^{(t)} = \sum_{i=1}^{N} l(y_i, \hat{y}_i^{(t)}) + \Omega(f_t) + 常数 \quad 其中：\hat{y}_i^{(t)} = \sum_{k=1}^{t} f_k(x_i)$$

总误差：（第 $t$ 棵树全体 $N$ 个样本）

$i$：样本号，$N$：样本总数

$l(y, \hat{y}_i^{(t)})$：标签值与预测值的误差

$y_i$：第 $i$ 个样本 $x_i$ 的标签值

$\hat{y}_i^{(t)}$：第 $t$ 棵树对第 $i$ 个样本 $x_i$ 的预测

总误差的优化目标：

总误差 $Obj$ 尽可能小

惩罚项：$\Omega(f_t) = \gamma T + \dfrac{1}{2} \lambda \sum_{t=1}^{T} \omega_j^2$

$\gamma$ 和 $\lambda$：算法运行前配置的强度参数

$T$：第 $t$ 棵树的叶子节点总数

$j$：第 $t$ 棵树的各叶子节点号

$\omega_j$：第 $t$ 棵树第 $j$ 个叶子节点的预测值

惩罚项的优化目标：

叶子节点数和预测值尽可能小

即：$T$ 和 $\omega_j$ 越小越好，不容易过拟合

**步骤 2** 对第 $t$ 棵树进行分支。

对第 $t$ 棵树的分支方法可以用如下流程（伪代码）表示。

---

For 层数 $l$ = 1to 设定的最大层数 $L$

    For each 分支情况 $s$ = 1，2，$\cdots$，$S$（把训练集在第 $t$ 棵树第 $l$ 层中分成两部分）

$$Gain_s = \frac{1}{2}\left[\frac{G_L^2}{H_L + \lambda} + \frac{G_R^2}{H_R + \lambda} - \frac{(G_L + G_R)^2}{H_L + H_R + \lambda}\right] - \Upsilon$$

    End

第 $t$ 棵树第 $l$ 层的最佳分支情况编号 $s$：$Best(t, l) = \underset{s}{\arg\min}\ Gain_s$

---

其中，$G_L = \sum_{i \in I_L} g_i$，$G_R = \sum_{i \in I_R} g_i$，$H_L = \sum_{i \in I_L} h_i$，$H_R = \sum_{i \in I_R} h_i$，$I_L$ 表示被分到左支中的所有的样本，$i$ 表示样本号，$I_R$ 表示被分到右支中的所有的样本，$g_i = \dfrac{\mathrm{d}l(y_i,\ \hat{y}_i^{(t-1)})}{\mathrm{d}\hat{y}_i^{(t-1)}}$，$h_i = \dfrac{\mathrm{d}^2 l(y_i,\ \hat{y}_i^{(t-1)})}{\mathrm{d}\hat{y}_i^{(t-1)2}}$，$g_i$ 与 $h_i$ 的计算方法下文将详述。

**步骤 3** 求第 $k$ 棵树各叶子节点的预测值。

各叶子节点的预测值 $\omega_{ij}$ 计算的流程（伪代码）可以表示如下。

---

Foreach 叶子节点 $j$ = 1，2，$\cdots$，$J$

$$\omega_j = -\frac{G_j}{H_j + \lambda}$$

    End

---

其中，$G_j = \sum_{i \in I_j} g_i$，$H_j = \sum_{i \in I_j} h_i$，$I_j$ 表示第 $j$ 个叶子中所有的样本，$i$ 表示样本号，$g_i = \dfrac{\mathrm{d}l(y_i,\ \hat{y}_i^{(t-1)})}{\mathrm{d}\hat{y}_i^{(t-1)}}$，$h_i = \dfrac{\mathrm{d}^2 l(y_i,\ \hat{y}_i^{(t-1)})}{\mathrm{d}\hat{y}_i^{(t-1)2}}$。$g_i$ 与 $h_i$ 的计算方法如下。

泰勒展开公式：$f(x + \Delta x) \approx f(x) + f'(x)\Delta x + \dfrac{1}{2}f''(x)\Delta x^2 + \cdots$

$$
\begin{aligned}
Obj^{(t)} &= \sum_{i=1}^{N}[l(y_i,\ \hat{y}_i^{(t)})] + \Omega(f_t) + \text{constant} \\
&= \sum_{i=1}^{N}[l(y_i,\ \hat{y}_i^{(t-1)} + f_t(x_i))] + \Omega(f_t) + \text{constant} \\
&\approx \sum_{i=1}^{N}[l(y_i,\ \hat{y}_i^{(t-1)}) + g_i \cdot f_t(x_i) + h_i \cdot f_t^2(x_i)] + \Omega(f_t) + \text{constant}
\end{aligned}
$$

所以 $g_i = \dfrac{\mathrm{d}l(y_i,\ \hat{y}_i^{(t-1)})}{\mathrm{d}\hat{y}_i^{(t-1)}}$，$h_i = \dfrac{\mathrm{d}^2 l(y_i,\ \hat{y}_i^{(t-1)})}{\mathrm{d}\hat{y}_i^{(t-1)2}}$

$g_i$ 与 $h_i$ 的进一步推导，需要确定损失函数，在后文会继续详述。

（6）算例详解：以下算例的演算过程与上述 XGBoost 算法模型求解的具体步骤相对应。

**步骤 0** 准备训练样本和测试样本，配置算法参数。

**步骤 0.1** 训练样本数据描述。

训练样本集如表 15-2 所示。

表 15-1 样本数据

| $i$ | 1 | 2 | 3 | 4 | 5 | 6 | 7 | 8 | 9 | 10 | 11 | 12 | 13 | 14 | 15 |
|---|---|---|---|---|---|---|---|---|---|---|---|---|---|---|---|
| $p_1$ | 1 | 2 | 3 | 1 | 2 | 6 | 7 | 6 | 7 | 6 | 8 | 9 | 10 | 8 | 9 |
| $p_2$ | -5 | 5 | -2 | 2 | 0 | -5 | 5 | -2 | 2 | 0 | -5 | 5 | -2 | 2 | 0 |
| $y_i$ | 0 | 0 | 1 | 1 | 1 | 1 | 1 | 0 | 0 | 1 | 1 | 1 | 0 | 0 | 1 |

其中，$i$ 为训练样本编号，$p_1$ 为对应的样本第 1 组特征值，$p_2$ 为对应的样本第 2 组特征值，$y_i$ 为第 $i$ 个样本的标签值。

**步骤 0.2** 算法参数配置。

XGBoost 关键参数设置为：树的最大深度 max_depth = 3，树的棵数 num_boost_round = 2，学习率 $\eta = 1$；两个正则化参数分别为 $\lambda = 1$，$\gamma = 0$。

**步骤 1** 定义损失函数。

损失函数 $L(y_i, \hat{y}_i)$ 采用 logloss( ) 函数，即：

$$L(y_i, \hat{y}_i) = y_i \cdot \ln(1 + e^{-\hat{y}_i}) + (1 - y_i) \cdot \ln(1 + e^{\hat{y}_i})$$

对于损失函数的理解如下。

$L(y_i, \hat{y}_i)$ 用于衡量模型预测值 $\hat{y}_i$ 与实际标签 $y_i$ 的误差，对于每个样本 $x_i$，对应的 $\hat{y}_i$（预测值）越接近 $y_i$（标签值）表示预测效果越好，用损失函数 $L(y_i, \hat{y}_i)$ 表示 $\hat{y}_i$ 与 $y_i$ 的接近程度，即 $\hat{y}_i$ 越接近 $y_i$ 则损失值越小。全体样本的损失值之和称为总体的损失值 $L = \sum\limits_{i=1}^{N} L(y_i, \hat{y}_i)$，衡量算法对全体样本预测的效果，$L$ 越小表示预测效果越好。

为了更直观地看出预测值更加准确，损失函数变化的趋势，可以用图像展示损失函数计算的结果受预测准确度的影响，如图 15-3 所示。例如，图 15-3a) 表示样本 $x_i$ 的标签值是 0 的情况下，$x_i$ 预测值 $\hat{y}_i$ 越接近 0，则损失函数 $L$ 越小。

其中，横轴表示预测值 $\hat{y}_i$，纵轴表示 $L(y_i, \hat{y}_i)$ 的值。当样本 $x_i$ 的标签值 $y_i = 0$ 时，$x_i$ 预测值 $\hat{y}_i$ 越接近于 0，则损失函数 $L(y_i, \hat{y}_i)$ 的值越小；当样本 $x_i$ 的标签值 $y_i = 1$ 时，$x_i$ 预测值 $\hat{y}_i$ 越接近于 1，则损失函数 $L(y_i, \hat{y}_i)$ 的值越小。

**步骤 2** 对第 $t$ 棵树进行分支。

**步骤 2.1** 第 $t$ 棵树的第 $i$ 层进行分支。

构建每棵树时，首先要对每层进行分支。分支的依据是：将样本数据分到左右两支后，两个样本集合的增益 Gain 的大小。Gain 越大，两个分支

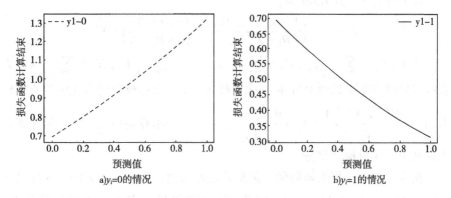

**图 15-3** 损失函数输出 $L(y_i, \hat{y}_i)$ 与输入 $\hat{y}_t$ 的关系图

中样本的纯度越高，$L(y_i, \hat{y}_i^{(t)})$ 越小。因此需要根据不同的样本特征的值进行分支并计算各自的增益 $Gain$，取 $Gain$ 增益最大的情况为分支结果。$Gain$ 推导如下。

对 $Gain$ 含义的理解：$Gain$ 值越大，表示该划分使得样本数据的混乱程度降低越多，系统的损失函数降低得越快。

$Gain$ 的推导过程如下：首先回顾推导需要用到的 $Obj$ 公式：

$$Obj^{(t)} \approx \sum_{i=1}^{N} [l(y_i, \hat{y}_i^{(t-1)}) + g_i \cdot f_t(x_i) + h_i \cdot f_t^2(x_i)] + \Omega(f_t) + \text{constant}$$

根据公式，进一步推导可得

$$Obj^{(t)} = \sum_{t=1}^{T} \left[ \sum_{i \in I_t} g_i \omega_j + \frac{1}{2} \left( \sum_{i \in I_t} h_i + \lambda \right) \omega_j^2 \right] + \gamma T$$

$$Obj^{(t)} = \sum_{t=1}^{T} \left[ G_t \omega_j + \frac{1}{2} (H_t + \lambda) \omega_j^2 \right] + \gamma T$$

其中，$G_j = \sum_{i \in I_j} g_i$，$H_j = \sum_{i \in I_j} h_i$

代入叶子节点计算公式 $\omega_j = -\dfrac{G_j}{H_j + \lambda}$，得

$$Obj^{(t)} = -\frac{1}{2} \frac{(G_L + G_R)^2}{(H_L + H_R) + \lambda} + \gamma$$

根据 $Obj^{(t)}$，记某次分支前后的目标函数计算公式分别为 $Obj^{(\text{before})}$ 和 $Obj^{(\text{later})}$，则有

$$Obj^{(\text{before})} = -\frac{1}{2} \frac{(G_L + G_R)^2}{(H_L + H_R) + \lambda} + \gamma$$

$$Obj^{(\text{later})} = -\frac{1}{2} \left[ \frac{G_L^2}{H_L + \lambda} + \frac{G_R^2}{H_R + \lambda} \right] + 2\gamma$$

$$Gain = Obj^{(\text{before})} - Obj^{(\text{later})} = \frac{1}{2} \left[ \frac{G_L^2}{H_L + \lambda} + \frac{G_R^2}{H_R + \lambda} - \frac{(G_L + G_R)^2}{(H_L + H_R) + \lambda} \right] - \gamma$$

对于分支 $s$，其 $Gain$ 为：

$$Gain_s = \frac{1}{2}\left[\frac{G_L^2}{H_L + \lambda} + \frac{G_R^2}{H_R + \lambda} - \frac{(G_L + G_R)^2}{H_L + H_R + \lambda}\right] - Y$$

其中，$G_L = \sum_{i \in I_L} g_i$，$G_R = \sum_{i \in I_R} g_i$，$H_L = \sum_{i \in I_L} h_i$，$H_R = \sum_{i \in I_R} h_i$，$I_L$ 表示被分到左支中的所有样本，$i$ 表示样本号；$I_R$ 表示被分到右支中的所有样本，$g_i = \frac{dl(y_i, \hat{y}_i^{(t-1)})}{d\hat{y}_i^{(t-1)}}$，$h_i = \frac{d^2l(y_i, \hat{y}_i^{(t-1)})}{d\hat{y}_i^{(t-1)2}}$。在本算例中，$g_i$ 与 $h_i$ 的计算方法参见损失函数推导部分。

在本算例中，损失函数的具体形式已经给出，为 $L(y_i, \hat{y}_i) = y_i \cdot \ln(1 + e^{-\hat{y}_i}) + (1 - y_i) \cdot \ln(1 + e_i^{\hat{y}})$，因此可以继续推导 $g_i$ 与 $h_i$ 的具体计算公式。

下面说明任意第 $t$ 棵树的 $g_i^{(t)}$ 和 $h_i^{(t)}$（$t \in \{0, 1, 2, \cdots, T\}$）的计算方法。

已知损失函数为：$L(y_i, \hat{y}_i) = y_i \cdot \ln(1 + e^{-\hat{y}_i}) + (1 - y_i) \cdot \ln(1 + e^{\hat{y}_i})$

（1）对损失函数求一阶导数，求得 $g_i$。

将损失函数 $L(y_i, \hat{y}_i^{(t)})$ 对 $\hat{y}_i^{(t)}$ 求一阶导数，可得

$$L'(y_i, \hat{y}_i^{(t)}) = y_i \frac{-e^{-\hat{y}_i^{(t)}}}{1 + e^{-\hat{y}_i^{(t)}}} + (1 - y_i) \frac{e^{\hat{y}_i^{(t)}}}{1 + e^{\hat{y}_i^{(t)}}}$$

将第 $t$ 棵树预测结果 $\hat{y}_i^{(t)}$ 的概率值记作 $y_{i, pred}^{(t)}$：$y_{i, pred}^{(t)} = sigmoid(\hat{y}_i^{(t)})$，即将 $\hat{y}_i^{(t)}$ 映射到 0 至 1 区间，可以认为 $y_{i, pred}^{(t)}$ 是一个概率值（取值范围为 $(0, 1)$）。

将 $y_{i, pred}^{(t)} = \frac{1}{1 + e^{-\hat{y}_i^{(t)}}}$ 代入 $L'(y_i, \hat{y}_i^{(t)})$ 可得：

$$L'(y_i, \hat{y}_i^{(t)}) = y_i \cdot (y_{i, pred}^{(t)} - 1) + (1 - y_i) \cdot y_{i, pred}^{(t)}$$

$$= y_{i, pred}^{(t)} - y_i = \frac{1}{1 + e^{-\hat{y}_i^{(t)}}} - y_i$$

将 $\frac{1}{1 + e^{-\hat{y}_i^{(t)}}} - y_i$ 记做 $g_i^{(t)}$，即 $g_i^{(t)} = \frac{1}{1 + e^{-\hat{y}_i^{(t)}}} - y_i$

（2）对损失函数求二阶导数，求得 $h_i$。

将损失函数 $L(y_i, \hat{y}_i^{(t)})$ 对 $\hat{y}_i^{(t)}$ 求二阶导数

$$L''(y_i, \hat{y}_i^{(t)}) = y_{i, pred}^{(t)} \cdot (1 - y_{i, pred}^{(t)}) = \frac{1}{1 + e^{-\hat{y}_i^{(t)}}}\left(1 - \frac{1}{1 + e^{-\hat{y}_i^{(t)}}}\right)$$

将 $\frac{1}{1 + e^{-\hat{y}_i^{(t)}}}\left(1 - \frac{1}{1 + e^{-\hat{y}_i^{(t)}}}\right)$ 记作 $h_i^{(t)}$，即 $h_i^{(t)} = \frac{1}{1 + e^{-\hat{y}_i^{(t)}}}\left(1 - \frac{1}{1 + e^{-\hat{y}_i^{(t)}}}\right)$

**步骤 2.2** 分支终止条件。

对每棵树的每一层进行分支，即在每一层将样本分入左支或右支。停

止分支操作的条件分为两种情况：①待分支节点中只有一个样本，无法继续分割，则该节点为叶子节点。②待分支节点所在层数已经达到了算法运行前配置的最大分支层数，则该节点为叶子节点。见图 15-4。

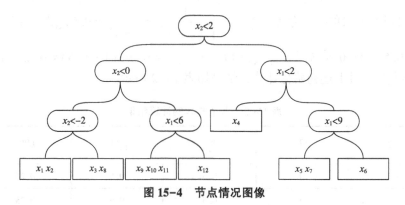

图 15-4　节点情况图像

**步骤 3**　叶子节点预测值计算方法。

**步骤 3.1**　叶子节点的预测值的定义与含义。

对于任意一个测试样本数据 $x_i$，在每棵树中（第 $t$ 棵树），都会被分类到一个叶子节点（第 $t$ 棵树中的第 $j$ 个节点），该样本在第 $t$ 棵树中被分到 $j$ 类的预测值为 $\omega_{jt}$。XGBoost 算法一共有 $T$ 棵树，每个 $x_i$ 会有 $K$ 个预测值 $\hat{y}_i^{(1)} = \omega_{jt}$，$\hat{y}_i^{(2)} = \omega_{j2}$，$\cdots$，$\hat{y}_i^{(t)} = \omega_{jK}$，$x_i$ 在 XGBoost 算法中最终的预测值 $\hat{y}_i = \sum_{k=1}^{K} \omega_{jk}$。

**步骤 3.2**　叶子节点预测值的求解。

样本 $x_i$ 对应的 $\hat{y}_i$（预测值）越接近 $y_i$（标签值），表示预测效果越好。因此预测值的计算（即计算每棵树中 $\omega_{jt}$）的目标是令损失函数 $L(y_i, \hat{y}_i^{(t)}) = y_i \cdot \ln(1 + e^{-\hat{y}^{(t)}}) + (1 - y_i) \cdot \ln(1 + e^{\hat{y}^{(t)}})$ 尽可能小。为了极小化目标函数，可以求其导数，并令

$$\frac{\partial Obj^{(t)}}{\partial w_t} = G_t + (H_t + \lambda) w_t = 0$$

进一步可求叶子节点的计算公式：

$$\omega_j = -\frac{G_j}{H_j + \lambda}$$

因此，构建 XGBoost 算法的第 $k$ 棵树需要对所有样本分别计算在第 $t-1$ 棵树中的 4 个变量，包括：第 $t-1$ 棵树的第 $i$ 个样本的预测值 $\hat{y}_i^{(t-1)}$、概率值 $y_{i, pred}^{(t-1)}$、损失函数的一阶导数 $g_i^{(t-1)}$ 和二阶导数 $h_i^{(t-1)}$。

**步骤 4**　第 0 棵树建模。

因为构建第一棵树时，需要根据前一棵树的预测值计算出残差，所以

需要先构建第 0 棵树。可以采用如下方案构建第 0 棵树：为了使得第一棵树拟合的残差是 100% 的标签值，令第 0 棵树的预测值为 0，即令第 0 棵树不发挥任何作用，则将 $\hat{y}_1^{(0)}$ 设置为 0。

以第一个样本 $x_1$ 为例，$y_{1,pred}^{(0)} = \dfrac{1}{1 + e^{(-\hat{y}_1^{(0)})}} = \dfrac{1}{1 + e^0} = 0.5$，$g_1^{(0)} = y_{1,pred}^{(0)} - y_1 = 0.5 - 0 = 0.5$，$h_1^{(0)} = y_{1,pred}^{(0)} \cdot (1 - y_{1,pred}^{(0)}) = 0.5 \cdot (1 - 0.5) = 0.25$。将其他样本都经过上述初始化计算，结果如表 15-2 所示。

表 15-2 各个样本的计算结果

| $i$ | $\hat{y}_i^{(0)}$ | $y_{i,pred}^{(0)}$ | $g_i^{(0)}$ | $h_i^{(0)}$ |
| --- | --- | --- | --- | --- |
| 1 | 0 | 0.5 | 0.5 | 0.25 |
| 2 | 0 | 0.5 | 0.5 | 0.25 |
| 3 | 0 | 0.5 | −0.5 | 0.25 |
| 4 | 0 | 0.5 | −0.5 | 0.25 |
| 5 | 0 | 0.5 | −0.5 | 0.25 |
| 6 | 0 | 0.5 | −0.5 | 0.25 |
| 7 | 0 | 0.5 | −0.5 | 0.25 |
| 8 | 0 | 0.5 | 0.5 | 0.25 |
| 9 | 0 | 0.5 | 0.5 | 0.25 |
| 10 | 0 | 0.5 | −0.5 | 0.25 |
| 11 | 0 | 0.5 | −0.5 | 0.25 |
| 12 | 0 | 0.5 | −0.5 | 0.25 |
| 13 | 0 | 0.5 | 0.5 | 0.25 |
| 14 | 0 | 0.5 | 0.5 | 0.25 |
| 15 | 0 | 0.5 | −0.5 | 0.25 |

**步骤 5** 第一棵树建模。

对第一棵树建模分为三步：步骤 5.1 第一层分支，步骤 5.2 第二层分支，步骤 5.3 求各叶子节点的预测值。

**步骤 5.1** 对第一棵树第一层分支。

准备将所有样本分支到第一棵树第一层的左支和右支，为了找到最好的分支方法，首先遍历所有可能的分支方案，每一种分支方案都能计算出一个 *Gain* 值。

　　将所有的分支情况对应的 Gain 进行排序，Gain 最大时的分支即为最佳分支。见表 15-3。

**表 15-3　第一轮特征 $P_1$ 的分支情况**

| 分支方案编号 | 分支依据属性 | 分支条件（遍历 $p_i$ 所有值） | $x_1$ 隶属 | $x_2$ 隶属 | $x_3$ 隶属 | $x_4$ 隶属 | $x_5$ 隶属 | $x_6$ 隶属 | $x_7$ 隶属 | $x_8$ 隶属 | $x_9$ 隶属 | $x_{10}$ 隶属 | $x_{11}$ 隶属 | $x_{12}$ 隶属 | $x_{13}$ 隶属 | $x_{14}$ 隶属 | $x_{15}$ 隶属 |
|---|---|---|---|---|---|---|---|---|---|---|---|---|---|---|---|---|---|
| 1 | $p_{i1}$ | <1 为 L | R | R | R | R | R | R | R | R | R | R | R | R | R | R | R |
| 2 | $p_{i1}$ | <2 为 L | L | R | R | L | R | R | R | R | R | R | R | R | R | R | R |
| 3 | $p_{i1}$ | <3 为 L | L | L | R | L | L | R | R | R | R | R | R | R | R | R | R |
| 4 | $p_{i1}$ | <6 为 L | L | L | L | L | L | R | R | R | R | R | R | R | R | R | R |
| 5 | $p_{i1}$ | <7 为 L | L | L | L | L | L | L | R | L | R | L | R | R | R | R | R |
| 6 | $p_{i1}$ | <8 为 L | L | L | L | L | L | L | L | L | L | L | R | R | R | R | R |
| 7 | $p_{i1}$ | <9 为 L | L | L | L | L | L | L | L | L | L | L | L | R | R | R | R |
| 8 | $p_{i1}$ | <10 为 L | L | L | L | L | L | L | L | L | L | L | L | L | L | R | R |
| 9 | $p_{i2}$ | <-5 为 L | R | R | R | R | R | R | R | R | R | R | R | R | R | R | R |
| 10 | $p_{i2}$ | <-2 为 L | L | R | R | R | R | L | R | R | R | R | L | R | R | R | R |
| 11 | $p_{i2}$ | <0 为 L | L | R | L | R | L | R | R | R | R | R | L | R | L | R | R |
| 12 | $p_{i2}$ | <2 为 L | L | R | L | L | R | L | R | R | R | L | L | R | L | R | L |
| 13 | $p_{i2}$ | <5 为 L | L | R | L | L | L | L | R | L | L | L | L | R | L | L | L |

　　表 15-3 各列的含义是：对于所有样本 $x_i$，特征 $p_{i1}$ 出现过的所有取值的集合为 {1, 2, 3, 6, 7, 8, 9, 10}，准备将所有的样本分支为 2 个集合，可以按照 $p_1$ 的不同取值来分支。例如，表 15-3 中分支方案编号为 1 的行，将 $p_{i1}$ < 1 的样本分支到左集（分支条件为<1 分支到左集），将 $p_{i1}$ ⩾ 1 的样本分支到右集，则左子节点包含的样本集合 $I_L = \{\varnothing\}$，右子节点包含的样本集合 $I_R = \{1, 2, 3, 4, 5, 6, 7, 8, 9, 10, 11, 12, 13, 14, 15\}$。进而计算：

$$G_L = \sum_i g_i^{(0)} = 0$$

$$H_L = \sum_i h_i^{(0)} = 0$$

$$G_R = \sum_i g_i^{(0)} = (0.5 + 0.5 + \cdots - 0.5) = -1.5, \ i \in I_R$$

$$H_R = \sum_i h_i^{(0)} = (0.25 + 0.25 \cdots - 0.25) = 3.75, \ i \in I_R$$

$$Gain = \frac{1}{2}\left[\frac{G_L^2}{H_L^2 + \lambda} + \frac{G_R^2}{H_R^2 + \lambda} - \frac{(G_L + G_R)^2}{(H_L + H_R)^2 + \lambda}\right] - \gamma = 0$$

除了上述分支条件（$p_{i1} < 1$），更多分支结果如表 15-4 所示，其中，$L$ 表示左子树，$R$ 表示右子树。

表 15-4 第一轮特征 $P_{i1}$ 的分支结果（保留到小数点后两位）

| 分支点取值 | 2 | 3 | 6 | 7 | 8 | 9 | 10 |
|---|---|---|---|---|---|---|---|
| $G_L$ | 0 | 0 | -0.50 | -1 | -1 | -1 | -2 |
| $H_L$ | 0.50 | 1 | 1.25 | 2 | 2.50 | 3 | 3.50 |
| $G_R$ | -1.50 | -1.50 | -1 | -0.50 | -0.50 | -0.50 | 0.50 |
| $H_R$ | 3.25 | 2.75 | 2.5 | 1.75 | 1.25 | 0.75 | 0.25 |
| $Gain$ | 0.05 | 0.11 | 0.09 | 0.11 | 0.09 | 0.11 | 0.39 |

其中，当分支点的取值为 10 时，对应的 $Gain$ 最大。

同理，根据 $x_2$ 出现的不同值，对全体训练样本 $x_i$ 进行分支，对每种分支分别计算 $Gain$，结果如表 15-5 所示。

表 15-5 第一轮特征 $P_{i2}$ 的分支结果（保留到小数点后两位）

| 分支点取值 | -2 | 0 | 2 | 5 |
|---|---|---|---|---|
| $G_L$ | 0 | -0.50 | 0 | -1.50 |
| $H_L$ | 0 | 0.75 | 1.50 | 2.25 |
| $G_R$ | -1.50 | -1 | -1.50 | 0 |
| $H_R$ | 3.75 | 3 | 2.25 | 1.50 |
| $Gain$ | 0 | 0.11 | 0.22 | 0.21 |

其中，当分支点的取值为 2 时，对应的 $Gain$ 最大。

于是，得到两个特征值对应的最大增益，如表 15-6 所示。

表 15-6 第一轮依据不同特征分支的最大增益（保留到小数点后两位）

| 特征 | 最大增益对应的分支值 | 最大增益 |
|---|---|---|
| $p_{i1}$ | 10 | 0.39 |
| $p_{i2}$ | 2 | 0.22 |

由于 $0.22 < 0.39$，即以 $p_{i1} < 10$ 作为分支得到的增益 $Gain$ 比以 $P_{i2} < 2$ 作为分支得到的增益 $Gain$ 更大，因此我们以 $x_1 < 10$ 作为分支条件进行分支。

**步骤 5.2** 对第一棵树第二层进行分支。

特征 $P_{i1}$ 的取值范围是 $\{1, 2, 3, 6, 7, 8, 9\}$，以 1 为分支 $(P_{i1} < 1)$ 时，左子节点包含的样本 $I_L = \varnothing$，右子节点包含的样本 $I_R = \{1, 2, 3, 4, 5, 6, 7, 8, 9, 10, 11, 12, 13, 14, 15\}$，于是我们得到 $G_L = 0$ 和 $H_L = 0$，$G_R = \sum_i g_i^{(0)} = (0.5 + 0.5 + \cdots - 0.5) = -1.5$，$H_R = \sum_i h_i^{(0)} = (0.25 + 0.25 + \cdots - 0.25) = 3.75$，$Gain = \dfrac{1}{2} \left| \dfrac{G_L^2}{H_L^2 + \lambda} + \dfrac{G_R^2}{H_R^2 + \lambda} - \dfrac{(G_L + G_R)^2}{(H_L + H_R)^2 + \lambda} \right| - \gamma = 0$，其中 $i \in I_R$。

以特征 $P_{i1}$ 取值范围中的其他值 $\{2, 3, 6, 7, 8, 9\}$ 作为分支条件，分别计算 $Gain$，结果如表 15-7 所示。

表 15-7　第二轮特征 $P_{i1}$ 的分支结果（保留到小数点后两位）

| 分支点取值 | 2 | 3 | 6 | 7 | 8 | 9 |
|---|---|---|---|---|---|---|
| $G_L$ | 0 | 0 | −0.50 | −1 | −1 | −1 |
| $H_L$ | 0.50 | 1 | 1.25 | 2 | 2.50 | 3 |
| $G_R$ | −2 | −2 | −1.50 | −1 | −1 | −1 |
| $H_R$ | 3 | 2.5 | 2.25 | 1.50 | 1 | 0.50 |
| $Gain$ | 0.10 | 0.25 | 0.17 | 0.21 | 0.34 | 0.60 |

其中，以 $P_{i1} < 9$ 作为分支条件时，计算得出的 $Gain$ 最大。

同理，对于特征 $P_{i2}$，根据不同值进行分支并计算，结果如表 15-8 所示。

表 15-8　第二轮特征 $P_{i2}$ 的分支结果（保留到小数点后两位）

| 分支点取值 | −2 | 0 | 2 | 5 |
|---|---|---|---|---|
| $G_L$ | 0 | −0.50 | −0.50 | −2 |
| $H_L$ | 0 | 0.75 | 1.25 | 2 |
| $G_R$ | −2 | −1.50 | −1.50 | 0 |
| $H_R$ | 3.5 | 2.75 | 2.25 | 1.50 |
| $Gain$ | 0 | 0.12 | 0.17 | 0.50 |

以 $p_{i1} < 5$ 作为分支条件时，计算得出的 $Gain$ 最大。

由于 $0.50 < 0.60$，即以 $p_{i1} < 9$ 作为分支得到的增益 $Gain$ 比以 $p_{i2} < 5$ 作为分支得到的增益 $Gain$ 更小，所以在根节点处，我们以 $p_{i1} < 9$ 进行

分支。

此时，我们有左子节点的样本集合 $I_L = \{1, 3, 5, 6, 8, 10, 11, 15\}$，右子节点的样本集合 $I_R = \{2, 4, 7, 9, 12, 14\}$。对于 $I_L$ 和 $I_R$，我们继续寻找最佳分支点分支，直至到达设置的最大深度。

**步骤 5.3** 求所有叶子节点的预测值。

根据前面所述的叶子节点计算公式：$\omega_j = -\dfrac{G_j}{H_j + \lambda}$，其中，$j$ 为 $\omega$ 的编号。在完成上述分支操作后，可以得到叶子节点的预测值。见表 15-9。

表 15-9　叶子节点的预测值

| $x_i$ | $j$ | $\omega_j = -\dfrac{G_R}{H_R + \lambda}$ |
| :---: | :---: | :---: |
| $x_1$，$x_3$，$x_5$，$x_6$，$x_8$，$x_{10}$，$x_{11}$ | 1 | 0.25 |
| $x_2$，$x_4$，$x_7$，$x_9$，$x_{14}$ | 2 | 0.666 7 |
| $x_{15}$ | 3 | -0.4 |
| $x_{13}$ | 4 | -0.4 |
| $x_{12}$ | 5 | 0.4 |

例如，经过第一次分支后，可以得到右子节点的样本集合 $I_R = \{13\}$，左子节点的样本集合 $I_L = \{1, 2, 3, 4, 5, 6, 7, 8, 9, 10, 11, 12, 14, 15\}$。其中，右子节点仅含一个样本，已经是叶子节点。依据公式可以计算出右子节点的预测值 $\omega_1 = -\dfrac{G_R}{H_R + \lambda} = -\dfrac{g_{13}^{(0)}}{h_{13}^{(0)} + 1} = -\dfrac{0.5}{1 + 0.25} = -0.4$。见图 15-5。

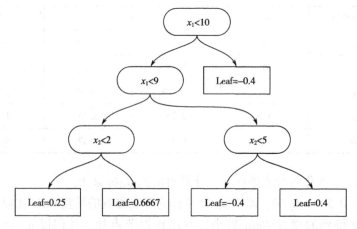

图 15-5　第一棵树的结构示意图

求得所有叶子节点的值后，可以得到最终的预测值。

**步骤 6** 对第二棵树进行建模。

**步骤 6.1** 求第 0 棵+第一棵树的预测值。

求所有样本 $x_i$ 在第一棵树中的预测值，未来用于第二棵树的分支计算，根据子分类器的计算公式：

$$\hat{y}_i^{(k)} = \hat{y}_i^{(k-1)} + f_k(x_i), \ i \in \{1, 2, \cdots, N\}, \ k \in \{1, 2, \cdots, K\}$$

对第一棵树计算预测值：

$$\hat{y}_i^{(1)} = \hat{y}_i^{(0)} + f_1(x_i)$$

根据上述结果 $\hat{y}_i^{(0)} = 0$，进而可得 $\hat{y}_i^{(1)} = 0 + \omega_{q(t, x_i)}$。其中 $\omega_{q(t, x_i)}$ 为第 $i$ 个样本在第 $k$ 棵树中所在的叶子节点的预测值，例如，样本 $x_{13}$ 落在第一棵树根节点的右子树的叶子节点上，因此其 $\omega_{q(1, x_i)} = \omega_1 = -0.4$。

进而可以得到第一棵树（$t = 1$）中每个样本对应的预测值的概率 $y_{i, pred}^{(1)}$。例如，$x_{13}$ 落在 $j = 4$ 的节点，该节点的预测值为 $\omega_1 = -0.4$，则 $\hat{y}_{13}^{(1)} = \hat{y}_{13}^{(0)} + f_1(x_{13}) = 0 + \omega_1 = 0 + (-0.4) = -0.4$，$y_{13, pred}^{(1)} = \dfrac{1}{1 + e^{(-\hat{y}_{13}^{(1)})}} = \dfrac{1}{1 + e^{(0.4)}} = 0.401\,3$。根据第一棵树的分支结果与叶子节点预测值（如表 15-10 所示），查得 $x_{13}$ 将被分到第一棵树的第 4 个叶子节点上，所以 $x_{13}$ 的预测值应当是 $\omega_4 = -\dfrac{G_R}{H_R + \lambda} = 0.19$。

对其余样本经过如上计算得到第一棵树中所有样本的预测结果的概率值 $y_{i, pred}^{(1)}$（保留到小数点后四位），如表 15-10 所示。

表 15-10 第一棵树的预测结果的概率

| $i$ | $x_1$ | $x_2$ | $y_i$ | $P_{i1}(x_i)$ | $y_{i, pred}^{(1)}$ |
|---|---|---|---|---|---|
| 1 | 1 | -5 | 0 | 0.25 | 0.562 2 |
| 2 | 2 | 5 | 0 | 0.666 7 | 0.660 8 |
| 3 | 3 | -2 | 1 | 0.25 | 0.562 2 |
| 4 | 1 | 2 | 1 | 0.666 7 | 0.660 8 |
| 5 | 2 | 0 | 1 | 0.25 | 0.562 2 |
| 6 | 6 | -5 | 1 | 0.25 | 0.562 2 |
| 7 | 7 | 5 | 1 | 0.666 7 | 0.660 8 |
| 8 | 6 | -2 | 0 | 0.25 | 0.562 2 |
| 9 | 7 | 2 | 0 | 0.666 7 | 0.660 8 |

| $i$ | $x_1$ | $x_2$ | $y_i$ | $P_{i1}(x_i)$ | $y_{i,\,pred}^{(1)}$ |
|------|------|------|------|------|------|
| 10 | 6 | 0 | 1 | 0.25 | 0.562 2 |
| 11 | 8 | −5 | 1 | 0.25 | 0.562 2 |
| 12 | 9 | 5 | 1 | 0.4 | 0.598 7 |
| 13 | 10 | −2 | 0 | −0.4 | 0.401 3 |
| 14 | 8 | 2 | 0 | 0.666 7 | 0.660 8 |
| 15 | 9 | 0 | 1 | −0.4 | 0.401 3 |

以此计算得到第一棵树（$t=1$）中每个样本的损失函数 $L(y_i,\ \hat{y}_i^{(t)})$ 的一阶导数 $g_i^1$ 和二阶导数 $h_i^1$，如表 15–11 所示。

表 15–11　第一棵树中预测结果对应样本的导数

| ID | $g_i^1$ | $h_i^1$ |
|------|------|------|
| 1 | 0.562 177 | 0.246 134 |
| 2 | 0.660 764 | 0.224 155 |
| 3 | −0.437 82 | 0.246 134 |
| 4 | −0.339 24 | 0.224 155 |
| 5 | −0.437 82 | 0.246 134 |
| 6 | −0.437 82 | 0.246 134 |
| 7 | −0.339 24 | 0.224 155 |
| 8 | 0.562 177 | 0.246 134 |
| 9 | 0.660 764 | 0.224 155 |
| 10 | −0.437 82 | 0.246 134 |
| 11 | −0.437 82 | 0.246 134 |
| 12 | −0.401 31 | 0.240 261 |
| 13 | 0.401 312 | 0.240 261 |
| 14 | 0.660 764 | 0.224 155 |
| 15 | −0.598 69 | 0.240 261 |

**步骤 6.2**　对第二棵树建模。

我们以第一棵树的预测值计算出的导数值 $g_i^1$ 和 $h_i^1$ 作为第二棵树的输入，重复第一棵树的步骤，最后得到第二棵树的结构如图 15–6 所示。

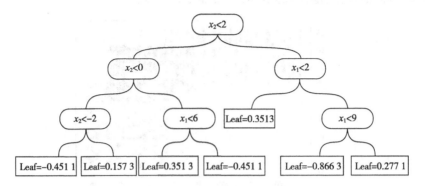

图 15-6  第二棵树的结构示意图

### 15.4.3  实现步骤

**步骤 1**  输入数据。见 In〔1〕。

In〔1〕:
```
import pandas as pd
myData = pd.read_csv('Chapter15Xgboost.csv',usecols = ['YingYu','ShuXue','Class'])
myData
```

Out〔1〕:

| | yingyu | shuxue | class |
|---|---|---|---|
| 0 | 90 | 79 | 3 |
| 1 | 77 | 80 | 3 |
| 2 | 86 | 80 | 3 |
| 3 | 78 | 83 | 2 |
| 4 | 86 | 68 | 1 |
| ... | ... | ... | ... |
| 595 | 70 | 93 | 2 |
| 596 | 83 | 78 | 1 |
| 597 | 82 | 77 | 1 |
| 598 | 80 | 78 | 3 |
| 599 | 85 | 64 | 1 |

600 rows × 3 columns

**步骤 2**  引入 matplotlib 包，并将输入的数据可视化。见 In〔2〕。

In〔2〕:
```
import matplotlib.pyplot as plt
%matplotlib inline
markers = ["o","^","D"]
colors = ['g','r','b']
for i,marker in enumerate(markers):
    plt.scatter(myData[myData['Class']==i+1]['YingYu'],myData[myData['Class']==
i+1]['ShuXue'],color=colors[i],marker=marker)
```

Out[2]: <matplotlib.collections.PathCollection at 0x1137065d0>

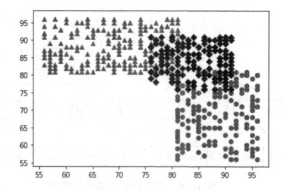

**步骤 3** 将数据划分为训练集和测试集。见 In [3]。

In [3]:
```
from sklearn.model_selection import train_test_split
#划分训练集和测试集,其中random_state为随机数种子
trainSet_x, testSet_x, trainSet_y, testSet_y=train_test_split(myData.iloc[:,0:2],
myData.iloc[:,2], test_size=0.2, random_state=220)
trainSet_x.shape
```

Out[3]: (480, 2)

**步骤 4** 建立模型:初始化 XGBoost 分类器,并设置模型训练参数。见 In [4]。

In [4]:
```
%pip install xgboost
import xgboost as xgb
from xgboost.sklearn import XGBClassifier

xgboost_model = XGBClassifier(learning_rate = 0.1,
                    n_estimators = 50,     # 树的个数--50棵树建立xgboost
                    max_depth = 5,     # 树的深度
                    min_child_weight = 1,    # 叶子节点最小权重
                    gamma = 0.,    # 节点分裂所需的最小损失函数下降值
                    subsample = 0.8,    # 随机选择80%样本建立决策树
                    objective = 'multi:softmax',    # 指定损失函数
                    scale_pos_weight = 1,    # 解决样本个数不平衡的问题
                    random_state = 42    # 随机数
                    )
```

```
Looking in indexes: https://pypi.tuna.tsinghua.edu.cn/simple
Requirement already satisfied: xgboost in /Users/bill/.local/lib/python3.7/site-pa
ckages (1.0.2)
Requirement already satisfied: scipy in /Users/bill/.local/lib/python3.7/site-pack
ages (from xgboost) (1.4.1)
Requirement already satisfied: numpy in /Users/bill/anaconda3/lib/python3.7/site-p
ackages (from xgboost) (1.17.2)
Note: you may need to restart the kernel to use updated packages.
```

**步骤 5** 模型训练:①输入训练集和测试集,设置损失函数为负对数似然函数以及相关参数;②输出训练过程每一轮损失函数的具体数值,经过

10 轮训练后若未显著提升，则停止训练；③输出训练后基准模型全部参数。
见 In［5］。

In [5]:
```
xgboost_model.fit(trainSet_x,
        trainSet_y,
        eval_set = [(testSet_x, testSet_y)],    #评估集
        eval_metric = "mlogloss",     #损失函数 负对数似然函数（多分类）
        early_stopping_rounds = 10,    #若10轮内没有提升，则终止
        verbose = True)
```

```
[0]     validation_0-mlogloss:0.98778
Will train until validation_0-mlogloss hasn't improved in 10 rounds.
[1]     validation_0-mlogloss:0.89532
[2]     validation_0-mlogloss:0.81699
[3]     validation_0-mlogloss:0.74907
[4]     validation_0-mlogloss:0.68931
[5]     validation_0-mlogloss:0.63722
[6]     validation_0-mlogloss:0.59263
[7]     validation_0-mlogloss:0.55402
[8]     validation_0-mlogloss:0.51843
[9]     validation_0-mlogloss:0.48695
[10]    validation_0-mlogloss:0.45872
[11]    validation_0-mlogloss:0.43297
[12]    validation_0-mlogloss:0.41025
[13]    validation_0-mlogloss:0.38869
[14]    validation_0-mlogloss:0.36986
[15]    validation_0-mlogloss:0.35264
[16]    validation_0-mlogloss:0.33764
[17]    validation_0-mlogloss:0.32384
[18]    validation_0-mlogloss:0.31125
[19]    validation_0-mlogloss:0.29981
[20]    validation_0-mlogloss:0.29002
[21]    validation_0-mlogloss:0.28102
[22]    validation_0-mlogloss:0.27231
[23]    validation_0-mlogloss:0.26491
[24]    validation_0-mlogloss:0.25767
[25]    validation_0-mlogloss:0.25075
[26]    validation_0-mlogloss:0.24479
[27]    validation_0-mlogloss:0.24030
[28]    validation_0-mlogloss:0.23563
[29]    validation_0-mlogloss:0.23111
[30]    validation_0-mlogloss:0.22672
[31]    validation_0-mlogloss:0.22335
[32]    validation_0-mlogloss:0.21906
[33]    validation_0-mlogloss:0.21657
[34]    validation_0-mlogloss:0.21300
[35]    validation_0-mlogloss:0.21036
[36]    validation_0-mlogloss:0.20778
[37]    validation_0-mlogloss:0.20632
[38]    validation_0-mlogloss:0.20375
[39]    validation_0-mlogloss:0.20254
[40]    validation_0-mlogloss:0.20089
[41]    validation_0-mlogloss:0.20011
[42]    validation_0-mlogloss:0.19932
[43]    validation_0-mlogloss:0.19806
[44]    validation_0-mlogloss:0.19731
[45]    validation_0-mlogloss:0.19655
[46]    validation_0-mlogloss:0.19623
[47]    validation_0-mlogloss:0.19545
[48]    validation_0-mlogloss:0.19504
[49]    validation_0-mlogloss:0.19412
```

```
Out[5]: XGBClassifier(base_score=0.5, booster=None, colsample_bylevel=1,
                       colsample_bynode=1, colsample_bytree=1, gamma=0.0, gpu_id=-1,
                       importance_type='gain', interaction_constraints=None,
                       learning_rate=0.1, max_delta_step=0, max_depth=5,
                       min_child_weight=1, missing=nan, monotone_constraints=None,
                       n_estimators=50, n_jobs=0, num_parallel_tree=1,
                       objective='multi:softprob', random_state=42, reg_alpha=0,
                       reg_lambda=1, scale_pos_weight=1, subsample=0.8, tree_method=None,
                       validate_parameters=False, verbosity=None)
```

**步骤 6** 性能度量，输出准确率。见 In［6］。

```
In [6]:  from sklearn import metrics
         y_pred = xgboost_model.predict(testSet_x)      # 预测模型
         accuracy = metrics.accuracy_score(testSet_y, y_pred)      # 模型评估
         print("accuarcy: %.2f%%" % (accuracy*100.0))
```

accuarcy: 88.33%

**步骤 7** 使用 graphviz 绘图工具绘制树的结构图。见 In［7］。

```
In [7]:  %pip install graphviz
         cNodeParams= {
             "shape":"box",
             "style":"filled, rounded",
             "fillcolor":"#78bceb"
         }
         lNodeParams = {
             "shape":"box",
             "style":"filled",
             "fillcolor":"#e48038"
         }
         graphParams = {
             "graph_attr":{}
         }
         xgb.to_graphviz(xgboost_model, num_trees=3, condition_node_params=cNodeParams,
         leaf_node_params=lNodeParams)
```

Looking in indexes: https://pypi.tuna.tsinghua.edu.cn/simple
Requirement already satisfied: graphviz in /Users/bill/.local/lib/python3.7/site-p
ackages (0.13.2)
Note: you may need to restart the kernel to use updated packages.

Out[7]:

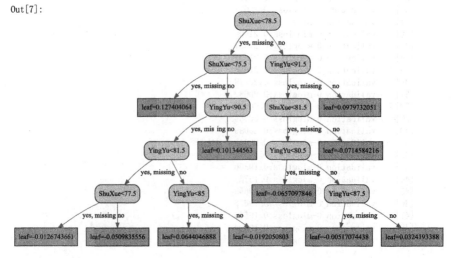

步骤8　结果展示。①绘制学生成绩散点图，横轴为英语成绩，纵轴为数学成绩；②坐标点的颜色分为浅色和深色。其中，训练集样本的 3 个类别分别用浅色的圆形、菱形、三角形表示，测试集样本的 3 个类别分别用深色的圆、菱形、三角形表示；③散点图被分为深灰、灰、浅灰 3 个区域，分别代表 3 个类别的预测值分布，与训练集样本点相对应；④可以看出，在本例中部分深色的三角形测试集样本点显示分布于灰色区域，说明对于仅数学成绩好或英语成绩好的学生分类较为明确。见 In［8］。

```
In [8]:   import numpy as np
          import matplotlib as mpl
          x1_min, x1_max = trainSet_x.iloc[:, 0].min(), trainSet_x.iloc[:, 0].max()  # yingyu
          的最低分和最高分
          x2_min, x2_max = trainSet_x.iloc[:, 1].min(), trainSet_x.iloc[:, 1].max()  # shuxue
          的最低分和最高分
          x1, x2 = np.mgrid[x1_min:x1_max:80j, x2_min:x2_max:80j]   # 生成网格采样点(根据x1与
          x2的范围即56~96) 200j表示精度，越大越准确。步长为复数表示点数（取200个），左闭右闭；
          步长为实数表示间隔，左闭右开
          grid_test = np.stack((x1.flat, x2.flat), axis=1)    # 测试点  # flat是将数组转换为一
          维迭代器，按照第一维将x1, x2进行拼合。stack函数用于堆叠数组，取出第二维（axis=1纵轴，
          若=0, 第一维）进行打包
          grid_hat=xgboost_model.predict(pd.DataFrame(grid_test,columns=['YingYu','ShuXue']))
          # 预测分类值
          grid_hat = grid_hat.reshape(x1.shape)      # 使之与输入的x1形状相同，转换为200·200,
          转换前为40000·1

          color = ['g', 'r', 'b']
          color_dark= ['darkgreen', 'darkred', 'darkblue']
          markers = ["o","D","^"]
          plt.pcolormesh(x1, x2, grid_hat)      # 画分类图，绘制背景
          trainSet_x_arr = np.array(trainSet_x)
          testSet_x_arr  = np.array(testSet_x)
          for i,marker in enumerate(markers):
              plt.scatter(trainSet_x_arr[trainSet_y==i+1][:,0], trainSet_x_arr[trainSet_y==
          i+1][:,1], c=color[i], edgecolors='black', s=20,marker=marker)   # 画样本点, c表示点
          的颜色, edgecolors是指描绘点的边缘色彩——黑色, s指描绘点的大小, marker指点的形状
              plt.scatter(testSet_x_arr[testSet_y==i+1][:,0], testSet_x_arr[testSet_y==i+1]
          [:,1], c=color_dark[i], edgecolors='black', s=40,marker=marker)    # 圈中测试集样本

          plt.xlabel('English', fontsize=13)
          plt.ylabel('Math', fontsize=13)
          plt.xlim(x1_min, x1_max)
          plt.ylim(x2_min, x2_max)
          plt.title('Student\'s Grade', fontsize=15)
          plt.show()
```

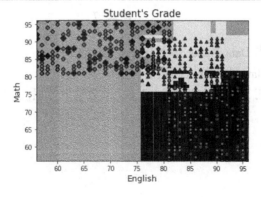

## 15.5　本章总结

　　本章实现的工作是：首先 pandas 库读取含有英语成绩、数学成绩以及学生所属类型的样本数据。然后将样本数据划分为训练集和测试集，接着采用 XGBoost 算法，对训练集数据进行拟合，最后使用 Matplotlib 库实现数据的可视化，绘制散点图。

　　本章掌握的技能是：①使用 NumPy 包读取连续的样本数据；②使用 XGBoost 库的 XGBoost 函数进行回归计算和预测计算；③使用 Matplotlib 库实现数据的可视化，绘制树状图。

## 15.6　本章作业

　　➢ 实现本章的案例，即生成样本数据，实现 XGBoost 模型的建模、参数调整、预测和数据可视化。

　　➢ 利用 Iris（鸢尾花）原始数据集，分别运用 AdaBoost，GBDT，XGBoost 方法对该数据集进行分类，并比较结果的准确率和所用时间。

　　数据集下载和使用方法如下。

　　（1）数据集可以从 UCI 数据集上直接下载，访问链接 http://archive. ics. uci. edu/ml/datasets/Iris 进入数据集网页。见图 15-7。

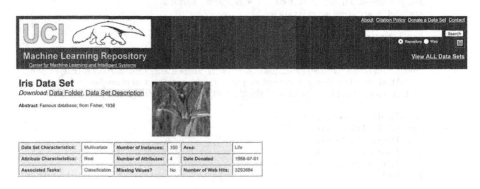

图 15-7

　　（2）单击 Data Folder 中下载 iris. data 文件。

　　（3）将 data 文件导入项目所在文件夹。

　　（4）采用 pandas 包里的 read_csv 函数读取数据。

In [1]:
```
import pandas as pd
data=pd.read_csv('iris.data')
data.head()
```

Out[1]:

|   | 5.1 | 3.5 | 1.4 | 0.2 | Iris-setosa |
|---|-----|-----|-----|-----|-------------|
| 0 | 4.9 | 3.0 | 1.4 | 0.2 | Iris-setosa |
| 1 | 4.7 | 3.2 | 1.3 | 0.2 | Iris-setosa |
| 2 | 4.6 | 3.1 | 1.5 | 0.2 | Iris-setosa |
| 3 | 5.0 | 3.6 | 1.4 | 0.2 | Iris-setosa |
| 4 | 5.4 | 3.9 | 1.7 | 0.4 | Iris-setosa |

# 第六部分
## 聚类算法

# 16 K-means 聚类算法

## 16.1 本章工作任务

采用 K-means 聚类算法编写程序，对 100 名学生的数学、语文成绩进行聚类。①算法的输入是：100 名学生的数学、语文成绩数据；②算法模型需要求解的是：各个聚类质心（即聚类的中心）；③算法的结果是：各个数据（每个学生）所属簇（一类数据对象的集合）。

## 16.2 本章技能目标

➢ 掌握 K-means 聚类算法原理
➢ 使用 Python 实现对 K-means 聚类算法建模与求解
➢ 依据 K-means 聚类算法模型计算样本数据所属簇
➢ 使用 Python 对聚类结果进行可视化展示

## 16.3 本章简介

**聚类是指**：将相似的对象归到同一簇中的过程。

**K-means 聚类是指**：一种迭代求解的聚类分析算法，算法的核心内容是找到 $K$ 个聚类中心，使得各样本点距离其聚类中心距离最近。

**K-means 算法可以解决的科学问题是**：拟将 $N$ 个样本点 $X_1$，$X_2$，$\cdots$，$X_N$ 聚为 $K$ 类，希望得到 $K$ 个聚类中心 $Y_k(k \in \{1, 2, \cdots, K)\}$，对于任意一个样本点 $X_n(n = 1, 2, \cdots, N)$，如果 $X_n$ 与 $Y_k$ 的距离最近，则 $Y_k$ 的类别即为 $X_n$ 的聚类结果。

**K-means 算法可以解决的实际应用问题是**：已知 100 名学生的语文和数学成绩，准备将这些学生聚为 3 类，聚类结束后，进一步根据第 $k$ 个类别中学生的成绩分析出第 $k$ 个类别的特征（例如，如果第 $k$ 个类别的学生，数学成绩均大于 90 分，语文成绩均小于 60 分，则可以将第 $k$ 个类别解释为理科生）。

**本章的重点是**：K-means 聚类过程的理解和使用。

## 16.4 理论讲解部分

### 16.4.1 任务描述

任务内容参见图 16-1。

|  | type | yuwen | shuxue |
|---|---|---|---|
| 0 | 1 | 89 | 61 |
| 1 | 1 | 90 | 55 |
| 2 | 2 | 77 | 84 |
| 3 | 3 | 73 | 81 |
| 4 | 3 | 56 | 80 |
| ... | ... | ... | ... |
| 95 | 3 | 59 | 82 |
| 96 | 1 | 80 | 69 |
| 97 | 2 | 80 | 75 |
| 98 | 3 | 56 | 87 |
| 99 | 2 | 83 | 84 |

a) 输入样本数据

```
matrix([[88.85 , 61.5  ],
        [71.025, 87.15 ],
        [84.975, 81.025]])
```

b) 建立模型

| | type | yuwen | shuxue | Kmeans-type |
|---|---|---|---|---|
| 0 | 1 | 89 | 61 | 3 |
| 1 | 1 | 90 | 55 | 3 |
| 2 | 2 | 77 | 84 | 2 |
| 3 | 3 | 73 | 81 | 2 |
| 4 | 3 | 56 | 80 | 1 |
| 5 | 3 | 75 | 90 | 2 |
| 6 | 1 | 92 | 66 | 3 |
| 7 | 1 | 91 | 59 | 3 |
| 8 | 3 | 73 | 89 | 1 |

c) 求解模型

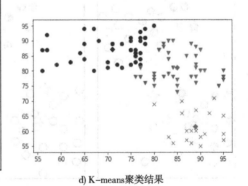

d) K-means聚类结果

**图 16-1 任务展示**

需要实现的功能描述如下。

（1）输入样本数据。输入 100 名学生的语文成绩、数学成绩和类型，如图 16-1a）所示。

（2）建立模型。得到质心坐标，如图 16-1b）所示。

（3）求解模型。将数据代入模型求解，得到每个样本的所属簇，如图 16-1c）所示。

（4）聚类结果可视化。根据求解出来的每个样本点的所属簇，将样本点分为3类，用不同形状表示，如图16-1d）所示。

## 16.4.2 一图精解

K-means聚类算法原理可以参考图16-2理解，该图展示了K-means算法执行过程中每一步的结果。

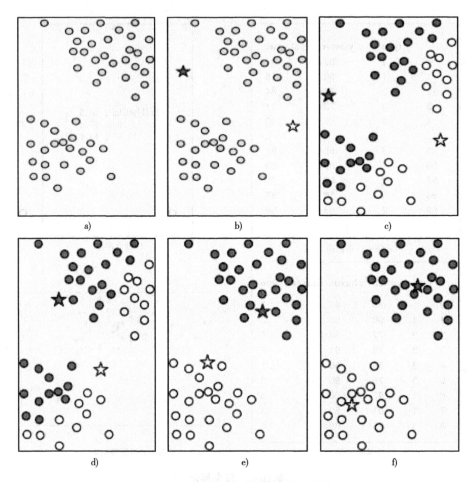

**图16-2 K-means聚类模型示意图**

理解K-means聚类算法的要点如下。

（1）算法的输入是：$N$个样本点。

（2）算法的模型是：$k$个质心的坐标。

（3）算法的输出是：对给定的样本点进行聚类处理从而得到对应类别。

（4）算法的核心思想是：不断迭代更新聚类中心（见图16-2中五角星），待聚类中心稳定后，找到每个点所属簇。算法总共分为3步。第一步：随机选取初始质心（$K$个聚类中心）。第二步：计算每个点到聚类中心的欧式距离，将每个点划分到距离该点最近的聚类中去。第三步：计算每个聚类中所有点的坐标平均值，并将这个均值作为新的聚类中心。然后重复第二步和第三步，直到聚类中心不再进行大范围移动或者聚类次数达到要求为止。

（5）算法的注意事项是：$K$ 值需事先给定。初始聚类中心的选择对聚类结果有较大影响。

### 16.4.3 实现步骤

**步骤 1** 导入外部包。引入 NumPy 包、random 和 os 库，其中 os 库是系统与文件操作模块，可以处理文件和目录。引入 matplotlib.pyplot 和 pandas 库，并分别命名为 plt 和 pd。见 In［1］。

```
In [1]:  from numpy import *
         import random
         import matplotlib.pyplot as plt
         import os
         import pandas as pd
```

**步骤 2** 定义计算欧式距离的函数。函数名为 calDistance，函数的功能是计算欧式距离。函数的参数是：①第一个点的坐标 vec1；②第二个点的坐标 vec2。函数的返回值是：两点之间的欧式距离。见 In［2］。

```
In [2]:  def calDistance(vec1,vec2):
             vec1 = array(vec1);      #转为数组
             vec2 = array(vec2);
             return sqrt(sum(pow(vec1-vec2,2)))   #pow:计算vec1-vec2的平方,sum:求和,sqrt:
         开平方根。
```

**步骤 3** 定义随机选取初始质心函数。函数名为 getInitCentroid。函数的功能是：随机初始化 $k$ 个质心（这些质心与样本点可以重合，也可以不重合）。函数的参数是：①训练样本 dataSet；②聚类的簇数 $k$。函数的返回值是：$k$ 个随机初始化的质心坐标。见 In［3］。

```
In [3]:  def getInitCentroid(dataSet,k):
             m,n = shape(dataSet);      #读取dataSet数据集的维数
             centroid = zeros((k,n));   #初始化k个质心
             for i in range(k):
                 index=random.uniform(0,len(dataSet));   #随机生成一个实数
                 centroid[i,:] = dataSet[int(index),:];
             return mat(centroid)   #转化为矩阵
```

**步骤 4** 定义 K-means 模型求解函数。函数名为 kmeans。函数的功能是：根据样本数据，计算出稳定的质心和聚类结果。函数的参数是：①数

据集 dataSet；②聚类的簇数 $k$ 。函数的返回值是：质心坐标和每个点所属的簇。见 In ［4］。

```
In [4]:  def kmeans(dataSet, k):
             m, n = shape(dataSet);
             clusterAssment = mat(zeros((m, 1)))   #初始化m行，1列的数组，用来存放该行所属的类别。
             centroid = getInitCentroid(dataSet, k)  #获得初始质心
             isEnd = True;
             while isEnd:
                 isEnd = False;
                 for i in range(len(dataSet)):   #对于每一个样本
                     minDistance = 100000;
                     minindex = -1;
                     for j in range(k):   #寻找离质心最近的点
                         distance = calDistance(dataSet[i, :], centroid[j, :])
                         if distance < minDistance:   #如果该点离当前质心的距离小于离上一个
质心的距离
                             minDistance = distance;
                             minindex = j   #则将这个点归在当前质心这一类。
                     if clusterAssment[i, 0] != minindex:   #若当前点分类有变化，更新分类
                         isEnd = True;   #保证不收敛的时候能再一次进入循环
                         clusterAssment[i, 0] = minindex

                 for n in range(k):   #更新每个质心
                     test1=clusterAssment[:, 0].A==n   #获得与质心类型相同类别的点
                     test2=nonzero(test1);
                     test3=test2[0];   #获得与质心类型相同簇元素的下标
                     test4=dataSet[test3]
                     centroid[n, :] = mean(test4, axis=0);   #相同类别的所有点，计算平均值即
为新的质心（虚拟的），axis=0为对列求平均值
             return centroid, clusterAssment
```

**步骤5** 预先定义聚类结果绘图函数，函数名为 showCluster。函数的功能是：画出聚类结果的图像。函数的参数是：①数据集 dataSet；②聚类的簇数 $k$ ；③质心坐标 centroids；④每个点所属簇 clusterAssment。见 In ［5］。

```
In [5]:  def showCluster(dataSet, k, centroids, clusterAssment):
             numSamples, dim = dataSet.shape
             if dim != 2:
                 print("Sorry! I can not draw because the dimension of your data is not 2!")
                 return 1

             #颜色
             mark = ['or', 'ob', 'og', 'ok', '^r', '+r', 'sr', 'dr', '<r', 'pr']
             if k > len(mark):
                 print("Sorry! Your k is too large! ")
                 return 1
             markers=['x','o','v','d','+','1','8','s','p','*']
             #画样本
             for i in range(numSamples):
                 markIndex = int(clusterAssment[i, 0])   # 每个样本所属族群
                 plt.plot(dataSet[i,0],dataSet[i,1],mark[markIndex],marker=markers[markIndex])
             mark = ['Dr', 'Db', 'Dg', 'Dk', '^b', '+b', 'sb', 'db', '<b', 'pb']

             #画质心
             for i in range(k):
                 plt.plot(centroids[i, 0], centroids[i, 1], mark[i], markersize=6)
             plt.show()
```

**步骤 6** 设置当前工作路径。其中，os.path.abspath( )用于将相对路径转化为绝对路径。os.chdir( )用于改变当前工作目录。os.getcwd( )用于获取当前工作目录（默认为当前文件所在文件夹，不同设备的路径可能不同）。见 In [6]。

```
In [6]:  thisFilePath=os.path.abspath('.')
         os.chdir(thisFilePath)
         os.getcwd()
```

```
Out[6]:  'C:\\Users\\dell\\python 4.18'
```

**步骤 7** 导入数据集。pd.read_csv 用于读取储存学生成绩的 CSV 文件。见 In [7]。

```
In [7]:  dataSet = pd.read_csv('python4.18.csv')
         dataSet.head()
```

Out[7]:

| | type | yuwen | shuxue |
|---|---|---|---|
| 0 | 1 | 89 | 61 |
| 1 | 1 | 90 | 55 |
| 2 | 2 | 77 | 84 |
| 3 | 3 | 73 | 81 |
| 4 | 3 | 56 | 80 |

**步骤 8** 从样本数据集中提取训练集。将 dataSet 中的语文和数学成绩用 mat 函数转化为矩阵格式并保存为 dataSet_matrix，方便后续操作。其中用 iloc 函数提取出第二列和第三列（Python 默认为前闭后开）。见 In [8]。

```
In [8]:  type(dataSet)
         dataSet_matrix = mat(dataSet.iloc[:,1:3])      #提取出第二列和第三列数据并转化为矩阵
         type(dataSet_matrix)
         dataSet_matrix[1:5]
```

```
Out[8]:  matrix([[90, 55],
                 [77, 84],
                 [73, 81],
                 [56, 80]], dtype=int64)
```

**步骤 9** 求解 K-means 模型，根据模型计算所有测试样本的聚类结果。得出质心坐标及每个点所属簇。判断出每个点所属簇 clusterAssment 的类型，结果应为矩阵。见 In [9]。

```
In [9]:  centroid, clusterAssment = kmeans(dataSet_matrix,3)    #k=3表示聚为三个簇
         type(clusterAssment)    #显示clusterAssment的数据类型
```

```
Out[9]:  numpy.matrixlib.defmatrix.matrix
```

**步骤 10**　显示样本数据的聚类结果和所有聚类质心。显示 clusterAssment 的前 5 行数据和 centroid 的数据。其中，clusterAssment 是每个点所属簇，centroid 是质心坐标。见 In［10］，In［11］。

```
In [10]:  clusterAssment[1:5]     #显示clusterAssment的前四行数据

Out[10]: matrix([[0.],
                 [1.],
                 [1.],
                 [1.]])
```

```
In [11]:  centroid   #显示centroid的数据

Out[11]: matrix([[88.85 , 61.5  ],
                 [71.025, 87.15 ],
                 [84.975, 81.025]])
```

**步骤 11**　将样本数据和聚类结果一同显示。输出带有聚类信息的 DataFrame 对象，将语文成绩、数学成绩和类别合成一个矩阵 dataSet_matrix_merge。之后用 column_stack 将这两个低维数据进行拼接组合，合成一个有语文和数学成绩以及聚类结果的矩阵。用 DataFrame 函数将得到的矩阵 dataSet_matrix_merge 加上列标题，创建 DataFrame 对象 dataSet_df_merge，并显示前 5 行。见 In［12］。

```
In [12]:  dataSet_matrix_merge = column_stack((dataSet_matrix,clusterAssment+1))  #拼接组合低
          维数据
          dataSet_df_merge = pd.DataFrame(dataSet_matrix_merge,columns=['yuwen','shuxue',
          'Kmeans-type'])    # 转换成数据框
          dataSet_df_merge.head(5)
```

Out[12]:

|   | yuwen | shuxue | Kmeans-type |
|---|-------|--------|-------------|
| 0 | 89.0 | 61.0 | 1.0 |
| 1 | 90.0 | 55.0 | 1.0 |
| 2 | 77.0 | 84.0 | 2.0 |
| 3 | 73.0 | 81.0 | 2.0 |
| 4 | 56.0 | 80.0 | 2.0 |

**步骤 12**　聚类结果可视化。画出显示聚类结果的二维图。使用在步骤 5 中预定义的 showCluster 函数，对聚类结果进行可视化处理。图中的横轴是语文成绩，纵轴是数学成绩，不同形状（圆、倒三角、叉）代表不同的簇，第 $k$ 个点表示第 $k$ 个学生的成绩，菱形表示第 $k$ 个质心。见 In［13］。

In [13]: 
```
showCluster(dataSet_matrix, 3, centroid, clusterAssment)
plt.show()
```

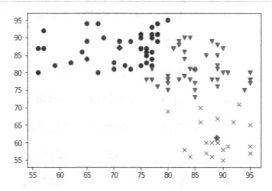

## 16.5  本章总结

本章实现的工作是：首先采用 Python 语言读取样本数据（学生的语文、数学成绩）。然后建立 K-means 聚类算法模型并求解模型（得到质心坐标），同时得到每个样本点所属的簇。在二维平面中绘制样本点，样本点的形状由上述聚类的结果决定，最后画出质心。

本章掌握的技能是：①掌握 Python 求解欧式距离的方法；②掌握求解 K-means 模型的方法；③使用 Matplotlib 库实现聚类结果的可视化。

## 16.6  本章作业

➢ 实现本章的案例，即读取样本数据，实现 K-means 聚类算法的建模、求解和将数据可视化。

➢ 运用 K-means 聚类算法，利用与地区经济发展相关的两个数据（如地区生产总值、货物净出口额），将不同的地区聚为 $k$ 类（很发达、较为发达、落后等）。见代码。

```
from numpy import *
import pandas as pd
province=['北京','天津','河北','山西','内蒙古','辽宁','吉林','黑龙江','上海','江苏','浙江']
Totalvolume=[412400678, 122536951, 53877947, 20774725, 15686554, 114428635,
            20674433, 26411203, 515641470, 664042866, 432476514]
GDP=[30319.98, 18809.64, 36010.27, 16818.11, 17289.22, 25315.35, 15074.62,
    16361.62, 32679.87, 92595.40, 56197.15]
data=pd.DataFrame({'province':province,'Totalvolume':Totalvolume,'GDP':GDP})
data
```

| | province | Totalvolume | GDP |
|---|---|---|---|
| 0 | 北京 | 412400678 | 30319.98 |
| 1 | 天津 | 122536951 | 18809.64 |
| 2 | 河北 | 53877947 | 36010.27 |
| 3 | 山西 | 20774725 | 16818.11 |
| 4 | 内蒙古 | 15686554 | 17289.22 |
| 5 | 辽宁 | 114428635 | 25315.35 |
| 6 | 吉林 | 20674433 | 15074.62 |
| 7 | 黑龙江 | 26411203 | 16361.62 |
| 8 | 上海 | 515641470 | 32679.87 |
| 9 | 江苏 | 664042866 | 92595.40 |
| 10 | 浙江 | 432476514 | 56197.15 |

# 17 DBSCAN 聚类算法

## 17.1 本章工作任务

采用 DBSCAN 聚类算法编写程序，依据 100 位学生的数学成绩、英语成绩对学生进行聚类。①算法的输入是：100 位学生的数学成绩、英语成绩；②DBSCAN 求解前需要配置的模型参数是：半径和最小样本数；③算法的结果是：学生聚类后的标签值、不同标签值的个数。

## 17.2 本章技能目标

> 掌握 DBSCAN 聚类算法原理
> 掌握 DBSCAN 算法启动前的配置方法
> 使用 DBSCAN 算法实现聚类
> 掌握 DBSCAN 聚类结果可视化的方法

## 17.3 本章简介

**DBSCAN 算法是指：** 一种基于数据空间密度的聚类算法，该算法将样本空间内具有足够密度的样本点聚成一类，聚类前不需要指定聚类数量，算法会基于数据密度分布特点推断出聚类数量。例如，如果样本点 $A$ 属于类别 C1，且在样本点 $A$ 周围半径为 epsilon 的空间中，其他样本点的数量 $M$ 大于算法运行前配置的最小样本点数量 minPoints，则认为 $M$ 个样本点与样本点 $A$ 都属于类别 C1。

**DBSCAN 算法可以解决的科学问题是：** 已知样本空间中的 $N$ 个样本点 $(x_1, y_1)$，$(x_2, y_2)$，…，$(x_N, y_N)$，希望将上述样本点中高密度聚集的那些样本点归为一类，此时采用 DBSCAN 聚类算法。

**DBSCAN 算法可以解决的实际应用问题是：** 已知体育课上自由活动的学生坐标，用 DBSCAN 算法对这些学生进行聚类，聚类后的同一类学生呈现出共同特征。已知一个班上所有学生的数学成绩、英语成绩，用 DBSCAN 算法对学生成绩聚类，得到理科生、文科生、综合生 3 种学生类别。

**本章的重点是：** DBSCAN 算法的理解和使用。

## 17.4 理论讲解部分

### 17.4.1 任务描述

任务内容参见如图 17-1。

|   | yingyu | shuxue | class |
|---|--------|--------|-------|
| 0 | 89 | 45 | 1 |
| 1 | 84 | 47 | 1 |
| 2 | 89 | 83 | 2 |
| 3 | 94 | 54 | 1 |
| 4 | 75 | 90 | 2 |
| ... | ... | ... | ... |
| 95 | 84 | 57 | 1 |
| 96 | 89 | 50 | 1 |
| 97 | 46 | 82 | 3 |
| 98 | 56 | 91 | 3 |
| 99 | 86 | 55 | 1 |

a) 样本数据

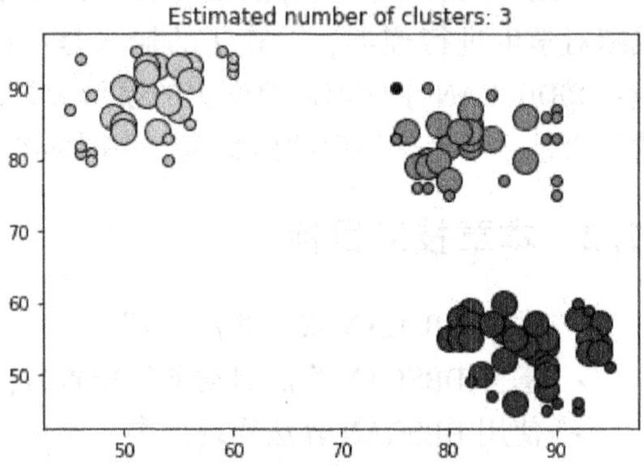

b) DBSCAN聚类结果可视化

|   | yingyu | shuxue | class | dbscan-clusterResult |
|---|--------|--------|-------|----------------------|
| 0 | 89 | 45 | 1 | 1 |
| 1 | 84 | 47 | 1 | 1 |
| 2 | 89 | 83 | 2 | 2 |
| 3 | 94 | 54 | 1 | 1 |
| 4 | 75 | 90 | 2 | 0 |
| ... | ... | ... | ... | ... |
| 95 | 84 | 57 | 1 | 1 |
| 96 | 89 | 50 | 1 | 1 |
| 97 | 46 | 82 | 3 | 3 |
| 98 | 56 | 91 | 3 | 3 |
| 99 | 86 | 55 | 1 | 1 |

c) DBSCAN聚类后的结果与正确结果对比

**图 17-1 任务展示**

需要实现的功能描述如下。

（1）导入样本数据。读取 100 位学生的数学成绩、英语成绩，并将样本数据可视化, 如图 17-1a) 所示。

(2) 建立 DBSCAN 模型, 对样本数据进行聚类, 并将聚类结果可视化, 如图 17-1b) 所示。

(3) 将 DBSCAN 算法聚类后的结果与正确类别进行对比, 显示对比结果, 如图 17-1c) 所示。

### 17.4.2 一图精解

DBSCAN 聚类算法的原理可以参考图 17-2 理解。

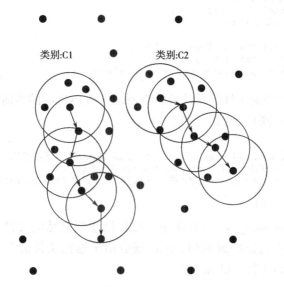

**图 17-2 DBSCAN 聚类算法示意图 ( 最小样本数 =4 )**

理解 DBSCAN 聚类算法的要点如下。

(1) 算法的输入是: $N$ 个样本点: $(x_1, y_1)$, $(x_2, y_2)$, $\cdots$, $(x_N, y_N)$。

(2) 模型运行需要配置的参数: epsilon (半径), minPoints (最小样本数)。

(3) 算法的输出是: 样本点的所属类别。

(4) 算法的核心思想是: 从某个选定的样本点 (类别为 C1) 出发, 以它为圆心, 半径为 epsilon 画圆, 判断圆内样本点数量, 如果圆里的样本数量 $M$ 大于 minPoints (最小样本数), 就将圆里的 $M$ 个样本点聚为一类 (这 $M$ 个样本点的类别为 C1)。进而分别以上述 $M$ 个样本点为圆心画圆, 继续判断样本圆内的数量, 将满足条件的样本点归入类别 C1。如果圆内的样本点数量小于 minPoints (最小样本数), 则 C1 类别的聚类终止。进而重新选定一个样本点 (类别为 C2) 重复上述聚类过程。

(5) 算法的注意事项是: ①聚类前不需要指定聚类数量, 只需要指定两个参数: 半径和最小样本数。②最终的聚类结果不确定, 会随指定参数变化。③如果样本集的密度不均匀、聚类间距差别很大时，聚类质量较差。

### 17.4.3 实现步骤

**步骤1** 引入外部包。引入 numpy 包、matplotlib. pyplot 包、pandas 包，将它们分别命名为 np, plt, pd；引入 os 模块；引入 sklearn 系列包，其中 sklearn. cluster 是密度聚类包，sklearn. preprocessing 是预处理数据包。见 In [1]。

```
In [1]:  import numpy as np
         import matplotlib.pyplot as plt
         import pandas as pd
         import os
         from sklearn.cluster import DBSCAN
         from sklearn import metrics
         from sklearn.preprocessing import StandardScaler
```

**步骤2** 将当前文件所在目录的路径设置为 Python 的当前工作目录（不同设备的路径不同）。见 In [2]。

```
In [2]:  thisFilePath=os.path.abspath('.')   #os.path.abspath()用于将相对路径转化为绝对路径
         os.chdir(thisFilePath)   #os.chdir()用于改变当前工作目录
         os.getcwd()   #os.getcwd()用于获取当前文件的工作目录（默认当前文件所在的文件夹）
```

Out[2]: 'C:\\Users\\Eddie曹'

**步骤3** pd. read_csv 函数用于读取存储学生成绩的文件，usecols 参数用于选取文件中指定的数据列，type 函数用于返回文件的类型，head 函数用于查看数据前5行。见 In [3]。

```
In [3]:  clusterData = pd.read_csv('mydata.csv',usecols = ['YingYu','ShuXue','Class'])
         type(clusterData)   #DataFrame
         clusterData.head(5)
```

Out[3]:

|   | yingyu | shuxue | class |
|---|--------|--------|-------|
| 0 | 89 | 45 | 1 |
| 1 | 84 | 47 | 1 |
| 2 | 89 | 83 | 2 |
| 3 | 94 | 54 | 1 |
| 4 | 75 | 90 | 2 |

**步骤4** 提取训练集。提取前2列数据并转换为矩阵（数据结构为mat）；提取第3列（列号为2）数据并转换为数组（数据结构为 ndarray）。其中 iloc 函数有两个参数，分别是行号和列号。见 In [4]。

```
In [4]:  DB_matrix = np.mat(clusterData.iloc[:,0:2])
         DB_labels_true = np.array(clusterData.iloc[:,2])
```

**步骤5**　建立 DBSCAN 模型进行聚类，给每个样本产生聚类标签。见 In [5]。

```
In [5]: DB_model = DBSCAN(eps = 6, min_samples = 10).fit(DB_matrix)  #DBSCAN函数参数的含义：
        1半径，2最小样本数；fit函数功能是训练模型。
        DB_labels = DB_model.labels_       #将模型训练出的标签输入到DB_labels变量中


        core_samples_mask = np.zeros_like(DB_labels, dtype=bool)    #创建与DB_labels维度相同
        的向量，值为false
        core_samples_mask[DB_model.core_sample_indices_] = True
        #标记核心对象对应下标为true


        # 统计类别数量
        DB_n_clusters_ = len(set(DB_labels)) - (1 if -1 in DB_labels else 0)
        #set返回DB_labels无序不重复的标签，len()函数统计标签数量，标签为-1的样本点表示噪声；
        #用总标签数量减去噪声得到类别数量
```

**步骤6**　显示聚类后不同类别的总数量。见 In [6]。

```
In [6]: #显示一共分了多少类
        print("一共分为 : %d" % DB_n_clusters_,"类")

        一共分为 : 3 类
```

**步骤7**　将聚类结果可视化。见 In [7]。

```
In [7]: import matplotlib.pyplot as plt     #引入绘图包，定义为对象plt

        unique_DB_labels = set(DB_labels)     #set返回DB_labels中无序不重复的标签
        colors = [plt.cm.Spectral(each) for each in np.linspace(0, 0.5, len(unique_DB_
        labels))]     #根据数据标签绘制数据点颜色
        for k, col in zip(unique_DB_labels, colors):
            if k == -1:
                col = [0, 0, 0, 1]     #聚类结果为-1的样本点为噪声，用黑色表示噪声，

            class_member_mask = (DB_labels == k)     #将所有属于该类的样本位置置为true

            xy = DB_matrix[class_member_mask & core_samples_mask]
            #取出属于该类的核心对象（以它为中心，半径为eps的空间内至少有min_samples个样本
        数的样本）
            #使用大图标绘制图形
            plt.plot(xy[:, 0], xy[:, 1], 'o', markerfacecolor=tuple(col),
                    markeredgecolor='k', markersize=14)

            xy = DB_matrix[class_member_mask & ~core_samples_mask]
            #取出属于该类的非核心对象（以它为中心，半径为eps的空间内的样本数量少于min_
        samples的样本）
            #使用小图标绘制图形
            plt.plot(xy[:, 0], xy[:, 1], 'o', markerfacecolor=tuple(col),
                    markeredgecolor='k', markersize=6)

        plt.title('Estimated number of clusters: %d' % DB_n_clusters_)     #加上图形标题
        plt.show()

        #图形含义：
        #横纵坐标分别表示学生英语和数学成绩
        #浅灰、灰和深灰三种颜色表示3种类别
        #大圆表示是该类的核心对象，小圆表示是该类的非核心对象，黑色点表示噪声
```

Out [7]:

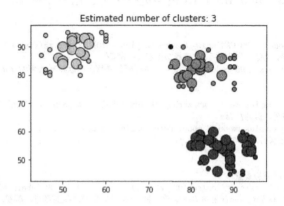

**步骤8** 对比样本的原始分类标签值与聚类算法预测的标签值。见 In [8]。

```
In [8]: dbscan_labels = pd.DataFrame(DB_labels, index=clusterData.index, columns=['dbscan-clusterResult'])
#pd.DataFrame函数的功能是创建数据框，参数含义是：1需要存放的数据，2行名，3列名
clusterData_merge = pd.merge(clusterData, dbscan_labels + 1, right_index=, left_index=)
#pd.merge函数的功能是合并数据框：
#参数含义是：
#1拼接左侧的数据框，2拼接右侧的数据框，3右侧数据框连接键，4左侧数据框连接键
#true：行标签作为连接键
clusterData_merge.head(5)
```

Out[8]:

| | yingyu | shuxue | class | dbscan-clusterResult |
|---|---|---|---|---|
| 0 | 89 | 45 | 1 | 1 |
| 1 | 84 | 47 | 1 | 1 |
| 2 | 89 | 83 | 2 | 2 |
| 3 | 94 | 54 | 1 | 1 |
| 4 | 75 | 90 | 2 | 0 |

## 17.5 本章总结

本章实现的工作是：首先导入 100 位学生的数学成绩、英语成绩，然后建立 DBSCAN 模型，配置模型参数，对样本数据进行聚类，得到学生聚类后的类别数和每个学生的标签值，最后将聚类结果可视化。

本章掌握的技能是：①使用 DBSCAN 函数实现数据聚类；②使用 Matplotlib 库实现数据的可视化，绘制图形。

## 17.6　本章作业

➤ 实现本章的案例，即导入样本数据，实现 DBSCAN 模型的建模和数据可视化。

➤ 导入 sklearn 包中的鸢尾花数据集，运用 DBSCAN 聚类算法进行聚类。

导入鸢尾花数据集的 Python 语句为：

from sklearn. datasets import load_iris

import pandas as pd

iris＝load_iris( )

iris. keys( )

df ＝ pd. DataFrame( data. data, columns＝data. feature_names)

导入的数据如图 17-3 所示。

| Sepal length | Sepal width | Petal length | Petal width | Species |
|---|---|---|---|---|
| 5.1 | 3.5 | 1.4 | 0.2 | *I. setosa* |
| 4.9 | 3 | 1.4 | 0.2 | *I. setosa* |
| 4.7 | 3.2 | 1.3 | 0.2 | *I. setosa* |
| 4.6 | 3.1 | 1.5 | 0.2 | *I. setosa* |
| 5 | 3.6 | 1.4 | 0.3 | *I. setosa* |
| 5.4 | 3.9 | 1.7 | 0.4 | *I. setosa* |
| 4.6 | 3.4 | 1.4 | 0.3 | *I. setosa* |
| 5 | 3.4 | 1.5 | 0.2 | *I. setosa* |
| 4.4 | 2.9 | 1.4 | 0.2 | *I. setosa* |
| 4.9 | 3.1 | 1.5 | 0.1 | *I. setosa* |
| 5.4 | 3.7 | 1.5 | 0.2 | *I. setosa* |
| 4.8 | 3.4 | 1.6 | 0.2 | *I. setosa* |
| 4.8 | 3 | 1.4 | 0.1 | *I. setosa* |
| 4.3 | 3 | 1.1 | 0.1 | *I. setosa* |
| 5.8 | 4 | 1.2 | 0.2 | *I. setosa* |
| 5.7 | 4.4 | 1.5 | 0.4 | *I. setosa* |
| 5.4 | 3.9 | 1.3 | 0.4 | *I. setosa* |

**图 17-3　导入数据**

# 18 层次聚类

## 18.1 本章工作任务

采用层次聚类编写程序，根据语文、数学、英语成绩对不同学生进行分层。①算法的输入是：20 名学生的语文、数学和英语成绩；②算法模型需要求解的是：任意两个数据集之间的距离；③算法的结果是：20 个数据组被先后聚合，最终逐层聚成一类。

## 18.2 本章技能目标

- 掌握层次聚类的原理
- 使用 Python 计算出欧式距离
- 使用 Python 画出聚类树图
- 使用 Python 画出热度图

## 18.3 本章简介

**层次聚类分析是指**：一种分层聚类的方法，对目标数据集使用某种标准，先后进行聚合，直至聚合到最后一层，得到一个由所有数据集逐层聚合成的集合。

**层次聚类分析算法可以解决的科学问题是**：已知 $N$ 个数据组 $X_1$，…，$X_N$，计算出任意两组原始数据组之间的距离 $L_1$，…，$L_{C_N^2}$ 后，根据任意两个数据组之间距离最近（组内元素之间距离最近）的标准进行聚合，得到新的数据组 $X_1$，…，$X_{N-1}$；再计算新数据组任意两个数据组之间的距离 $L_1$，…，$L_{C_{N-1}^2}$，将距离最近的先聚，再次得到一个新的数据组 $X_1$，…，$X_{N-2}$，以此类推，最终聚成一类。

**层次聚类分析算法可以解决的实际应用问题是**：已知 20 位学生的语文、数学和英语 3 科成绩（每一个学生的 3 科成绩相当于一个原始数据组），计算出任意两个数据组之间的距离后，将距离最近的先聚合，得到新的数据组，再计算任意两个数据组的距离，将距离最近的先聚合，以此类推，聚成一类。

**本章的重点是**：层次聚类分析的理解和使用。

## 18.4　理论讲解部分

### 18.4.1　任务描述

任务描述参见图 18-1。

|   | yingyu | yuwen | shuxue |
|---|---|---|---|
| 0 | 90 | 86 | 69 |
| 1 | 90 | 80 | 76 |
| 2 | 60 | 72 | 85 |
| 3 | 71 | 64 | 80 |
| 4 | 80 | 80 | 87 |

a) 20位学生的3科成绩展示

|  | row_label1 | row_label2 | distance | new |
|---|---|---|---|---|
| cluster 1 | 7.0 | 16.0 | 3.605551 | 2.0 |
| cluster 2 | 6.0 | 10.0 | 4.123106 | 2.0 |
| cluster 3 | 15.0 | 20.0 | 5.099020 | 3.0 |
| cluster 4 | 4.0 | 21.0 | 5.830952 | 3.0 |
| cluster 5 | 8.0 | 22.0 | 5.916080 | 4.0 |
| cluster 6 | 14.0 | 24.0 | 6.324555 | 5.0 |
| cluster 7 | 3.0 | 13.0 | 6.324555 | 2.0 |
| cluster 8 | 5.0 | 23.0 | 6.403124 | 4.0 |
| cluster 9 | 25.0 | 27.0 | 7.348469 | 9.0 |
| cluster 10 | 12.0 | 28.0 | 7.348469 | 10.0 |
| cluster 11 | 1.0 | 29.0 | 7.615773 | 11.0 |
| cluster 12 | 0.0 | 30.0 | 9.219544 | 12.0 |
| cluster 13 | 11.0 | 26.0 | 10.344080 | 3.0 |
| cluster 14 | 19.0 | 31.0 | 10.440307 | 13.0 |
| cluster 15 | 18.0 | 33.0 | 11.575837 | 14.0 |
| cluster 16 | 17.0 | 34.0 | 11.661904 | 15.0 |
| cluster 17 | 2.0 | 32.0 | 12.083046 | 4.0 |
| cluster 18 | 35.0 | 36.0 | 13.638182 | 19.0 |
| cluster 19 | 9.0 | 37.0 | 13.674794 | 20.0 |

b) 计算欧式距离并聚类

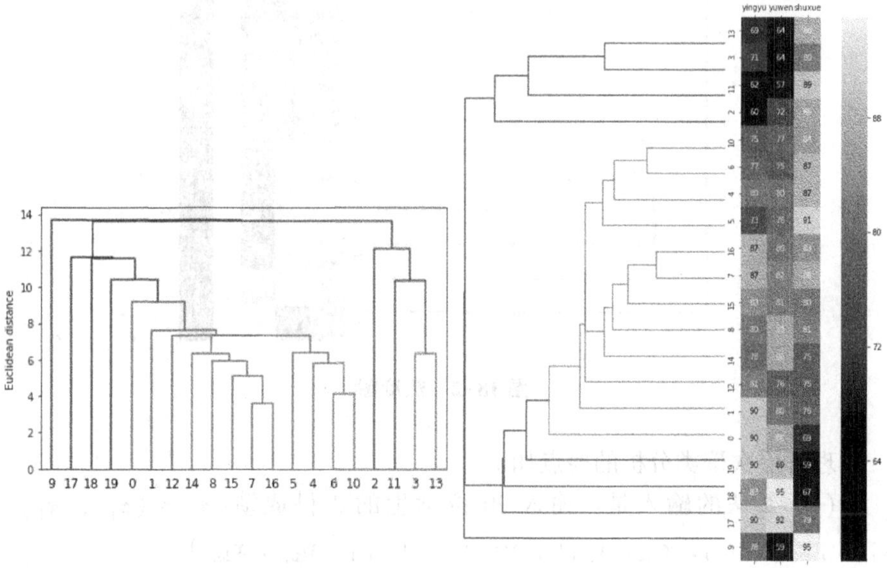

c) 绘制层次类聚的树图

d) 绘制热度图

图 18-1　任务展示

需要实现的功能描述如下。

（1）导入原始数据并对数据进行可视化展示。输入 20 位学生的 3 科成绩，作为原始数据组，如图 18-1a）所示。

（2）计算欧式距离（任意两个数据组之间的距离）并聚合。使用 Python 计算任意两个数据组之间的距离；以单链接的聚类标准（组距最小的两个）聚合，得到新的数据组，如图 18-1b) 所示。

（3）绘制聚类结果的树图，如图 18-1c) 所示。

（4）绘制热度图，如图 18-1d) 所示。

### 18.4.2 一图精解

一图精解如图 18-2 所示。

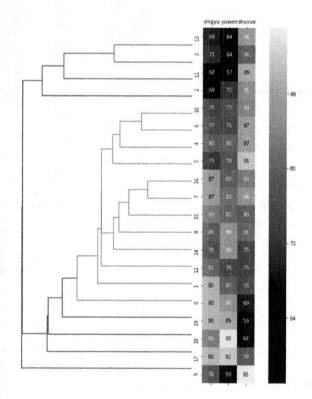

**图 18-2　热度图**

理解层次聚类分析的要点如下。

（1）算法的输入是：输入 20 位学生的 3 科成绩：$x_1 = (x_{1,1}, x_{1,2}, x_{1,3})$，$x_2 = (x_{2,1}, x_{2,2}, x_{2,3})$，$\cdots$，$x_{20} = (x_{20,1}, x_{20,2}, x_{20,3})$。

（2）算法的模型是：将 20 个样本视为 20 个簇（记为 $N_C$ 个，即 $N_C = 20$），即 $C_1 = \{x_1\}$，$C_2 = \{x_2\}$，$\cdots$，$C_{20} = \{x_{20}\}$。定义 2 个簇 $C_i$ 和 $C_j$ 的距离为 2 个簇中分别任选一点的距离的最小值，即：

$$d(C_i, C_j) = \underset{x_k, x_l}{\min} d(x_k, x_l) \ (\forall \ x_k \in C_i, \ \forall \ x_l \in C_j)$$

定义任意两点间距离为：

$$d(x_k, x_l) = \sqrt{\sum_{i=1}^{3} (x_{k,i} - x_{l,i})^2}$$

①计算 $N_C$ 个簇两两之间的距离，将距离最小的簇合并为一个簇，即：

若 $d(C_a, C_b) = \underset{i,j}{\min}\, d(C_i, C_j)$，$(i, j \in \{1, 2, \cdots, N_C\})$，则 $C_a = C_a \cup C_b$，并使簇的个数 $N_C - 1$。记录合并前 $C_a$ 和 $C_b$ 中距离最小的两个样本的编号 $k$、$l$、$k$ 和 $l$ 的距离 $d(x_k, x_l)$ 和合并后簇 $C_a$ 的样本个数 $|C_a|$；

②重复步骤①直至 $N_C = 1$。

（3）算法的输出是：一个数据集合。

（4）算法的核心思想是：计算数据组之间的最近距离，并以此作为聚类标准。

（5）算法的注意事项是：聚类标准不唯一，可以是组间最近的距离，也可以是平均距离，或其他距离标准。

### 18.4.3 实现步骤

**步骤1** 引入相关包。引入 pandas，numpy，seaborn 和 matplotlib，命名为 pd，np，sns 和 plt。引入 linkage、dendrogram 和 AgglomerativeClustering，以指定层次聚类判别相识度方法、画聚类树图和热度图。见 In［1］。

```
In [1]: import pandas as pd
        import numpy as np
        import matplotlib.pyplot as plt
        from scipy.spatial.distance import pdist,squareform    #计算组距
        from scipy.cluster.hierarchy import linkage
        from scipy.cluster.hierarchy import dendrogram
        from sklearn.cluster import AgglomerativeClustering
        import seaborn as sns
```

**步骤2** 显示数据的绝对路径（不同计算机绝对路径不一样），导入要使用的数据。见 In［2］，In［3］。

```
In [2]: import os
        thisFilePath=os.path.abspath('.')
        os.chdir(thisFilePath)
        os.getcwd()
```

```
Out[2]: '/Users/bill/workspace/py/test'
```

```
In [3]: myData=pd.read_csv('myData.csv')
        myData.head()
```

Out[3]:

|   | yingyu | yuwen | shuxue |
|---|--------|-------|--------|
| 0 | 90 | 86 | 69 |
| 1 | 90 | 80 | 76 |
| 2 | 60 | 72 | 85 |
| 3 | 71 | 64 | 80 |
| 4 | 80 | 80 | 87 |

**步骤3** 计算距离关联矩阵，任意两个簇之间的欧式距离，使用 single-linkage（即两簇内最近元素的距离）作为组距。见 In［4］。

In [4]:
```
row_clusters = linkage(pdist(myData,metric='euclidean'),method='single')
num=len(pdist(myData,metric='euclidean'))
```

**步骤 4**　生成聚类的结果。见 In ［5］。

In [5]:
```
print(pd.DataFrame(row_clusters,columns=['row_label1','row_label2','distance','new'],
              index=['cluster %d'%(i+1) for i in range(row_clusters.shape[0])]))
```

|  | row_label1 | row_label2 | distance | new |
|---|---|---|---|---|
| cluster 1 | 7.0 | 16.0 | 3.605551 | 2.0 |
| cluster 2 | 6.0 | 10.0 | 4.123106 | 2.0 |
| cluster 3 | 15.0 | 20.0 | 5.099020 | 3.0 |
| cluster 4 | 4.0 | 21.0 | 5.830952 | 3.0 |
| cluster 5 | 8.0 | 22.0 | 5.916080 | 4.0 |
| cluster 6 | 14.0 | 24.0 | 6.324555 | 5.0 |
| cluster 7 | 3.0 | 13.0 | 6.324555 | 2.0 |
| cluster 8 | 5.0 | 23.0 | 6.403124 | 4.0 |
| cluster 9 | 25.0 | 27.0 | 7.348469 | 9.0 |
| cluster 10 | 12.0 | 28.0 | 7.348469 | 10.0 |
| cluster 11 | 1.0 | 29.0 | 7.615773 | 11.0 |
| cluster 12 | 0.0 | 30.0 | 9.219544 | 12.0 |
| cluster 13 | 11.0 | 26.0 | 10.344080 | 3.0 |
| cluster 14 | 19.0 | 31.0 | 10.440307 | 13.0 |
| cluster 15 | 18.0 | 33.0 | 11.575837 | 14.0 |
| cluster 16 | 17.0 | 34.0 | 11.661904 | 15.0 |
| cluster 17 | 2.0 | 32.0 | 12.083046 | 4.0 |
| cluster 18 | 35.0 | 36.0 | 13.638182 | 19.0 |
| cluster 19 | 9.0 | 37.0 | 13.674794 | 20.0 |

提示：

（1）聚类树形成的过程：将符合 single-linkage 的两个簇合并为一个新簇，去除合并前的簇，之后迭代进行此过程。当合并到只有一个簇（聚类树的主干）时，迭代完成，聚类结束。

（2）聚类的结果：row_label1 和 row_label2 表示聚类合并前的两个簇内最近元素，distance 表示合并前两个簇的距离，new 即为新簇内的元素个数。

**步骤 5**　画出聚类树树图。见 In ［6］。

In [6]:
```
row_dendr = dendrogram(row_clusters,1)
plt.tight_layout()
plt.ylabel('Euclidean distance')
plt.show()
```

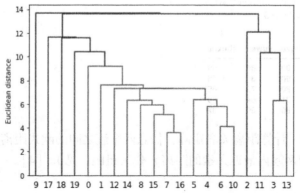

　　提示：图的横坐标是簇的类别，纵坐标是簇与簇之间的欧式距离（即簇与簇内元素的最近距离），同色的折线表示两个簇合并。

　　**步骤6**　画出热度图。见 In［7］。

In [7]:
```
%matplotlib inline
fig =plt.figure(figsize=(12,13))    #画出热度图
axd =fig.add_axes([0.02,0.138,0.418,0.719])
row_dendr = dendrogram(row_clusters,orientation='left')
myData_rowclust = myData.iloc[row_dendr['leaves'][::-1]]
axm = fig.add_axes([0.08,0.1255,0.63,0.75])    #绘制出每个不同颜色小方块的区域
cax = axm.matshow(myData_rowclust,interpolation='nearest',cmap='hot_r')
axd.set_xticks([])
axd.set_yticks([])
for i in axd.spines.values():
    i.set_visible(False)
axm= sns.heatmap(myData_rowclust, annot = True,fmt = "d")    #绘制出颜色深浅和数值
大小的关系
plt.show()
```

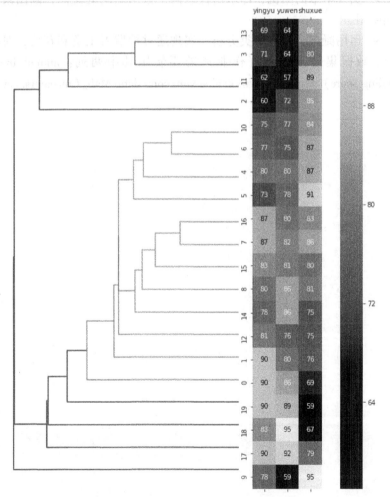

提示：颜色深度和数据大小正相关（最右边的长条图说明了颜色深浅和数值大小的关系，颜色越深，数值越大），从热图上可以直观地看出簇内元素之间的距离关系，直观理解树图的合并过程。

## 18.5　本章总结

本章实现的工作是：首先导入 20 位学生的 3 科成绩，然后根据优先聚合距离最近的两个数据组的聚类标准，得到由 20 位学生划分成的不同簇类。

本章掌握的技能是：①使用 SciPy 包计算欧式距离；②使用 dendrogram 画出聚类树图；③使用 Matplotlib 包实现数据可视化，绘制热度图。

## 18.6　本章作业

➢ 实现本章的案例，即求出任意两个数组之间的距离，画出聚类树图和热度图。

➢ 运用凝聚类层次聚类分析，实现通过消费者工资和花费，对消费者分层。数据集链接如下（作业只需要使用其中两列：annual income 和 spending score）http：//www. kankanyun. com/data/Mall_Customers. csv。

# 19   主成分分析与因子分析

## 19.1   本章工作任务

采用主成分分析（PrincipalComponentAnalysis，PCA）和因子分析（FactorAnalysis，FA）算法编写程序，对学生的成绩属性（语文、历史、政治、数学、物理、化学共6门课）进行降维处理。①算法的输入是：100名学生的6门课成绩；②算法模型需要求解的是：主成分分析的降维矩阵与方差最大化的因子载荷矩阵；③算法的结果是：每位同学降维后的二维指标值（对应着每位同学降维前的6科成绩）。

## 19.2   本章技能目标

➢ 掌握主成分分析和因子分析的原理
➢ 掌握主成分分析和因子分析的详细求解过程（主成分分析需要求解相关矩阵、特征值、特征向量，根据累计贡献度确定最佳降维维度；因子分析需要求解方差最大化时的因子载荷矩阵、因子得分）
➢ 使用 Python 掌握将高维数据转为低维数据的方法（计算将六维数据转换为二维矩阵的转换矩阵）
➢ 根据方差最大化的因子载荷矩阵得出各因子和各维度之间的关系，从而得到各因子的含义
➢ 使用 Python 对降维结果进行可视化展示

## 19.3   本章简介

**主成分分析是指：**一种可以将原始数据的多维属性转换为少量低维指标（成分）的降维方法，降维后的数据尽可能多地保留原始多维数据的特征信息，从而使低维指标的数据可以代替多维属性的数据。（例如，将100位学生的6门课成绩用两个指标来表示，即将原始六维变量降为二维来描述，以便于数据的分析）

**因子分析是指：**一种可以将原始数据的多维属性转换为少量低维指标（因子）的降维方法，降维过程中尽可能保留原数据的特征信息，降维结果中可找到低维指标（因子）与原始数据的高维属性之间的对应关系，且使

得低维指标的每个因子可以被解释。（例如，把 100 位学生的 6 门课成绩属性降维至两个指标，这两个指标分别被解释为文科和理科）。

主成分分析和因子分析算法可以解决的科学问题是：已知 $N$ 个样本数据，每个样本数据具有 $M$ 个输入属性，$(X_{11}, X_{12}, \cdots, X_{1M})$，$(X_{21}, X_{22}, \cdots, X_{2M})$，$\cdots$，$(X_{N1}, X_{N2}, \cdots, X_{NM})$，根据上述样本数据建立主成分分析和因子分析模型，根据模型将 $M$ 维属性表示的样本数据降低至可由 $P$ 个特征 $(Y_{11}, Y_{12}, \cdots, Y_{1P})$，$(Y_{21}, Y_{22}, \cdots, Y_{2P})$，$\cdots$，$(Y_{N1}, Y_{N2}, \cdots, Y_{NP})$ 表示的样本数据，其中 $P < M$，且 $(Y_{11}, Y_{12}, \cdots, Y_{1P})$，$(Y_{21}, Y_{22}, \cdots, Y_{2P})$，$\cdots$，$(Y_{N1}, Y_{N2}, \cdots, Y_{NP})$ 可以很大程度上保留原始数据的信息。

主成分分析和因子分析算法可以解决的实际应用问题是：根据已知的学生各科成绩（语文、历史、政治、数学、物理、化学）和学生分类结果的样本数据求解特征值和特征向量，根据累计贡献度找到最佳降维维数（主成分、因子个数），降维的结果可以用于分类、聚类、可视化。进一步进行因子分析，计算因子载荷矩阵，对因子载荷矩阵进行方差最大化变换，进而实现降维，且得到的每个因子都可以被原始数据很好地解释。

**本章的重点是：** 主成分分析、因子分析方法的理解和使用。

## 19.4　理论讲解部分

### 19.4.1　任务描述

任务内容参见图 19-1。

| | yuwen | lishi | zhengzhi | shuxue | wuli | huaxue |
|---|---|---|---|---|---|---|
| 0 | 84 | 86 | 75 | 67 | 74 | 51 |
| 1 | 79 | 79 | 70 | 77 | 81 | 81 |
| 2 | 79 | 60 | 69 | 83 | 81 | 80 |
| 3 | 77 | 71 | 79 | 90 | 72 | 80 |
| 4 | 88 | 71 | 84 | 78 | 79 | 75 |
| 5 | 76 | 76 | 75 | 79 | 82 | 79 |

a) 获取高维数据

第1个主成分的累积贡献率是：0.6738855350250156
第2个主成分的累积贡献率是：0.7807103074301148
第3个主成分的累积贡献率是：0.8196400028321099
第4个主成分的累积贡献率是：0.8898768588475049
第5个主成分的累积贡献率是：0.9481921847079463
第6个主成分的累积贡献率是：1.0

b) 计算最佳降维的维度

| | yuwen | lishi | zhengzhi | shuxue | wuli | huaxue |
|---|---|---|---|---|---|---|
| 0 | -3.3 | -10.11 | -0.13 | 11.33 | -1.06 | 23.0 |
| 1 | 1.7 | -3.11 | 4.87 | 1.33 | -8.06 | -7.0 |
| 2 | 1.7 | 15.89 | 5.87 | -4.67 | -8.06 | -6.0 |
| 3 | 3.7 | 4.89 | -4.13 | -11.67 | 0.94 | -6.0 |
| 4 | -7.3 | 4.89 | -9.13 | 0.33 | -6.06 | -1.0 |
| 5 | 4.7 | -0.11 | -0.13 | -0.67 | -9.06 | -5.0 |

c) 使用PCA进行降维

c) PCA降维结果可视化

**图 19-1**

因子得分（对原矩阵进行归一化处理得）：

```
            0          1
0  -3.741758   0.612686
1   1.328020  -0.266449
2   3.495786   0.121542
3   1.671055  -0.394259
4  -0.403182  -0.562731
```

旋转后因子载荷矩阵：

```
           0          1
0   0.506247  -0.779648
1   0.570829  -0.650703
2   0.596537  -0.651314
3  -0.884831   0.077096
4  -0.827722   0.162042
5  -0.867225   0.159224
```

因子得分（原始数据）：

```
            0            1
0  -49.349291  -139.295180
1    3.196790  -148.994457
2   23.647759  -145.613504
3    6.266898  -150.475197
4  -15.299953  -152.152847
```

e) 计算方差最大化的因子载荷距阵      f) 使用FA进行数据降维

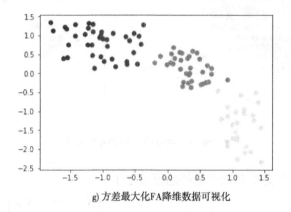

g) 方差最大化FA降维数据可视化

**图 19-1　任务展示**

实现该功能的主要步骤如下。

（1）导入原始数据。导入 100 位学生 6 门课的成绩（语文、历史、政治、数学、物理、化学）和其所属类别作为样本数据用于降维操作，如图 19-1a）所示。

（2）根据特征值对贡献率进行排序，累计贡献率可以表示前 $n$ 个元素对原数据的还原能力，通常选取累计贡献率大于 80% 的那些元素作为原数据的主成分，如图 19-1b）所示。

（3）使用 PCA 将高维度数据转化为低维指标（成分）。使用底层代码和调用 sklearn 库的函数两种方法进行降维，如图 19-1c）所示。

（4）将 PCA 降维结果进行可视化展示。我们根据原始数据学生类别的数值（1，2，3）对应 3 种颜色（红、黄、蓝），对数据进行可视化展示，可以看出相同颜色的点（红、黄、蓝）分布在不同的区域，形成了很清晰的 3 个部分，如图 19-1d）所示。

（5）据方差最大化的因子载荷矩阵找到降维后的因子与原数据属性之

间的关系，从而使各因子可以被解释，如图 19-1e) 所示。

（6）根据 FA 将高维属性数据用方差最大化的因子载荷矩阵降至低维指标值（因子），如图 19-1f) 所示。

（7）将（6）中的 FA 降维结果可视化，如图 19-1g) 所示。

### 19.4.2　一图精解

主成分分析的原理可以参考图 19-2 理解。

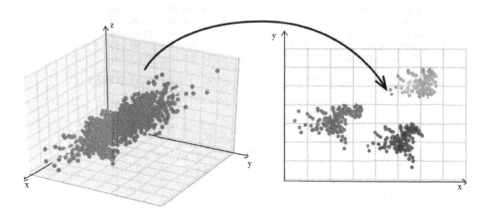

**图 19-2　主成分分析模型示意图**

理解主成分分析和因子分析的要点如下。

（1）算法的输入是：一个 $N \times M$ 的矩阵 $\begin{pmatrix} X_{11} & \cdots & X_{1M} \\ \vdots & \ddots & \vdots \\ X_{N1} & \cdots & X_{NM} \end{pmatrix}$。

（2）算法的模型是：

$$\begin{pmatrix} X_{11} & \cdots & X_{1M} \\ \vdots & 高维 & \vdots \\ X_{N1} & \cdots & X_{NM} \end{pmatrix} \times \begin{pmatrix} A_{11} & \cdots & A_{1P} \\ \vdots & 降维矩阵 & \vdots \\ A_{M1} & \cdots & A_{MP} \end{pmatrix} = \begin{pmatrix} Y_{11} & \cdots & Y_{1P} \\ \vdots & 低维 & \vdots \\ Y_{N1} & \cdots & Y_{NP} \end{pmatrix}$$

本例中 $N = 100$，$M = 6$，$P = 2$，矩阵模型为 $X \times A = Y$，其中 $A$ 是我们求解的降维矩阵（主成分分析的降维矩阵，因子分析中的方差最大化的因子载荷矩阵）。

（3）算法的输出是：一个 $N \times P$ 的矩阵 $\begin{pmatrix} Y_{11} & \cdots & Y_{1P} \\ \vdots & \ddots & \vdots \\ Y_{N1} & \cdots & Y_{NP} \end{pmatrix}$。

（4）算法的核心思想是：将数据的高维属性降维至低维指标（成分、因子），并使降维结果尽可能多地保留原始数据的特征信息，降维后的低维指标的方差最大化（即令有用的数据信息最大化），从而使原数据可以很好地被低维指标解释，且保持原始数据的完整性。

（5）算法的注意事项：主成分分析的降维转换矩阵无法解释低维指标（成分）和高维属性之间的关系。因子分析的转换矩阵（方差最大化的因子载荷矩阵）和原始高维变量之间存在关系，每个低维指标（因子）可以很好地被原始数据的高维属性解释。

### 19.4.3 实现步骤

**步骤 1** 引入 os 对象，配置当前文件所在目录为工作目录（不同设备的路径不同）。见 In［1］。

```
In [1]: import os
        thisFilePath=os.path.abspath('.')
        os.chdir(thisFilePath)
        os.getcwd()
```

Out[1]: '/Users/apple/Desktop/专著定稿'

**步骤 2** 导入外部工具包。引入 pandas，numpy，matplotlib.pyplot，sklearn.decomposition，numpy.linalg 工具包，分别命名为 pd，np，plt，PCA 和 nlg。读入样本数据，该数据来自 100 位学生 6 门课程成绩的统计结果、序号和分类共计 8 个属性。见 In［2］，In［3］。

```
In [2]: import pandas as pd
        import numpy as np
        import math
        import matplotlib.pyplot as plt
        from sklearn.decomposition import PCA
```

```
In [3]: mydata=pd.read_csv('DataForClassify.csv',encoding="gb2312",usecols=['yuwen','lishi',
        'zhengzhi','shuxue','wuli','huaxue','ClassifyResult'])

        Y=mydata['ClassifyResult']
        train_x = mydata0 = mydata.iloc[:,1:7]
        mydata1 = mydata.iloc[:,0:7]
        print(mydata0[:6])
```

```
Out [3]:    yuwen  lishi  zhengzhi  shuxue  wuli  huaxue
        0    84     86        75      67    74      51
        1    79     79        70      77    81      81
        2    79     60        69      83    81      80
        3    77     71        79      90    72      80
        4    88     71        84      78    79      75
        5    76     76        75      79    82      79
```

**步骤 3** 计算原数据每列的均值和中心化后数据的协方差矩阵。见 In［4］。

```
In [4]:   dataMean = np.mean(mydata0, axis = 0)
          meanRemoved = mydata0 - dataMean
          covMat = np.cov(meanRemoved, rowvar=0)
          print(np.round(covMat[:6], 3))
```

```
Out [4]: [[110.737  67.997  77.769 -58.072 -59.412 -65.485]
         [ 67.997  85.755  58.784 -53.074 -54.976 -59.091]
         [ 77.769  58.784  99.65  -61.522 -60.281 -64.495]
         [-58.072 -53.074 -61.522 108.526  65.374  76.505]
         [-59.412 -54.976 -60.281  65.374 107.996  70.707]
         [-65.485 -59.091 -64.495  76.505  70.707 116.566]]
```

**步骤4** 计算协方差矩阵的特征值、特征向量以及主成分的累积贡献率。见 In [5]。

```
In [5]:   k=2
          col=mydata0.columns.size
          eigVals, eigVec = np.linalg.eig(np.mat(covMat))
          eig = pd.DataFrame()
          eig['eigVals'] = eigVals

          for m in range(1, col+1):
              print("第"+str(m)+"个主成分的累积贡献率是: "+str(eig['eigVals'][:m].sum()/eig
          ['eigVals'].sum()))

          print('\n特征向量:\n', np.round(eigVec, 4), '\n\n特征值:\n', np.round(eigVals, 2))
```

```
Out [5]: 第1个主成分的累积贡献率是: 0.6738855350250156
         第2个主成分的累积贡献率是: 0.7807103074301148
         第3个主成分的累积贡献率是: 0.8196400028321099
         第4个主成分的累积贡献率是: 0.8898768588475049
         第5个主成分的累积贡献率是: 0.9481921847079463
         第6个主成分的累积贡献率是: 1.0

         特征向量:
         [[ 0.4239 -0.5792  0.6905  0.0613 -0.0358  0.0553]
          [ 0.3625 -0.2785 -0.4063 -0.0648 -0.2857 -0.735 ]
          [ 0.4072 -0.3488 -0.5719  0.0804  0.3516  0.5053]
          [-0.4086 -0.4561 -0.1463 -0.4408 -0.5603  0.3088]
          [-0.4033 -0.3176 -0.0952  0.8431 -0.1161 -0.0552]
          [-0.4398 -0.3956  0.0245 -0.2836  0.6827 -0.3209]]

         特征值:
         [424.03  67.22  24.5   44.2   36.69  32.6 ]
```

**步骤5** 将原数据的特征值从大到小进行排序，选取特征值排在前两位的作为主成分，提取出主成分的特征向量。见 In [6]。

```
In [6]:   eig.sort_values('eigVals', ascending=False, inplace=True)
          print("\n特征值从大到小排序:\n", eig)

          eigValInd = np.argsort(eigVals)
          eigValInd = eigValInd[:-(k+1):-1]
          redEigVects = eigVec[:, eigValInd]
          redEigVects = pd.DataFrame(redEigVects)
          print("\n提取对应的主成分的特征向量为: \n", redEigVects)
```

```
Out [6]:特征值从大到小排序:
            eigVals
    0   424.029540
    1    67.217438
    3    44.195194
    4    36.693800
    5    32.599073
    2    24.495764

提取对应的主成分的特征向量为:
              0         1
    0  0.423914 -0.579154
    1  0.362466 -0.278458
    2  0.407217 -0.348760
    3 -0.408627 -0.456145
    4 -0.403345 -0.317570
    5 -0.439802 -0.395588
```

**步骤 6**　进行 PCA 降维，提取主成分。将原始矩阵进行归一化处理，提取出原数据的主成分和其维度。见 In [7]。

```
In [7]:  print("\n对原矩阵进行归一化处理得:")
         mydata_scale=(dataMean-mydata0)
         print( mydata_scale[:6])

         lowDDataMat =np.mat(mydata_scale) * np.mat(redEigVects)

         print("\n原数据提取出的主成分维度:\n", lowDDataMat.shape)
         print("\n原数据提取出的主成分是: \n", lowDDataMat[:6])
```

```
Out [7]:对原矩阵进行归一化处理得:
            yuwen  lishi  zhengzhi  shuxue  wuli  huaxue
    0       -3.3 -10.11     -0.13   11.33 -1.06   23.0
    1        1.7  -3.11      4.87    1.33 -8.06   -7.0
    2        1.7  15.89      5.87   -4.67 -8.06   -6.0
    3        3.7   4.89     -4.13  -11.67  0.94   -6.0
    4       -7.3   4.89     -9.13    0.33 -6.06   -1.0
    5        4.7  -0.11     -0.13   -0.67 -9.06   -5.0

原数据提取出的主成分维度:
    (100, 2)

原数据提取出的主成分是:
    [[-19.43403798  -9.1582611 ]
     [  7.3626326    2.90503263]
     [ 16.66867016  -0.39313811]
     [  8.68748637   5.33407468]
     [ -2.29077322   8.21987692]
     [  8.02668645   2.51468206]]
```

**步骤 7**　将 PCA 的降维结果可视化。绘制 100 位学生的散点图，可以看出 PCA 降维后相同颜色的点（深灰、浅灰、黑）分布在不同区域，形成很清晰的 3 个部分，说明所选出的主成分是合适、有效的。见 In [8]。

In [8]:
```
target_names=['wenkesheng','zonghesheng','likeheng']
lowDDataMat=np.mat(lowDDataMat)
for c,i, target_names in zip('ryb', [1, 2, 3], target_names):
    plt.scatter(lowDDataMat[Y==i,0].tolist(),lowDDataMat[Y==i,1].tolist(),c=c,label
=target_names)
plt.grid()
plt.legend()
plt.show()
```

Out [8]:

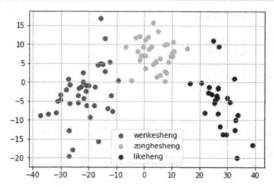

**步骤 8** 进行因子分析。提取两个因子，求出因子载荷矩阵，因子载荷矩阵第一列数据表示6门课成绩对第一个因子的影响能力的大小，第二列表示6门课成绩对第二个因子影响能力的大小。见 In [9]。

In [8]:
```
target_names=['wenkesheng','zonghesheng','likeheng']
lowDDataMat=np.mat(lowDDataMat)
for c,i, target_names in zip('ryb', [1, 2, 3], target_names):
    plt.scatter(lowDDataMat[Y==i,0].tolist(),lowDDataMat[Y==i,1].tolist(),c=c,label
=target_names)
plt.grid()
plt.legend()
plt.show()
```

Out [8]:

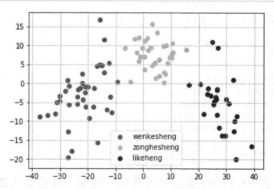

**步骤 9** 定义方差最大旋转函数，旋转因子载荷矩阵。①引入 numpy 包里面的 eye，asarray，dot，sum，diag 函数，引入 numpy.linalg 包中的 svd 函

数。②定义方差最大旋转函数，之后对因子载荷矩阵进行方差最大旋转变换。旋转变换可以更加明确因子和原始变量特征的关系，使得因子变量更具有可解释性，为降维做准备。③通过方差最大旋转后的因子载荷矩阵可以很明显地看出学生6门课成绩中前3门课对第一个因子影响较大，而后3门课则对第二个因子影响更大一些。见 In［10］。

```
In [10]: from numpy import eye, asarray, dot, sum, diag
         from numpy.linalg import svd
         def varimax(Phi, gamma = 1.0, q =20, tol = 1e-6):
             p, k = Phi.shape
             R = eye(k)
             d = 0
             for i in range(q):
                 d_old = d
                 Lambda = dot(Phi, R)
                 u, s, vh = svd(dot(Phi.T, asarray(Lambda)**3 - (gamma/p) * dot(Lambda, diag
         (diag(dot(Lambda.T, Lambda))))))
                 R = dot(u, vh)
                 d = sum(s)
                 if d_old!=0 and d/d_old < 1 + tol: break
             return dot(Phi, R)

         A2=pd.DataFrame(varimax(A))
         print("\n旋转后因子载荷矩阵:\n\n", A2)
```

Out［10］:旋转后因子载荷矩阵:

```
            0          1
0   0.506247  -0.779648
1   0.570829  -0.650703
2   0.596537  -0.651314
3  -0.884831   0.077096
4  -0.827722   0.162042
5  -0.867225   0.159224
```

**步骤10** 将原始数据标准化，计算主成分的因子得分。因子得分表示的是每个学生在这两个因子上得分的大小，可以很好地描述每个学生在这两个因子上的表现，得分越大说明该学生在这个因子上的表现越好。见 In［11］。

```
In [11]: mydata_scale=(mydata0-mydata0.mean())/np.std(mydata0)
         X1=np.mat(mydata_scale)

         factor_score=(X1).dot(np.mat(a))
         factor_score_1=(mydata0).dot(np.mat(a))
         factor_score=pd.DataFrame(factor_score)
         print("\n因子得分（对原矩阵进行归一化处理得）: \n", factor_score.iloc[0:5,])
         print("\n因子得分（原始数据）: \n", factor_score_1.iloc[0:5,])
```

Out[11]:因子得分（对原矩阵进行归一化处理得）:

```
            0          1
0  -3.741758   0.612686
1   1.328020  -0.266449
2   3.495786   0.121542
3   1.671055  -0.394259
4  -0.403182  -0.562731
```

```
因子得分（原始数据）：
              0            1
0 -49.349291 -139.295180
1   3.196790 -148.994457
2  23.647759 -145.613504
3   6.266898 -150.475197
4 -15.299953 -152.152847
```

**步骤 11** 将 FA 算法对原始数据进行可视化处理。绘制 100 位学生的因子得分的散点图，可以看出 FA 降维后相同颜色的点（深灰、浅灰、黑）分布在不同的区域，形成了很清晰的 3 个部分，说明提取的两个因子是合理、有效的。见 In［12］。

In［12］:
```python
target_names=['wenkesheng','zonghesheng','likeheng']
factor_score_1=np.mat(factor_score_1)

for c_1,i_1, target_names in zip('ryb', [1, 2, 3], target_names):
    plt.scatter(factor_score_1[Y == i_1,0].tolist(),factor_score_1[Y ==i_1,1].tolist(),c=c_1,label=target_names)

    plt.grid()
plt.legend()
plt.show()
```

Out［12］:

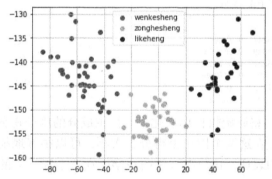

**步骤 12** 通过调用 sklearn 中的函数实现 PCA。见 In［13］。

In［13］:
```python
pca = PCA(n_components=2)
X_p= pca.fit(mydata0).transform(mydata0)
X_p= pd.DataFrame(X_p)
print("\n库里自带函数运行结果:")
print(X_p[:6])
print("\n对比用算法实现的PCA运行结果: ")
print(lowDDataMat[:6])
print("\n原始变量维度:")
print(mydata0.shape)
print("\n主成分变量的维度:")
print(X_p.shape)
```

```
Out [13]: 库里自带函数运行结果:
                  0          1
          0 -19.434038   9.158261
          1   7.362633  -2.905033
          2  16.668670   0.393138
          3   8.687486  -5.334075
          4  -2.290773  -8.219877
          5   8.026686  -2.514682

          对比用算法实现的PCA运行结果:
          [[-19.43403798  -9.1582611 ]
           [  7.3626326    2.90503263]
           [ 16.66867016  -0.39313811]
           [  8.68748637   5.33407468]
           [ -2.29077322   8.21987692]
           [  8.02668645   2.51468206]]

          原始变量的维度:
          (100, 6)

          主成分变量的维度:
          (100, 2)
```

**步骤 13** 对 sklearn 中的 PCA 降维结果进行可视化展示。可以看出 PCA 降维后相同颜色的点（深灰、浅灰、黑）分布在不同的区域，形成了很清晰的 3 个部分，说明提取的两个主成分是合理、有效的。见 In［14］。

```
In [14]:  target_names=['wenkesheng','zonghesheng','likeheng']
          X_p=np.mat(X_p)
          for c,i , target_names in zip('ryb', [1, 2, 3], target_names):
              plt.scatter(X_p[Y == i,0].tolist(),X_p[Y == i,1].tolist(), c=c, label=target_names)
          plt.grid()
          plt.legend()
          plt.show()
```

Out [14]:

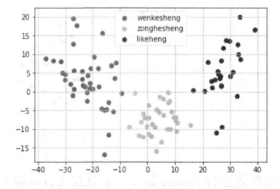

**步骤 14** 设置测试集。train_x 为原数据的 6 门课学生成绩，train_y 为学生类别。见 ln［15］。

In [15]:
```
train_x=mydata1.iloc[:,1:7]
train_y=mydata1.iloc[:,0]
train_x[0:5]
```

Out[15]:

|   | yuwen | lishi | zhengzhi | shuxue | wuli | huaxue |
|---|-------|-------|----------|--------|------|--------|
| **0** | 84 | 86 | 75 | 67 | 74 | 51 |
| **1** | 79 | 79 | 70 | 77 | 81 | 81 |
| **2** | 79 | 60 | 69 | 83 | 81 | 80 |
| **3** | 77 | 71 | 79 | 90 | 72 | 80 |
| **4** | 88 | 71 | 84 | 78 | 79 | 75 |

**步骤 15**　调用 factor_analyzer 实现因子分析降维（先不做方差最大化旋转）。对矩阵不做任何旋转，对 FA 降维结果进行可视化展示。降维后相同颜色的点（深灰、浅灰、黑）分布在不同的区域，形成了很清晰的 3 个部分，因此不旋转矩阵的降维方式是有效的。见 In［16］，In［17］。

In [16]:
```
from factor_analyzer import FactorAnalyzer
model_fa1=FactorAnalyzer(n_factors=2, rotation=None)
model_fa1.fit(train_x)
model_fa1.loadings_
```

Out[16]:
```
array([[ 0.84705542,  0.42022723],
       [ 0.77438549,  0.09988353],
       [ 0.80897684,  0.12675573],
       [-0.76108893,  0.2748373 ],
       [-0.74006985,  0.17376616],
       [-0.79502166,  0.24914017]])
```

In [17]:
```
train_x_to2D = model_fa1.transform(train_x)
plt.scatter(train_x_to2D[:, 0], train_x_to2D[:, 1],c=train_y)
plt.show()
```

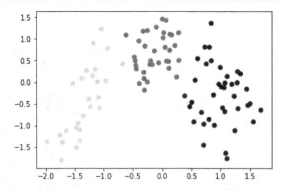

**步骤 16**　对矩阵进行 promax 旋转（迫近最大方差斜交旋转）后进行 FA 降维。对 FA 的降维结果进行可视化展示。降维后相同颜色的点（深灰、浅灰、黑）分布在不同的区域，形成了很清晰的 3 个部分，且使用旋转后的矩阵降维效果比未进行旋转的矩阵降维效果好。因此旋转因子载荷矩阵

比未旋转因子载荷矩阵的效果更好。见 In ［18］, In ［19］。

```
In [18]:   model_fa2=FactorAnalyzer(n_factors=2, rotation='promax')
           model_fa2.fit(train_x)
           model_fa2.loadings_
```

```
Out[18]:   array([[ 0.1275346 ,  1.04028284],
                  [-0.29824286,  0.52757525],
                  [-0.27886406,  0.58452271],
                  [ 0.8374085 ,  0.03708563],
                  [ 0.67787519, -0.10318092],
                  [ 0.81936673, -0.01778936]])
```

```
In [19]:   train_x_to2D = model_fa2.transform(train_x)
           plt.scatter(train_x_to2D[:, 0], train_x_to2D[:, 1],c=train_y)
           plt.show()
```

## 19.5   本章总结

本章实现的工作是：首先导入含有100位学生的6门课成绩与学生分类信息的样本数据。然后采用主成分分析，对样本数据进行降维（本例中为六维降至二维），确定最佳降维维数，进而对数据进行因子分析，求解方差最大化的因子载荷矩阵，实现降维操作，其中提取出的每个因子都可以被原数据很好地解释，最后将降维结果可视化。

本章掌握的技能是：①使用 NumPy 库、pandas 库求解数据相关矩阵、特征值及特征向量；②通过求解特征值得到累积贡献率，确定最佳降维维度；③使用 PCA 对数据进行降维并进行可视化处理；④求解方差最大化的因子载荷矩阵并对数据进行降维，且提取出的因子可以找到和原数据属性之间的对应关系；⑤使用 matplotlib 库实现降维结果的可视化。

## 19.6   本章作业

➤ 实现本章的案例，即对100位学生六门课成绩的样本数据进行降维，实现主成分分析和因子分析算法。

➢ 查找出一个地区的 GDP、教育水平、消费指数、环境污染指数等相关变量的数据信息，运用主成分分析和因子分析方法，实现对数据的降维操作。

数据来源和使用说明。

（1）进入 http：//data. stats. gov. cn/easyquery. htm？ cn = E0103 网站，搜索年度数据可以得到以下界面。单击按钮可以选择下载文件的格式（见图 19-3）。

图 19-3

（2）在该页面上单击下载按钮，可以下载文件 xxx. csv，如图 19-4 所示。

图 19-4

（3）用记事本打开该数据文件，如图 19-5 所示。

Python案例数据 - 记事本

文件(F) 编辑(E) 格式(O) 查看(V) 帮助(H)

```
数据库：分省年度数据,,,,,,,,,
地区：北京市,,,,,,,,,
时间：最近10年,,,,,,,,,
指标,2017年,2016年,2015年,2014年,2013年,2012年,2011年,2010年,2009年
地区生产总值(亿元),28014.94,25669.13,23014.59,21330.83,19800.81,17879.4
第一产业增加值(亿元),120.42,129.79,140.21,158.99,159.64,150.2,136.27,124.
第二产业增加值(亿元),5326.76,4944.44,4542.64,4544.8,4292.56,4059.27,3752
第三产业增加值(亿元),22567.76,20594.9,18331.74,16627.04,15348.61,13669.
农林牧渔业增加值(亿元),122.82,132.2,142.6,161.32,161.83,150.2,136.27,124.3
工业增加值(亿元),4274,4026.68,3710.88,3746.77,3566.43,3294.32,3048.79,27
建筑业增加值(亿元),1140.76,1025.5,961.86,902.66,831.55,764.95,703.69,624.
批发和零售业增加值(亿元),2486.8,2372.89,2352.34,2411.14,2340.74,2229.77,
批发和零售贸易餐饮业增加值(亿元),,,,,,,,,
交通运输、仓储和邮政业增加值(亿元),1208.4,1060.97,983.87,948.1,871.76,816
交通运输、仓储和邮电通信业增加值(亿元),,,,,,,,,
住宿和餐饮业增加值(亿元),413.81,399.35,397.59,363.76,374.75,373.06,348.42
金融业增加值(亿元),4655.37,4270.82,3926.28,3357.71,2943.13,2536.91,2215.
房地产业增加值(亿元),1766.2,1672.68,1438.43,1329.2,1339.52,1244.17,1074.
其他行业增加值(亿元),11946.78,10708.04,9100.73,8110.18,7371.1,6469.71,57
人均地区生产总值(元/人),128994,118198,106497,99995,94648,87475,81658,
"注：本表按当年价格计算。2004年以前地区生产总值数据执行《国民经济行业分
```

图 19-5

# 20 奇异值分解

## 20.1 本章工作任务

采用奇异值分解（Singular Value Decomposition，SVD）算法编写程序，对100位学生的6科成绩进行降维。①算法的输入是：100位学生的6门课（语文、历史、政治、数学、物理、化学）成绩数据；②算法模型需要求解的是：奇异值分解模型的降维矩阵；③算法的结果是：每位学生的6科成绩对应的降维后的二维指标值。

## 20.2 本章技能目标

- ➤ 掌握奇异值分解原理
- ➤ 使用 Python 实现奇异值分解的详细过程
- ➤ 使用 Python 实现将高维数据降维到低维指标数据
- ➤ 使用 Python 对降维结果进行可视化展示

## 20.3 本章简介

**奇异值分解降维算法是指**：一种通过对样本数据进行奇异值分解，在尽可能保留样本数据特征信息的基础上，将高维数据降低为低维数据的方法。

**奇异值分解降维算法可以解决的科学问题是**：已知 $N$ 个样本数据，每个样本数据具有 $M$ 个输入属性，即 $(X_{11}, X_{12}, \cdots, X_{1M})$，$(X_{21}, X_{22}, \cdots, X_{2M})$，$\cdots$，$(X_{N1}, X_{N2}, \cdots, X_{NM})$。根据上述样本数据建立奇异值分解模型，求出降维矩阵，根据降维矩阵将样本数据从原始的 $M$ 维降低至 $R$ 维，即 $(X_{11}, X_{12}, \cdots, X_{1R})$，$(X_{21}, X_{22}, \cdots, X_{2R})$，$\cdots$，$(X_{N1}, X_{N2}, \cdots, X_{NR})$，其中 $R < M$。降维后的第 $t$ 个样本 $(X_{t1}, X_{t2}, \cdots, X_{tR})$ 保留了降维前第 $t$ 个样本 $(X_{t1}, X_{t2}, \cdots, X_{tM})$ 中的绝大部分特征信息。

**奇异值分解算法可以解决的实际应用问题是**：根据已知的100名同学的6科成绩对学生进行分类比较困难，如果可以用较少的维度指标代替学生的6科成绩（特征信息相近），仅根据两个指标对学生进行分类，则上述分类工作将被简化。

**本章的重点是：**奇异值分解降维方法的理解和使用。

## 20.4 理论讲解部分

### 20.4.1 任务描述

任务内容参见图 20-1。

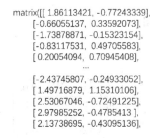

|  | Classify Result | yu wen | li shi | zheng zhi | shu xue | wu li | hua xue |
|---|---|---|---|---|---|---|---|
| 0 | 1 | 84 | 86 | 75 | 67 | 74 | 51 |
| 1 | 2 | 79 | 79 | 70 | 77 | 81 | 81 |
| 2 | 3 | 79 | 60 | 69 | 83 | 81 | 80 |
| 3 | 2 | 77 | 71 | 79 | 90 | 72 | 80 |
| 4 | 2 | 88 | 71 | 84 | 78 | 79 | 75 |
| ... | ... | ... | ... | ... | ... | ... | ... |
| 95 | 3 | 59 | 71 | 52 | 93 | 86 | 77 |
| 96 | 2 | 84 | 84 | 74 | 79 | 83 | 73 |
| 97 | 2 | 88 | 75 | 71 | 77 | 78 | 74 |
| 98 | 1 | 95 | 80 | 85 | 66 | 52 | 67 |
| 99 | 2 | 83 | 84 | 76 | 77 | 81 | 74 |

a) 导入样本数据

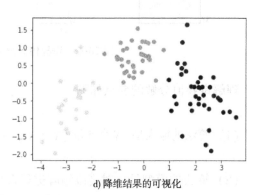

```
[20.10471903  7.93189437  6.39171098  6.07377668  5.61004992  4.86496989]
[[-0.41410999 -0.40912246 -0.42028435  0.39837248  0.39542242  0.41162273]
 [ 0.52131991  0.33994542  0.32411333  0.48403406  0.35520391  0.38360714]
 [-0.07763411  0.19704771 -0.19171892  0.48725621 -0.7965426   0.21561603]
 [ 0.11819232 -0.72159821  0.57409081 -0.01124748 -0.26620181  0.25447285]
 [-0.12458816  0.26551693 -0.01888857 -0.58427225 -0.07117456  0.75311479]
 [ 0.72195552 -0.29499983 -0.59297423 -0.16760437 -0.08403547  0.07059529]]
(100, 7) (100, 100) (6,) (6, 6)
```

第1个奇异值的累积贡献率是：0.6736662120972096
第2个奇异值的累积贡献率是：0.778524459283363
第3个奇异值的累积贡献率是：0.846614407969345
第4个奇异值的累积贡献率是：0.9080990132327461
第5个奇异值的累积贡献率是：0.9605534466801495
第6个奇异值的累积贡献率是：1.0

b) 使用SVD将高维数据转化为低维数据

```
matrix([[ 1.86113421, -0.77243339],
        [-0.66055137,  0.33592073],
        [-1.73878871, -0.15323154],
        [-0.83117531,  0.49705583],
        [ 0.20054094,  0.70945408],
                    ...
        [-2.43745807, -0.24933052],
        [ 1.49716879,  1.15310106],
        [ 2.53067046, -0.72491225],
        [ 2.97985252, -0.4785413 ],
        [ 2.13738695, -0.43095136],
```

c) 降维结果

d) 降维结果的可视化

**图 20-1　任务展示**

需要实现的功能描述如下。

（1）导入原数据并将数据可视化。导入 100 位学生的 6 科成绩数据（语文、数学、化学、历史、政治、物理）和学生的分类数据（文科生、理科生、综合生），如图 20-1a）所示。

（2）使用奇异值分解方法将高维数据转化为低维指标数据。通过奇异值分解，得到奇异值矩阵。计算奇异值的累积贡献率，确定降维数目，如图 20-1b）所示。

（3）计算降维后的矩阵，即 100 位学生 6 科成绩对应的两个低维指标，如图 20-1c）所示。

（4）导入样本数据。导入 100 位学生的 6 科成绩数据（语文、数学、化学、历史、政治、物理）和学生的分类数据（文科生、理科生、综合生），如图 20-1d）所示。

### 20.4.2 一图精解

奇异值分解的原理可以参考图 20-2 理解。

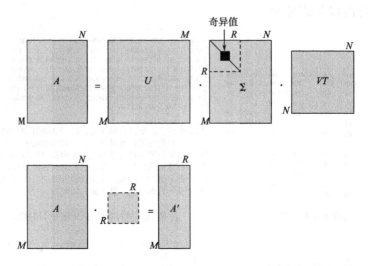

图 20-2 奇异值分解示意图

理解奇异值分解的要点如下。

（1）算法的输入是：$N$ 个变量 $(X_1, X_2, \cdots, X_N)$，即 $\begin{pmatrix} X_{11} & \cdots & X_{1M} \\ \vdots & \ddots & \vdots \\ X_{N1} & \cdots & X_{NM} \end{pmatrix}$。

（2）算法的模型是：对高维矩阵进行奇异值分解得到矩阵 $V$：

$$\begin{pmatrix} X_{11} & \cdots & X_{1M} \\ \vdots & 高维 & \vdots \\ X_{N1} & \cdots & X_{NM} \end{pmatrix} = U\Sigma V^T$$

之后以矩阵 $V$ 的前 D 列 $V' = \begin{pmatrix} v_{11} & \cdots & v_{1D} \\ \vdots & \ddots & \vdots \\ v_{M1} & \cdots & v_{MD} \end{pmatrix}$ 作为降维矩阵，用高维矩阵和 $V'$ 做矩阵乘法，实现降维：

$$\begin{pmatrix} X_{11} & \cdots & X_{1M} \\ \vdots & 高维 & \vdots \\ X_{N1} & \cdots & X_{NM} \end{pmatrix} \begin{pmatrix} v_{11} & \cdots & v_{1D} \\ \vdots & \ddots & \vdots \\ v_{M1} & \cdots & v_{MD} \end{pmatrix} = \begin{pmatrix} x_{11} & \cdots & x_{1D} \\ \vdots & 低维 & \vdots \\ x_{N1} & \cdots & x_{ND} \end{pmatrix}$$

本例中，$N = 100$，$M = 6$，$D = 2$。

（3）算法的输出是：一个 $N \times R$ 矩阵 $\begin{pmatrix} x_{11} & \cdots & x_{1R} \\ \vdots & \ddots & \vdots \\ x_{N1} & \cdots & x_{NR} \end{pmatrix}$。

（4）算法的核心思想是：奇异值分解方法是将高维度数据向低维正交空间做投影，根据奇异值的累积贡献度决定最佳的降维维度，使得降维后的矩阵尽可能多地保留原始样本数据的特征。

（5）算法的注意事项是：①降维时通常采用主成分分析（PCA）方法，但是在很多实际应用中，样本数据量很少而维度很高（如在深度调研中，问卷题目数高达 300 多个，而样本数据不到 100 个），导致样本数据的协方差矩阵不满秩，所以无法使用 PCA 方法。奇异值分解方法（SVD）与 PCA 方法类似，但是 SVD 可以解决样本数据协方差矩阵不满秩的问题。②降维算法会存在信息损失，所以应当根据应用中对数据精度的要求，依据累计贡献度来选择最佳的降维维度。

### 20.4.3　实现步骤

**步骤 1**　引入工具包。引入 NumPy 包，命名为 np，用于处理数据。引入 pandas 包，命名为 pd，用于数据分析。引入 math 包，用于处理数学运算。引入 matplotlib. pyplot 包，命名为 plt，用于绘图。见 In［1］。

```
In [1]:  import numpy as np
         import pandas as pd
         import math
         import matplotlib.pyplot as plt
```

**步骤 2**　读取文件数据。读取 CSV 文件中 yuwen、lishi、zhengzhi、shuxue、wuli、huaxue 和 ClassifyResult 7 列数据，并赋值到 mydata 中。其中，pd. read_csv 函数的作用是读取数据，encoding 参数用于确定编码格式，usecols 参数用于读取文件中指定的数据列。见 In［2］。

```
In [2]:  mydata= pd. read_csv(U' C:\DataForClassify.csv',encoding="gb2312",usecols = \
         ['yuwen','lishi','zhengzhi','shuxue','wuli','huaxue','ClassifyResult'])
```

**步骤 3**　划分数据集。读取 mydata 中第 2 列至第 7 列的全部数据，并将其赋值给 train_x。读取 mydata 中第 1 列的全部数据，将其赋值给 train_y。见 In［3］。

```
In [3]:  train_x = mydata. iloc[:,1:7]
         train_y = mydata. iloc[:,0]
         train_y. head()
```

```
Out[3]: 0    1
        1    2
        2    3
        3    2
        4    2
        Name: ClassifyResult, dtype: int64
```

**步骤4** 对数据进行中心化处理。见 In〔4〕，In〔5〕。

```
In [4]: train_x_center=train_x-train_x.mean()
        train_x_center.head()
```

Out[4]:

|   | yuwen | lishi | zhengzhi | shuxue | wuli | huaxue |
|---|---|---|---|---|---|---|
| 0 | 3.3 | 10.11 | 0.13 | -11.33 | 1.06 | -23.0 |
| 1 | -1.7 | 3.11 | -4.87 | -1.33 | 8.06 | 7.0 |
| 2 | -1.7 | -15.89 | -5.87 | 4.67 | 8.06 | 6.0 |
| 3 | -3.7 | -4.89 | 4.13 | 11.67 | -0.94 | 6.0 |
| 4 | 7.3 | -4.89 | 9.13 | -0.33 | 6.06 | 1.0 |

```
In [5]: train_x.mean()
```

```
Out[5]: yuwen      80.70
        lishi      75.89
        zhengzhi   74.87
        shuxue     78.33
        wuli       72.94
        huaxue     74.00
        dtype: float64
```

**步骤5** 对数据进行标准化处理。标准化数据并将其赋值给矩阵 mydata_std。输出 shape 属性，即矩阵 mydata_std 的维数。见 In〔6〕，In〔7〕。

```
In [6]: mydata_std=(train_x-train_x.mean())/np.std(train_x)
        mydata_std.shape
```

```
Out[6]: (100, 6)
```

```
In [7]: mydata_std.head()
```

Out[7]:

|   | yuwen | lishi | zhengzhi | shuxue | wuli | huaxue |
|---|---|---|---|---|---|---|
| 0 | 0.315173 | 1.097243 | 0.013088 | -1.093062 | 0.102514 | -2.141041 |
| 1 | -0.162362 | 0.337530 | -0.490313 | -0.128312 | 0.779494 | 0.651621 |
| 2 | -0.162362 | -1.724549 | -0.590994 | 0.450538 | 0.779494 | 0.558532 |
| 3 | -0.353376 | -0.530714 | 0.415810 | 1.125863 | -0.090909 | 0.558532 |
| 4 | 0.697201 | -0.530714 | 0.919211 | -0.031837 | 0.586071 | 0.093089 |

**步骤6** 计算协方差矩阵。调用 cov 函数，用于计算协方差矩阵（train_x_std_cov = $\frac{1}{m} \times A \times A^T$）。调用 round 函数，把协方差矩阵中的各个值保留两

位小数。见 In［8］。

```
In [8]:   train_x_std_cov=np.cov(mydata_std,rowvar=0)
          np.round(train_x_std_cov,2)
```

```
Out[8]:   array([[ 1.01,  0.7 ,  0.75, -0.54, -0.55, -0.58],
                 [ 0.7 ,  1.01,  0.64, -0.56, -0.58, -0.6 ],
                 [ 0.75,  0.64,  1.01, -0.6 , -0.59, -0.6 ],
                 [-0.54, -0.56, -0.6 ,  1.01,  0.61,  0.69],
                 [-0.55, -0.58, -0.59,  0.61,  1.01,  0.64],
                 [-0.58, -0.6 , -0.6 ,  0.69,  0.64,  1.01]])
```

**步骤 7** 计算特征值和特征向量。引入 NumPy 包中的 linalg 模块，命名为 nlg，用于计算特征值（eig_value）和特征向量（eig_vector）。将 train_x_std_cov 乘以 $m$（train_x_std_cov_xm $= A \times A^T$）。把 train_x_std_cov 的各个值保留两位小数。计算 $A \times A^T$ 矩阵的特征值（eig_value2）和特征向量（eig_vector2）。见 In［9］~In［11］。

```
In [9]:   import numpy.linalg as nlg
          eig_value,eig_vector=nlg.eig(train_x_std_cov)
          eig_value
```

```
Out[9]:   array([4.08282553, 0.63550453, 0.23907002, 0.31790566, 0.37263397,
                 0.41266636])
```

```
In [10]:  m=train_x.shape[0]
          train_x_std_cov_xm=train_x_std_cov*m
          np.round(train_x_std_cov_xm,2)
```

```
Out[10]:  array([[101.01,  70.48,  74.78, -53.51, -54.88, -58.22],
                 [ 70.48, 101.01,  64.23, -55.57, -57.7 , -59.7 ],
                 [ 74.78,  64.23, 101.01, -59.76, -58.69, -60.45],
                 [-53.51, -55.57, -59.76, 101.01,  61.  ,  68.71],
                 [-54.88, -57.7 , -58.69,  61.  , 101.01,  63.66],
                 [-58.22, -59.7 , -60.45,  68.71,  63.66, 101.01]])
```

```
In [11]:  import numpy.linalg as nlg
          eig_value2,eig_vector2=nlg.eig(train_x_std_cov_xm)
          print("特征值:")
          print(np.sqrt(eig_value2))

          print("特征向量矩阵的转置:")
          print(eig_vector2.T)
```

```
特征值:
[20.20600289  7.97185379  4.88947871  5.63831231  6.10437524  6.42391124]
特征向量矩阵的转置:
[[-0.41410999 -0.40912246 -0.42028435  0.39837248  0.39542242  0.41162273]
 [-0.52131991 -0.33994542 -0.32411333 -0.48403406 -0.35520391 -0.38360714]
 [ 0.72195552 -0.29499983 -0.59297423 -0.16760437 -0.08403547  0.07059529]
 [-0.12458816  0.26551693 -0.01888857 -0.58427225 -0.07117456  0.75311479]
 [ 0.11819232 -0.72159821  0.57409081 -0.01124748 -0.26620181  0.25447285]
 [-0.07763411  0.19704771 -0.19171892  0.48725621 -0.7965426   0.21561603]]
```

**步骤8** 奇异值分解。引入 NumPy 包中的 linalg 模块，调用 linalg 模块中的 svd 函数，对 mydata_std 进行奇异值分解（mydata_std = $U$ × Sigma × $V^T$）；其中，U 是 $A^T A$ 的左奇异矩阵，用于压缩行数；$V^T$ 是 $A A^T$ 的右奇异矩阵，用于压缩列数；Sigma 是奇异值矩阵，对角线上元素为从大到小排列的奇异值。显示奇异值矩阵 Sigma 和右奇异矩阵 $V^T$。输出 shape 属性，即矩阵 mydata，U，Sigma 和 $V^T$ 的维数。见 In［12］。

In［12］:
```
from numpy import linalg
U, Sigma, VT=linalg. svd (mydata_std)
print("Sigma:")
print (Sigma)
print("VT:")
print (VT)
print("结论:")
print("(1)对标准化的原矩阵mydata_std求协方差矩阵train_x_std_cov, 将train_x_std_cov
乘以m得到train
_x_std_cov_xm, 再对train_x_std_cov_xm求特征值eig_value2和特征向量eig_vector2")
print("(2)对标准化的原矩阵mydata_std直接用奇异值分解函数进行奇异值分解, 得到的奇异
值是Sigma和右奇异向量的矩阵VT")
print("(3)可以看出: 排序后的eig_value2和Sigma近似相等, 排序后的eig_value2对应的eig_
vector2和Sigma对应的VT近似相等")
```

```
Sigma:
[20. 10471903  7. 93189437  6. 39171098  6. 07377668  5. 61004992  4. 86496989]
VT:
[[-0. 41410999 -0. 40912246 -0. 42028435  0. 39837248  0. 39542242  0. 41162273]
 [ 0. 52131991  0. 33994542  0. 32411333  0. 48403406  0. 35520391  0. 38360714]
 [-0. 07763411  0. 19704771 -0. 19171892  0. 48725621 -0. 7965426   0. 21561603]
 [ 0. 11819232 -0. 72159821  0. 57409081 -0. 01124748 -0. 26620181  0. 25447285]
 [-0. 12458816  0. 26551693 -0. 01888857 -0. 58427225 -0. 07117456  0. 75311479]
 [ 0. 72195552 -0. 29499983 -0. 59297423 -0. 16760437 -0. 08403547  0. 07059529]]
结论:
(1)对标准化的原矩阵mydata_std求协方差矩阵train_x_std_cov, 将train_x_std_cov乘以m得
到train_x_std_cov_xm, 再对train_x_std_cov_xm求特征值eig_value2和特征向量eig_vector
2
(2)对标准化的原矩阵mydata_std直接用奇异值分解函数进行奇异值分解, 得到的奇异值是Sig
ma和右奇异向量的矩阵VT
(3)可以看出: 排序后的eig_value2和Sigma近似相等, 排序后的eig_value2对应的eig_vector
2和Sigma对应的VT近似相等
```

**步骤9** 转化特征值数据的类型：从 ndarray 转化为 DataFrame。见 In［13］。

In［13］:
```
SigmaDataFrame=pd. DataFrame ()
SigmaDataFrame['Sigma_value']=Sigma
SigmaDataFrame
```

Out［13］:

|   | Sigma_value |
|---|---|
| 0 | 20.104719 |
| 1 | 7.931894 |
| 2 | 6.391711 |
| 3 | 6.073777 |
| 4 | 5.610050 |
| 5 | 4.864970 |

**步骤 10** 计算奇异值的累积贡献率。根据得到的累积贡献率确定二维的降维维度。见 In［14］。

```
In [14]: for m in range(1,len(SigmaDataFrame)+1):
             print("第"+str(m)+"个奇异值的累积贡献率是："+str(SigmaDataFrame
             ['Sigma_value'][:m].sum()/SigmaDataFrame['Sigma_value'].sum()))
```

第1个奇异值的累积贡献率是：0.39438710328018356
第2个奇异值的累积贡献率是：0.5499842464123775
第3个奇异值的累积贡献率是：0.6753681611766373
第4个奇异值的累积贡献率是：0.7945152722233696
第5个奇异值的累积贡献率是：0.9045656207345626
第6个奇异值的累积贡献率是：1.0

**步骤 11** 根据降维维度，确定相应的右奇异向量构成的矩阵。见 In［15］，In［16］。

```
In [15]: TargetD=2  #目标维度(target dimension)
```

```
In [16]: VT_TargetD=VT[:TargetD,:] # VT中每一行为右奇异向量,选前2行用于降低原始数据的列的维度
         VT_TargetD
```

```
Out[16]: array([[-0.41410999, -0.40912246, -0.42028435,  0.39837248,  0.39542242,
                   0.41162273],
                 [ 0.52131991,  0.33994542,  0.32411333,  0.48403406,  0.35520391,
                   0.38360714]])
```

**步骤 12** 得到降维后的矩阵。调用 NumPy 包中的 mat 函数，将二维数组 mydata_std 和 VT_TargetD 相乘，得到降维后的矩阵（列数从 6 列减到 2 列），并将其赋值为 train_x_std_TargetD。见 In［17］。

```
In [17]: train_x_std_TargetD=np.dot(mydata_std,VT_TargetD.T) # 将原始数据(100,6)和VT的转置(6,
         2)做矩阵乘法,得到降维后矩阵（100, 2）
```

**步骤 13** 将降维结果可视化。确定测试集 test_x 和 test_y。调用 plt 包中的 scatter 函数将测试集中的数据绘制成散点图；其中，scatter 函数包含 3 个参数：第 1 个参数代表散点图的横坐标，即 test_x 的第 1 列数据；第 2 个参数代表散点图的纵坐标，即 test_x 的第 2 列数据；第 3 个参数代表颜色。依据 test_y 的第 1 列数据，即 3 种分类的结果，调用 plt 包中的 show 函数显示散点图；从散点图中可以清楚看到数据在二维空间分为 3 类。见 In［18］，In［19］。

```
In [18]: train_x_std_TargetD_df=pd.DataFrame(train_x_std_TargetD);
         train_y_df=pd.DataFrame(train_y);
```

In [19]:
```python
import matplotlib.pyplot as plt
plt.scatter(train_x_std_TargetD_df.iloc[:, 0], train_x_std_TargetD_df.iloc[:, 1],
c=train_y_df.iloc[:,0])    # 圈中测试集样本
plt.show()
```

Out[19]:

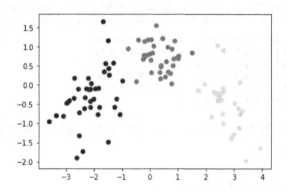

## 20.5　本章总结

本章实现的工作是：首先导入学生成绩及分类数据作为样本数据。然后采用奇异值分解算法，对样本数据进行降维，进而将六维数据降到二维指标。最后，依照分类结果将低维指标可视化。

本章掌握的技能是：①求解输入数据的协方差矩阵及其特征值和特征向量；②通过奇异值分解得到奇异值矩阵；③通过计算累积贡献度，确定最佳的降维数目；④使用 Matplotlib 库实现数据的可视化，绘制散点图。

## 20.6　本章作业

➤ 实现本章的案例，即实现学生成绩样本矩阵的奇异值降维和数据可视化。

➤ 读取鸢尾花特征（花萼长度、花萼宽度、花瓣长度、花瓣宽度）和种类（Setosa，Versicolour，Virginica）的样本数据，运用奇异值分解方法，实现数据的降维和可视化。导入数据的 Python 代码如图 20-3 所示。

In [1]:
```python
from sklearn import datasets
import pandas as pd
```

In [2]:
```python
iris = datasets.load_iris()
mydata = pd.DataFrame(iris.data)
mydata.head()
```

图 20-3

Out[2]:

|   | 0 | 1 | 2 | 3 |
|---|---|---|---|---|
| 0 | 5.1 | 3.5 | 1.4 | 0.2 |
| 1 | 4.9 | 3.0 | 1.4 | 0.2 |
| 2 | 4.7 | 3.2 | 1.3 | 0.2 |
| 3 | 4.6 | 3.1 | 1.5 | 0.2 |
| 4 | 5.0 | 3.6 | 1.4 | 0.2 |

图 20-3 导入鸢尾花数据的代码

# 21 线性判别分析

## 21.1 本章工作任务

采用线性判别分析（Linear Discriminant Analysis，LDA）的算法编写程序，对 100 名同学的 6 科成绩进行降维。①算法的输入是：100 位学生的语文成绩、历史成绩、政治成绩、数学成绩、物理成绩、化学成绩；②算法模型需要求解的是：线性判别分析模型的降维矩阵；③算法的结果是：每位学生的 6 科成绩对应的降维结果（二维指标或一维指标）。

## 21.2 本章技能目标

> 掌握 LDA 算法的降维原理
> 使用 Python 导入样本数据
> 使用 Python 建立线性判别分析模型
> 使用 Python 中线性判别分析算法进行降维
> 使用 Python 对降维后的分类结果进行可视化展示

## 21.3 本章简介

**降维算法是指**：一种高维数据向低维数据映射的方法，即将原高维空间中的数据点映射到低维度空间中的数据点。降维后的数据保存了高维数据的绝大部分特征信息，从而使用低维度的数据代替高维度的数据。

**LDA 线性判别分析是指**：将高维样本映射到低维坐标轴上，降维后的效果为：同一类别数据尽量靠近，不同类别数据尽量分开。

**LDA 算法可以解决的科学问题是**：已知原始数据矩阵 $\begin{pmatrix} h_{11} & \cdots & h_{1N} \\ \vdots & & \vdots \\ h_{M1} & \cdots & h_{MN} \end{pmatrix}$，

由于维度过高，不便于特征的提取，所以采用降维方法以方便特征的提取。

降维的方法是：找到一个降维数据矩阵 $\begin{pmatrix} Z_{1S} & \cdots & Z_{1S} \\ \vdots & & \vdots \\ Z_{N1} & \cdots & Z_{NS} \end{pmatrix}$，通过矩阵运算

$$\begin{pmatrix} h_{11} & \cdots & h_{1N} \\ \vdots & & \vdots \\ h_{M1} & \cdots & h_{MN} \end{pmatrix} \cdot \begin{pmatrix} Z_{1S} & Z_{1S} \\ \vdots & & \vdots \\ Z_{N1} & Z_{NS} \end{pmatrix}, 得到低维数据矩阵 \begin{pmatrix} X_{11} & \cdots & X_{1S} \\ \vdots & & \vdots \\ X_{M1} & \cdots & X_{MS} \end{pmatrix}。不同$$

于 PCA 的是，LDA 进行降维时样本数据的类别信息参与计算，降维后低维空间中数据点的特征是：同一类别数据尽量靠近，不同类别数据尽量分开。

**LDA 算法可以解决的实际应用问题是：**根据已知的 100 位学生的语文成绩、历史成绩、政治成绩、数学成绩、物理成绩、化学成绩和学生类别（文科生，理科生和综合生）样本数据，通过线性判别分析（LDA）进行降维，用低维指标反映这 100 位学生的高维成绩信息。

**本章的重点是：**LDA 算法的理解与使用。

## 21.4 理论讲解部分

### 21.4.1 任务描述

任务内容参见图 21-1。

|   | 0 | 1 |
|---|---|---|
| 0 | -3.240429 | 1.366328 |
| 1 | 1.511896 | -0.485663 |
| 2 | 3.379665 | 0.001791 |
| 3 | 1.043065 | -0.912868 |
| 4 | -0.340845 | -1.506012 |

|   | 0 |
|---|---|
| 0 | -3.240429 |
| 1 | 1.511896 |
| 2 | 3.379665 |
| 3 | 1.043065 |
| 4 | -0.340845 |

| | yuwen | lishi | zhengzhi | shuxue | wuli | huaxue | ClassifyResult |
|---|---|---|---|---|---|---|---|
| 0 | 84 | 86 | 75 | 67 | 74 | 51 | 1 |
| 1 | 79 | 79 | 70 | 77 | 81 | 81 | 2 |
| 2 | 79 | 60 | 69 | 83 | 81 | 80 | 3 |
| 3 | 77 | 71 | 79 | 90 | 72 | 80 | 2 |
| 4 | 88 | 71 | 84 | 78 | 79 | 75 | 2 |
| 5 | 76 | 76 | 75 | 79 | 82 | 79 | 2 |

a) 产生样本数据　　　　　　　　　　b) 二维指标与一维指标

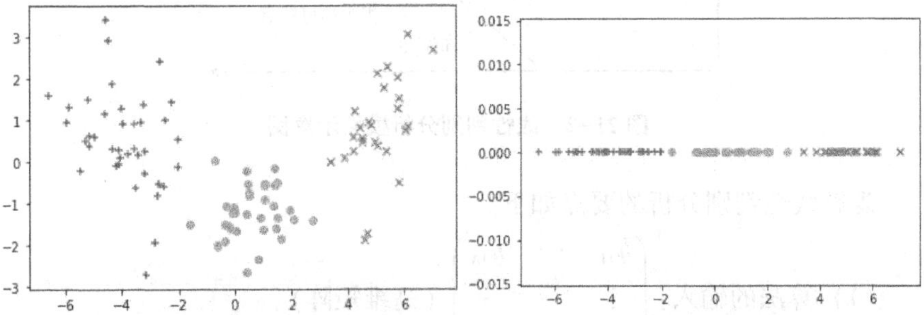

c) 二维降维结果的可视化

d) 一维降维结果的可视化

**图 21-1　任务展示**

需要实现的功能描述如下。

（1）导入降维前的数据。该数据是 100 位学生的语文成绩、历史成绩、政治成绩、数学成绩、物理成绩、化学成绩和学生的分类（文科生、理科生、综合生）。如图 21-1a）所示。

（2）建立 LDA 模型并将数据降维。原数据可对应为矩阵
$\begin{pmatrix} h_{11} & \cdots & h_{1100} \\ \vdots & \text{高维矩阵} & \vdots \\ h_{1001} & \cdots & h_{100100} \end{pmatrix}$，降维后得到的数据可对应矩阵
$\begin{pmatrix} X_{11} & & X_{12} \\ \vdots & \text{低维矩阵} & \vdots \\ X_{1001} & & X_{1002} \end{pmatrix}$，$\begin{pmatrix} X_{11} \\ \vdots \\ X_{1001} \end{pmatrix}$，降维后的数据如图 21-1b）所示。

（3）将二维结果可视化，对 LDA 降至二维的结果进行可视化展示，如图 21-1c）所示。

（4）将二维结果可视化，对 LDA 降至一维的结果进行可视化展示，如图 21-1d）所示。

### 21.4.2 一图精解

一元线性回归的原理可以参考图 21-2 理解。

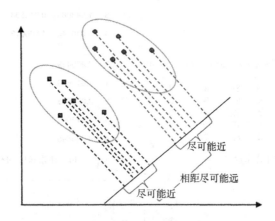

**图 21-2　线性判别分析模型示意图**

理解线性判别分析的要点如下。

（1）算法的输入：$\begin{pmatrix} h_{11} & \cdots & h_{1N} \\ \vdots & & \vdots \\ h_{M1} & \cdots & h_{MN} \end{pmatrix}$（高维矩阵）。

（2）算法的模型：由原始数据 $\begin{pmatrix} h_{11} & \cdots & h_{1N} \\ \vdots & & \vdots \\ h_{M1} & \cdots & h_{MN} \end{pmatrix}$（高维矩阵）得到降维

后数据 $\begin{pmatrix} X_{11} & \cdots & X_{1S} \\ \vdots & & \vdots \\ X_{M1} & \cdots & X_{MS} \end{pmatrix}$（低维矩阵）。

（3）待求解的矩阵为 $\begin{pmatrix} Z_{1S} & \cdots & Z_{1S} \\ \vdots & & \vdots \\ Z_{N1} & \cdots & Z_{NS} \end{pmatrix}$（降维变换矩阵）。

（4）算法的输出：$\begin{pmatrix} X_{11} & \cdots & X_{1S} \\ \vdots & & \vdots \\ X_{M1} & \cdots & X_{MS} \end{pmatrix}$（低维矩阵）。

（5）算法的核心思想是：降维后同一类数据的组间方差尽可能小，不同类的数据组与组的均值差尽可能大，即同一类数据聚在一起，不同类的数据相互远离。

（6）算法的注意事项是：原始数据一共有 $C$ 个类别，那么 LDA 降维后的维度为 1 至 $C-1$。

### 21.4.3 实现步骤

**步骤 1** 导入外部包。引入 numpy 包，命名为 np。引入 pandas 包，命名为 pd。引入 matplotlib 包，命名为 mpl。引入 matplotlib 绘图库中的 pyplot 模块，从 sklearn 的判别分析中引入 LDA 线性判别分析算法包。见 In [1]。

```
In [1]: import numpy as np
        import pandas as pd
        import matplotlib.pyplot as plt
        import matplotlib as mpl
        from sklearn.discriminant_analysis import LinearDiscriminantAnalysis
```

**步骤 2** 导入样本数据，并显示前 6 行。编码格式为 gb2312，读取列的名称为 yuwen 等 7 列。见 In [2]。

```
In [2]: mydata= pd.read_csv('DataForClassify.csv',encoding="gb2312",
                    usecols=['yuwen','lishi','zhengzhi','shuxue','wuli','huaxue','
        ClassifyResult'])
        order=['yuwen','lishi','zhengzhi','shuxue','wuli','huaxue','ClassifyResult']
        mydata=mydata[order]
        print(mydata[:6])
```

```
Out[2]:    yuwen  lishi  zhengzhi  shuxue  wuli  huaxue  ClassifyResult
        0    84     86       75       67    74     51          1
        1    79     79       70       77    81     81          2
        2    79     60       69       83    81     80          3
        3    77     71       79       90    72     80          2
        4    88     71       84       78    79     75          2
        5    76     76       75       79    82     79          2
```

**步骤 3** 将 mydata 中第 1 至 6 列的数据赋值给 $X$, 将 ClassifyResult 列中的数据赋值给 $Y$, 并显示 $X$ 和 $Y$ 的前 5 行。见 In [3]。

```
In [3]:  X=mydata.iloc[:,0:6].values
         Y=mydata.iloc[:,6].values        #Y为分类信息
         X[:5],Y[:5]
```

```
Out[3]:  (array([[84, 86, 75, 67, 74, 51],
                  [79, 79, 70, 77, 81, 81],
                  [79, 60, 69, 83, 81, 80],
                  [77, 71, 79, 90, 72, 80],
                  [88, 71, 84, 78, 79, 75]], dtype=int64),
          array([1, 2, 3, 2, 2], dtype=int64))
```

**步骤 4** 建立 LDA 模型, 并设置模型的参数, 将原高维数据降至二维。其中, priors = None 表示各类别权重相等。见 In [4]。

```
In [4]:  LinearDiscriminantAnalysis(n_components=None, priors=None, shrinkage=None,solver=
         'svd', store_covariance=False, tol=0.0001)
         model_lda = LinearDiscriminantAnalysis(n_components=2)
         X_6to2=model_lda.fit(X,Y).transform(X)
         X_6to2[0:10],X_6to2.shape
```

```
Out[4]:  (array([[-3.24042862e+00,  1.36632772e+00],
                  [ 1.51189612e+00, -4.85662863e-01],
                  [ 3.37966520e+00,  1.79116978e-03],
                  [ 1.04306450e+00, -9.12867738e-01],
                  [-3.40845443e-01, -1.50601204e+00],
                  [ 1.41790470e+00, -5.66555758e-01],
                  [-3.16378804e+00, -2.72859422e+00],
                  [ 7.05988982e+00,  2.70262892e+00],
                  [ 4.70116961e+00, -1.70520001e+00],
                  [ 4.40317260e+00,  8.17054294e-01]]), (100, 2))
```

**步骤 5** 调用 DataFrame 函数, 将特征数据从数组转化为数据框并显示前 5 行。见 In [5]。

```
In [5]:  X_6to2_df=pd.DataFrame(X_6to2)
         X_6to2_df[:5]
```

Out[5]:

|   | 0 | 1 |
|---|---|---|
| 0 | -3.240429 | 1.366328 |
| 1 | 1.511896 | -0.485663 |
| 2 | 3.379665 | 0.001791 |
| 3 | 1.043065 | -0.912868 |
| 4 | -0.340845 | -1.506012 |

**步骤 6** 划分训练集和测试集，对测试集进行预测后计算模型得分。见 In [6]。

```
from sklearn.model_selection import train_test_split
x_train,x_test,y_train,y_test=train_test_split(X_6to2,Y,test_size=0.3,random_state
=0)model_lda.fit(x_train,y_train)
test_y=model_lda.predict(x_test)
print(test_y)
model_lda.score(x_test,test_y)
```

```
[1 1 3 2 1 2 3 3 1 3 3 1 2 1 3 2 2 2 2 3 1 3 2 3 1 1 1 2 1 3]
```

Out[6]:1.0

**步骤 7** 用不同形状表示不同类别的数据，并使用此函数将二维结果可视化。见 In [7]。

```
for c,i in zip('+ox',[1,2,3]):
    plt.scatter(X_6to2[Y==i,0].tolist(),X_6to2[Y==i,1].tolist(),marker=c)
plt.show()
```

Out[7]:

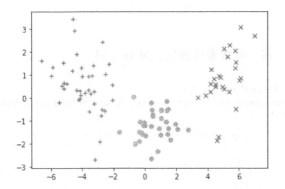

**步骤 8** 建立 LDA 模型，将原高维数据降为一维。见 In [8]。

```
model_lda1= LinearDiscriminantAnalysis(n_components=1)
X_6to1=model_lda1.fit(X, Y).transform(X)
X_6to1[:10],X_6to1.shape
```

Out[8]:(array([[-3.24042862],
              [ 1.51189612],
              [ 3.3796652 ],
              [ 1.0430645 ],
              [-0.34084544],
              [ 1.4179047 ],
              [-3.16378804],
              [ 7.05988982],
              [ 4.70116961],
              [ 4.4031726 ]]), (100, 1))

**步骤 9** 调用 zeros 函数，将 X_6to1 矩阵转化为零矩阵，并赋值给 X_zero（将一维结果投影在一条直线上）。见 In [9]。

```
In [9]:  X_6to1_df=pd.DataFrame(X_6to1)
         X_6to1_df[:5]
```

Out[9]:

|   | 0 |
|---|---|
| 0 | -3.240429 |
| 1 | 1.511896 |
| 2 | 3.379665 |
| 3 | 1.043065 |
| 4 | -0.340845 |

**步骤 10** 调用 zeros 函数，将 X_6to1 矩阵转化为零矩阵，并赋值给 X_zero（将一维结果投影到一条直线上）。见 In［10］。

```
In [10]:  X_zero=np.zeros(X_6to1.shape)
          print(X_zero[:6])
```

Out[10]: [[0.]
          [0.]
          [0.]
          [0.]
          [0.]
          [0.]]

**步骤 11** 将一维结果可视化。见 In［11］。

```
In [11]:  for c,i in zip('+ox',[1,2,3]):
              plt.scatter(X_6to1[Y==i,0].tolist(),X_zero[Y==i,0].tolist(),marker=c)
          plt.show()
```

Out[11]:

## 21.5 本章总结

本章实现的工作是：首先导入 100 位学生的 6 科成绩，然后使用 LDA 降维算法对样本数据进行处理，得到降维后的 100 位学生的二维与一维指标，最后将二维与一维结果可视化。

本章掌握的技能是：①使用 pandas 库导入 CSV 文件；②使用 LDA 方法将数据降维；③使用 Matplotlib 库将降维后的数据可视化，绘制散点图。

## 21.6  本章作业

> 实现本章的案例，即导入样本数据，建立 LDA 模型并降维，实现数据的可视化。

> 导入白葡萄酒数据集，建立 LDA 模型并降维。

数据下载和使用说明如下。

（1）从 https：//raw. githubusercontent. com/NOVA - QY/Data - Analyze/master/Examples/wine_quality/winequality - white. csv 下载数据集，得到如下数据。

| | fixed_acidity | volatile_acidity | citric_acid | residual_sugar | chlorides | free_sulfur_dioxide | total_sulfur-dioxide | density | pH | sulphates | alcohol | quality |
|---|---|---|---|---|---|---|---|---|---|---|---|---|
| 0 | 7.4 | 0.7 | 0 | 1.9 | 0.076 | 11 | 34 | 0.9978 | 3.51 | 0.56 | 9.4 | 5 |
| 1 | 7.8 | 0.88 | 0 | 2.6 | 0.098 | 25 | 67 | 0.9968 | 3.2 | 0.68 | 9.8 | 5 |
| 2 | 7.8 | 0.76 | 0.04 | 2.3 | 0.092 | 15 | 54 | 0.997 | 3.26 | 0.65 | 9.8 | 5 |
| 3 | 11.2 | 0.28 | 0.56 | 1.9 | 0.075 | 17 | 60 | 0.998 | 3.16 | 0.58 | 9.8 | 6 |
| 4 | 7.4 | 0.7 | 0 | 1.9 | 0.076 | 11 | 34 | 0.9978 | 3.51 | 0.56 | 9.4 | 5 |
| ... | ... | ... | ... | ... | ... | ... | ... | ... | ... | ... | ... | ... |
| 1594 | 6.2 | 0.6 | 0.08 | 2 | 0.09 | 32 | 44 | 0.9949 | 3.45 | 0.58 | 10.5 | 5 |
| 1595 | 5.9 | 0.55 | 0.1 | 2.2 | 0.062 | 39 | 51 | 0.99512 | 3.52 | 0.76 | 11.2 | 6 |
| 1596 | 6.3 | 0.51 | 0.13 | 2.3 | 0.076 | 29 | 40 | 0.99574 | 3.42 | 0.75 | 11 | 6 |
| 1597 | 5.9 | 0.645 | 0.12 | 2 | 0.075 | 32 | 44 | 0.99547 | 3.57 | 0.71 | 10.2 | 5 |
| 1598 | 6 | 0.31 | 0.47 | 3.6 | 0.067 | 18 | 42 | 0.99549 | 3.39 | 0.66 | 11 | 6 |

（2）使用 pandas 库导入样本数据。

# 第七部分
## 推荐算法

# 22　基于项目的协同过滤

## 22.1　本章工作任务

采用基于项目的协同过滤算法编写程序，根据多个用户的电影喜好评分，为用户 A 推荐电影（将与用户 A 喜欢的电影类型相似的电影推荐给用户 A）。①算法的输入是："不同用户对多部电影的评分"数据；②算法模型需要求解的是：电影相似度；③算法的结果是：为用户推荐的电影。

## 22.2　本章技能目标

➢ 掌握基于项目的协同过滤原理
➢ 使用 Python 实现基于项目的协同过滤

## 22.3　本章简介

**协同过滤是指**：根据用户 A 与其他用户共同喜好的内容为用户 A 推荐内容的算法。**基于项目的协同过滤是指**：找到与用户 A 喜欢的项目相似的项目，推荐给用户 A。

**基于项目的协同过滤算法可以解决的实际应用问题是**：在电子商城中，协同过滤推荐算法被广泛应用，可根据当前用户 A 对项目（历史购买商品）的评分和不同项目（其他商品）之间的相似度为用户 A 推荐商品。

**本章的重点是**：基于项目的协同过滤算法的理解和使用。

## 22.4　理论讲解部分

### 22.4.1　任务描述

任务内容参见图 22-1。

需要实现的功能描述如下。

（1）产生"不同用户对多部电影的评分"数据。构造的数据内容为用户对不同电影的评分，如图 22-1a）所示。

（2）计算项目之间的相似度，并建立相似度矩阵，如图 22-1b）所示。

（3）基于用户 A 对其他项目的感兴趣程度，为用户 A 推荐项目，如图

| | Lisa Rose | Gene Seymour | Michael Phillips | Claudia Puig | Mick LaSalle | Jack Matthews | Toby |
|---|---|---|---|---|---|---|---|
| Lady in the Water | 2.5 | 3.0 | 2.5 | NaN | 3.0 | 3.0 | NaN |
| Snakes on a Plane | 3.5 | 3.5 | 3.0 | 3.5 | 4.0 | 4.0 | 4.5 |
| Just My Luck | 3.0 | 1.5 | NaN | 3.0 | 2.0 | NaN | NaN |
| Superman Returns | 3.5 | 5.0 | 3.5 | 4.0 | 3.0 | 5.0 | 4.0 |
| You, Me and Dupree | 2.5 | 3.5 | NaN | 2.5 | 2.0 | 3.5 | 1.0 |
| The Night Listener | 3.0 | 3.0 | 4.0 | 4.5 | 3.0 | 3.0 | NaN |

a) 产生"不同用户对多部电影的评分"数据样本

| | Lady in the Water | Snakes on a Plane | Just My Luck | Superman Returns | You, Me and Dupree | The Night Listener |
|---|---|---|---|---|---|---|
| Snakes on a Plane | 0.845154 | NaN | 0.755929 | 1.000000 | 0.925820 | 0.925820 |
| Just My Luck | 0.670820 | 0.755929 | NaN | 0.755929 | 0.816497 | 0.816497 |
| Superman Returns | 0.845154 | 1.000000 | 0.755929 | NaN | 0.925820 | 0.925820 |
| You, Me and Dupree | 0.730297 | 0.925820 | 0.816497 | 0.925820 | NaN | 0.833333 |
| The Night Listener | 0.912871 | 0.925820 | 0.816497 | 0.925820 | 0.833333 | NaN |
| Lady in the Water | NaN | 0.845154 | 0.670820 | 0.845154 | 0.730297 | 0.912871 |

b) 计算出相似度矩阵

```
----4. 推荐----
[('The Night Listener', 8.702804181400019), ('Lady in the Water', 7.91410790853261
2), ('Just My Luck', 7.241892622084588)]
```

c) 生成根据用户Toby历史评分记录和项目之间相似度计算出的推荐结果

**图 22-1 任务展示**

22-1c) 所示。

## 22.4.2 一图精解

基于项目的协同过滤的原理可以参考图 22-2 和表 22-1 理解。

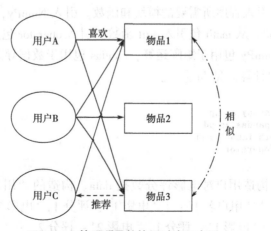

**图 22-2 基于项目的协同过滤示意图**

　　用户 A 喜欢物品 1 和物品 3，用户 B 喜欢物品 1、物品 2 和物品 3，用户 A 和用户 B 都喜欢物品 1 和物品 3，则认为物品 1 和物品 3 相似。根据用户 C 喜欢物品 1，所以把与物品 1 相似的物品 3 推荐给用户 C。

表 22-1　输入数据

| 用户/物品 | 物品 1 | 物品 2 | 物品 3 |
|---|---|---|---|
| 用户 A | √ | | √ |
| 用户 B | √ | √ | √ |
| 用户 C | √ | | 推荐 |

　　理解基于项目的协同过滤的要点如下。

　　（1）算法的输入是：多名用户对不同项目（电影）的评分，需要被推荐电影的用户 A。

　　（2）算法的模型是：项目相似度 $w_{ij} = \dfrac{|N(i) \cap N(j)|}{\sqrt{|N(i)||N(j)|}}$，其中，$N(i)$ 表示喜欢项目 $i$ 的用户的数量，$N(j)$ 表示喜欢项目 $j$ 的用户的数量，即相似度=同时喜欢项目 $i$ 和项目 $j$ 的人数/喜欢项目 $i$ 的人数和喜欢项目 $j$ 的人数的积的平方根。

　　（3）算法的输出是：与用户 A 喜欢的项目相似的项目。

　　（4）算法的核心思想是：计算不同项目之间的相似度，并给用户 A 推荐他喜欢项目的相似项目。

　　（5）算法的注意事项：冷启动问题（要有一定的项目打分基础，才可以离线计算项目相似度，从而用于为用户推荐项目），不能向没有任何数据的用户推荐项目。

### 22.4.3　实现步骤

　　**步骤 1**　引入程序所需要的模块和函数。引入 NumPy，pandas 包，分别命名为 np，pd。从 math 包引入 sqrt 函数，引入 operator 包。

　　其中，NumPy 包用于矩阵运算，pandas 包用于数据导入及整理，sqrt 方法用于平方根计算。见 In［1］。

```
In [1]:  import numpy as np
         import pandas as pd
         from math import sqrt
         import operator
```

　　**步骤 2**　构造用户对电影评分数据 data。构造的"用户—项目—评分"数据格式为：｛'用户名 1'：｛'电影 1'：评分 1，'电影 2'：评分 2，…｝，'用户名 2'：｛'电影 1'：评分 1，'电影 2'：评分 2，…｝，…｝"，然后将用户对电影评分数据 data 以 DataFrame 形式显示。见 In［2］。

```
In [2]:    print("---1.构造数据---")
           data = {'Lisa Rose':{'Lady in the Water':2.5,'Snakes on a Plane':3.5,
                               'Just My Luck':3.0,'Superman Returns':3.5,'You, Me and Dupree':2.5,
                               'The Night Listener':3.0},

                   'Gene Seymour':{'Lady in the Water':3.0,'Snakes on a Plane':3.5,
                               'Just My Luck':1.5,'Superman Returns':5.0,'The Night Listener':3.0
           ,                   'You, Me and Dupree':3.5},

                   'Michael Phillips': {'Lady in the Water': 2.5, 'Snakes on a Plane': 3.0,
                               'Superman Returns': 3.5, 'The Night Listener': 4.0},

                   'Claudia Puig': {'Snakes on a Plane': 3.5, 'Just My Luck': 3.0,
                               'The Night Listener': 4.5, 'Superman Returns': 4.0,
                               'You, Me and Dupree': 2.5},

                   'Mick LaSalle': {'Lady in the Water': 3.0, 'Snakes on a Plane': 4.0,
                               'Just My Luck':2.0,'Superman Returns':3.0,'The Night Listener':3.0
           ,                   'You, Me and Dupree': 2.0},

                   'Jack Matthews': {'Lady in the Water': 3.0, 'Snakes on a Plane': 4.0,
                               'The Night Listener':3.0,'Superman Returns':5.0,'You, Me and Dupre
           e': 3.5},

                   'Toby':{'Snakes on a Plane':4.5,'You, Me and Dupree':1.0,'Superman Returns':4.0}
                   }
           pd.DataFrame(data)
```

---1.构造数据---

Out[2]:

| | Lisa Rose | Gene Seymour | Michael Phillips | Claudia Puig | Mick LaSalle | Jack Matthews | Toby |
|---|---|---|---|---|---|---|---|
| Lady in the Water | 2.5 | 3.0 | 2.5 | NaN | 3.0 | 3.0 | NaN |
| Snakes on a Plane | 3.5 | 3.5 | 3.0 | 3.5 | 4.0 | 4.0 | 4.5 |
| Just My Luck | 3.0 | 1.5 | NaN | 3.0 | 2.0 | NaN | NaN |
| Superman Returns | 3.5 | 5.0 | 3.5 | 4.0 | 3.0 | 5.0 | 4.0 |
| You, Me and Dupree | 2.5 | 3.5 | NaN | 2.5 | 2.0 | 3.5 | 1.0 |
| The Night Listener | 3.0 | 3.0 | 4.0 | 4.5 | 3.0 | 3.0 | NaN |

**步骤 3**　定义计算相似度函数 similarity( )，功能为计算项目与项目的相似矩阵。函数名为 similarity。函数的功能是：计算项目与项目的相似矩阵。函数的参数是：用户对项目（电影）的评分数据 data。函数的返回值是：项目与项目的相似度矩阵 $W$。函数的显示输出是：①为每部电影评过分的人数矩阵 $N$；②同时为某两部电影评过分的人数矩阵 $C$；③项目与项目的相似度矩阵 $W$。

本算法认为，项目和项目之间的相似度与同时为两个项目评分的人数和单独为其中一个项目评分的人数有关，故两个项目之间的相似度为：$w_{ij} = \dfrac{|N(i) \cap N(j)|}{\sqrt{|N(i)||N(j)|}}$。公式中，$w_{ij}$ 表示项目 $i$ 与项目 $j$ 之间的相似度，$N(i)$ 表示喜欢项目 $i$ 的用户的数量，$N(j)$ 表示喜欢项目 $j$ 的用户的数量，相似度 = 同时喜欢项目 $i$ 和项目 $j$ 的人数/喜欢项目 $i$ 的人数和喜欢项目 $j$ 的人数的积的平方根。见 In［3］。

In［3］:
```
def similarity(data):
    N={};
    C={};
    for user,item in data.items():
        for i,score in item.items():
            N.setdefault(i,0);
            N[i]+=1;
            C.setdefault(i,{});
            for j,scores in item.items():
                if j not in i:
                    C[i].setdefault(j,0);
                    C[i][j]+=1;
    print("---2.构造的共现矩阵---")
    print('N:',N);
    print ('C:',C);
    W={};
    for i,item in C.items():
        W.setdefault(i,{});
        for j,item2 in item.items():
            W[i].setdefault(j,0);
            W[i][j]=C[i][j]/sqrt(N[i]*N[j]);
    print("---3.计算的相似矩阵---")
    print(W)
    return W
```

**步骤 4** 计算相似矩阵 $W$。调用 similarity 函数，利用构造的数据 data，计算出相似矩阵 $W$，并将相似度矩阵 $W$ 以 DataFrame 形式显示。见 In［4］。

In［4］:
```
W=similarity(data);
pd.DataFrame(W)
```

---2.构造的共现矩阵---
N: {'Lady in the Water': 5, 'Snakes on a Plane': 7, 'Just My Luck': 4, 'Superman Returns': 7, 'You, Me and Dupree': 6, 'The Night Listener': 6}
C: {'Lady in the Water': {'Snakes on a Plane': 5, 'Just My Luck': 3, 'Superman Returns': 5, 'You, Me and Dupree': 4, 'The Night Listener': 5}, 'Snakes on a Plane': {'Lady in the Water': 5, 'Just My Luck': 4, 'Superman Returns': 7, 'You, Me and Dupree': 6, 'The Night Listener': 6}, 'Just My Luck': {'Lady in the Water': 3, 'Snakes on a Plane': 4, 'Superman Returns': 4, 'You, Me and Dupree': 4, 'The Night Listener': 4}, 'Superman Returns': {'Lady in the Water': 5, 'Snakes on a Plane': 7, 'Just My Luck': 4, 'You, Me and Dupree': 6, 'The Night Listener': 6}, 'You, Me and Dupree': {'Lady in the Water': 4, 'Snakes on a Plane': 6, 'Just My Luck': 4, 'Superman Returns': 6, 'The Night Listener': 5}, 'The Night Listener': {'Lady in the Water': 5, 'Snakes on a Plane': 6, 'Just My Luck': 4, 'Superman Returns': 6, 'You, Me and Dupree': 5}}

----3. 计算的相似矩阵----

{'Lady in the Water': {'Snakes on a Plane': 0.8451542547285166, 'Just My Luck': 0.6708203932499369, 'Superman Returns': 0.8451542547285166, 'You, Me and Dupree': 0.7302967433402214, 'The Night Listener': 0.9128709291752769}, 'Snakes on a Plane': {'Lady in the Water': 0.8451542547285166, 'Just My Luck': 0.7559289460184544, 'Superman Returns': 1.0, 'You, Me and Dupree': 0.9258200997725514, 'The Night Listener': 0.9258200997725514}, 'Just My Luck': {'Lady in the Water': 0.6708203932499369, 'Snakes on a Plane': 0.7559289460184544, 'Superman Returns': 0.7559289460184544, 'You, Me and Dupree': 0.8164965809277261, 'The Night Listener': 0.8164965809277261}, 'Superman Returns': {'Lady in the Water': 0.8451542547285166, 'Snakes on a Plane': 1.0, 'Just My Luck': 0.7559289460184544, 'You, Me and Dupree': 0.9258200997725514, 'The Night Listener': 0.9258200997725514}, 'You, Me and Dupree': {'Lady in the Water': 0.7302967433402214, 'Snakes on a Plane': 0.9258200997725514, 'Just My Luck': 0.8164965809277261, 'Superman Returns': 0.9258200997725514, 'The Night Listener': 0.8333333333333334}, 'The Night Listener': {'Lady in the Water': 0.9128709291752769, 'Snakes on a Plane': 0.9258200997725514, 'Just My Luck': 0.8164965809277261, 'Superman Returns': 0.9258200997725514, 'You, Me and Dupree': 0.8333333333333334}}

Out[4]:

| | Lady in the Water | Snakes on a Plane | Just My Luck | Superman Returns | You, Me and Dupree | The Night Listener |
|---|---|---|---|---|---|---|
| Snakes on a Plane | 0.845154 | NaN | 0.755929 | 1.000000 | 0.925820 | 0.925820 |
| Just My Luck | 0.670820 | 0.755929 | NaN | 0.755929 | 0.816497 | 0.816497 |
| Superman Returns | 0.845154 | 1.000000 | 0.755929 | NaN | 0.925820 | 0.925820 |
| You, Me and Dupree | 0.730297 | 0.925820 | 0.816497 | 0.925820 | NaN | 0.833333 |
| The Night Listener | 0.912871 | 0.925820 | 0.816497 | 0.925820 | 0.833333 | NaN |
| Lady in the Water | NaN | 0.845154 | 0.670820 | 0.845154 | 0.730297 | 0.912871 |

**步骤5** 定义推荐函数recommendList( )，功能是：①获得用户的历史记录；②对用户记录中没有的项目按照预测兴趣度排序；③进行推荐。函数的参数是：①用户对项目（电影）的评分数据data。②项目与项目的相似度矩阵 $W$。③用户名 user。函数的返回值是：按照所构造数据的第二个元素（即评分）对项目（电影）进行逆序排序。函数的显示输出是：推荐结果。

其中对于用户未评过分的项目 $j$ 的预测兴趣度公式为：对项目 $j$ 预测兴趣度=用户列表中存在的项目 $i_1$ 的评分×项目 $i_1$ 和项目 $j$ 的相似度+用户列表中存在的项目 $i_2$ 的评分×项目 $i_2$ 和项目 $j$ 的相似度+用户列表中存在的项目 $i_3$ 的评分×项目 $i_3$ 和项目 $j$ 的相似度+……（假设用户列表中共有 $n$ 个已存在项目 $i$，则该用户对其列表中未存在的项目 $j$ 的预测兴趣度为 $\sum_{m=1}^{n} \text{score}(i_m) \cdot \text{sim}(i_m, j)$）。见 In [5]。

```
In [5]: def recommendList(data, W, user):
            rank={};
            for i, score in data[user].items():
                for j, w in sorted(W[i].items(), key=operator.itemgetter(1), reverse=True):
                    if j not in data[user].keys():
                        rank.setdefault(j, 0);
                        rank[j]+=float(score)*w;
            print("---4. 推荐----")
            print (sorted(rank.items(), key=operator.itemgetter(1), reverse=True))
            return sorted(rank.items(), key=operator.itemgetter(1), reverse=True);
```

**步骤 6** 调用 recommendList 函数，通过对数据 data 的计算，为用户 Toby 推荐电影。读取数据 data 和相似矩阵 $W$，从相似矩阵 $W$ 中读取用户 Toby 没有评分的项目（电影），根据用户 Toby 对已经评分的电影和电影与电影之间的相似度，计算 Toby 对没有评分的项目（电影）的预测兴趣度，并进行推荐。见 In [6]。

```
In [6]: recommendList(data, W, 'Toby');
```
```
Out[6]: ---4. 推荐----
        [('The Night Listener', 8.702804181400019), ('Lady in the Water', 7.91410790853261
        2), ('Just My Luck', 7.241892622084588)]
```

## 22.5 本章总结

本章实现的工作是：首先采用 Python 生成"不同用户对多个项目的评分"的样本数据。然后对样本数据进行相似度计算，得到不同项目之间的相似度矩阵。进而得出某一用户对未打分项目的预测兴趣度，最终得到推荐的项目。

本章掌握的技能是：①在 Python 中获取"不同用户对多个项目的评分"数据；②使用 NumPy 库进行矩阵运算，计算不同项目之间的相似度；③使用 Python 计算用户对未接触项目的预测兴趣度。

## 22.6 本章作业

➢ 实现本章的案例，即生成"不同用户对多部电影的评分"样本数据，实现相似度计算、预测兴趣度计算和兴趣度排序。

➢ 按照表 22-2 中不同用户对多部图书的评分数据，运用基于项目的协同过滤算法，为不同用户推荐图书。

表 22-2  用户图书评分数据

| 图书 ＼ 用户 | Lisa | Ken | Mary | Toby | Mick | Ben | Jack |
|---|---|---|---|---|---|---|---|
| Gone with the Wind | 3 | 1.5 | — | 3 | 2 | — | — |
| The Education of Love | 2.5 | 3 | 2.5 | — | 3 | 3 | — |
| Oliver Twist | 3.5 | 3.5 | 3 | 3.5 | 4 | 4 | 4.5 |
| The Three Musketeers | 3.5 | 5 | 3.5 | 4 | 3 | 5 | 4 |
| War and Peace | 3 | 3 | 4 | 4.5 | 3 | 3 | — |
| Wuthering Heights | 2.5 | 3.5 | — | 2.5 | 2 | 3.5 | 1 |

# 23　基于用户的协同过滤

## 23.1　本章工作任务

采用基于用户的协同过滤算法编写程序，根据多个用户的电影喜好评分，为用户 A 推荐电影（将与 A 喜欢的电影类型相似的电影推荐给 A）。①算法的输入是"不同用户对多部电影的评分"数据；②算法模型需要求解的是：用户的相似度；③算法的结果是：推荐给用户的电影。

## 23.2　本章技能目标

➢ 掌握基于用户的协同过滤原理
➢ 使用 Python 实现基于用户的协同过滤

## 23.3　本章简介

**协同过滤是指**：根据用户 A 与其他用户的共同喜好，为用户 A 推荐其可能喜好的项目的算法。

**基于用户的协同过滤是指**：找到与用户 A 喜欢的项目相似的用户，将其喜好的项目推荐给用户 A。

**基于用户的协同过滤算法可以解决的实际应用问题是**：在电子商城中，协同过滤推荐算法被广泛应用，可根据当前用户 A 对项目（历史购买商品）的评分和用户间的相似度为用户 A 推荐商品。

**本章的重点是**：基于用户的协同过滤算法的理解和使用。

## 23.4　理论讲解部分

### 23.4.1　任务描述

任务内容参见图 23-1。

需要实现的功能描述如下。

（1）产生"不同用户对多部电影评分"数据，构造的数据内容为用户对不同电影的评分，如图 23-1a）所示。

（2）计算用户 A 与其他用户之间的相似度，如图 23-1b）所示。

| | Lisa Rose | Gene Seymour | Michael Phillips | Claudia Puig | Mick LaSalle | Jack Matthews | Toby |
|---|---|---|---|---|---|---|---|
| **Just My Luck** | 3.0 | 1.0 | NaN | 3.0 | 2 | NaN | NaN |
| **Lady in the Water** | 2.5 | 3.0 | 2.5 | NaN | 3 | 3.0 | NaN |
| **Snakes on a Plane** | 3.5 | 3.5 | 3.0 | 3.5 | 4 | 4.0 | 4.5 |
| **Superman Returns** | 3.5 | 5.0 | 3.5 | 4.0 | 3 | 5.0 | 4.0 |
| **The Night Listener** | 3.0 | 3.0 | 4.0 | 4.5 | 3 | 3.0 | NaN |

a) 产生 "不同用户对多部电影的评分" 数据样本

排序后的用户为：[('Lisa Rose', 0.9912407071619299), ('Mick LaSalle', 0.9244734516
419049), ('Claudia Puig', 0.8934051474415647), ('Jack Matthews', 0.6628489803598
7), ('Gene Seymour', 0.38124642583151164), ('Michael Phillips', -1.0)]

b) 计算出相似度并从高到底排列

推荐的用户：('Lisa Rose', 0.9912407071619299)
Lisa Rose为该用户推荐的电影：Lady in the Water
Lisa Rose为该用户推荐的电影：Just My Luck
Lisa Rose为该用户推荐的电影：The Night Listener
推荐的用户：('Mick LaSalle', 0.9244734516419049)
Mick LaSalle为该用户推荐的电影：Lady in the Water
Mick LaSalle为该用户推荐的电影：Just My Luck
Mick LaSalle为该用户推荐的电影：The Night Listener
最终推荐：[('Just My Luck', 3.0), ('The Night Listener', 3.0), ('Lady in the Wate
r', 2.5)]

c) 生成根据用户Toby历史评分记录和用户之间相似度计算出的推荐结果

**图 23-1　任务展示**

（3）根据用户已有评分和图 23-1b）中计算出的相似度，可以得出与当前用户最相似的 $n$ 个用户。将当前用户没有看过的电影按照评分从高到低进行推荐，如图 23-1c）所示。

## 23.4.2　一图精解

基于用户的协同过滤的原理可以参考图 23-2 理解。

用户 A 喜欢物品 A、物品 B 和物品 C，用户 B 喜欢物品 B 和物品 D，用户 C 喜欢物品 B 和物品 C，则认为用户 A 和用户 B 相似。根据用户 A 的喜好，把物品 A 推荐给用户 C。

| 用户/物品 | 物品 A | 物品 B | 物品 C | 物品 D |
|---|---|---|---|---|
| 用户 A | √ | √ | √ | |
| 用户 B | | √ | | √ |
| 用户 C | 推荐 | √ | √ | |

理解基于用户的协同过滤的要点如下。

（1）算法的输入是：多名用户对不同项目（电影）的评分，需要被推荐电影的用户A。

（2）算法的模型是：用户相似度 $r(X, Y)$。皮尔逊相关系数一般用于

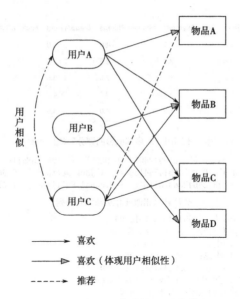

图 23-2　基于用户的协同过滤算法

计算两个定距变量间联系的紧密程度，可以通过计算此指标作为相似度，更好地找到兴趣相似的用户。已知用户 $X$ 对电影的 $i$ 个评分为 $(X_1, X_2, X_3, \cdots, X_i)$，用户 $Y$ 对电影的 $j$ 个评分为 $(Y_1, Y_2, Y_3, \cdots, Y_j)$，则

$$r(X, Y) = \frac{\sum_1^i \sum_1^j xy - \dfrac{\sum_1^i x \sum_1^j y}{n}}{\left(\sum_1^i x^2 - \dfrac{(\sum_1^i x)^2}{n}\right)\left(\sum_1^j y^2 - \dfrac{(\sum_1^j y)^2}{n}\right)}$$

。公式中，$n$ 表示两个用

户共同喜欢的电影个数。

（3）算法的输出是：推荐给用户 A 的电影。

（4）算法的核心思想是：计算不同用户之间的相似度，并根据其他用户与 A 有相似项目喜好的情况，把他们的其余喜好推荐给用户 A。

（5）算法的注意事项是：冷启动问题（在新用户对物品产生打分等行为后，不能立即对他进行个性化推荐，因为用户的相似度是离线计算的）；不能向没有任何数据的用户推荐项目；本算法最终推荐的电影评分是依据于相似度最高的用户对应的评分值，通过对 $n$ 个推荐用户进行加权评分，可进一步优化该算法。

### 23.4.3　实现步骤

**步骤 1**　引入 math 包中的 sqrt 函数和 pow 函数，实现开方和乘方运算；引入 operator 模块。见 In［1］。

```
In [1]:  #-*- coding: UTF-8 -*-
         from math import sqrt, pow
         import operator
```

**步骤 2**　定义距离计算函数 Pearson( )：依据用户对电影的评分情况，计算两个用户之间的相关性。函数名为：Pearson；函数的功能是：计算并输出 Pearson 相关系数 $r$；函数的参数是：①用户 1 对电影的评分情况 user1。②用户 2 对电影的评分情况 user2。③函数的返回值是：计算得到的 Pearson 相关系数 $r$。见 In［2］。

```
In [2]:  def pearson(user1, user2):
             sumXY = 0.0
             n = 0;
             sumX = 0.0;
             sumY = 0.0;
             sumX2 = 0.0;
             sumY2 = 0.0;
             try:
                 for movie1, score1 in user1.items():
                     if movie1 in user2.keys():
                         n += 1
                         sumXY += score1 * user2[movie1]
                         sumX += score1;
                         sumY += user2[movie1]
                         sumX2 += pow(score1, 2)
                         sumY2 += pow(user2[movie1], 2)

                 molecule = sumXY - (sumX * sumY) / n;
                 denominator = sqrt((sumX2 - pow(sumX, 2) / n) * (sumY2 - pow(sumY, 2) / n))
                 r = molecule / denominator
             except Exception as e:
                 print("异常信息:", e.message)
                 return None
             return r
```

**步骤 3**　定义查找最相似用户函数 nearestUser( )，计算与当前用户最相似的 $n$ 个用户。函数名为：nearestUser；函数的功能是：通过用户的 Pearson 相关系数，计算用户间的距离，获取最邻近的用户；函数的参数是：username（用户名），$n$（最相似的 $n$ 个用户）；函数的返回值是：排序后的用户"用户排序"，按照所构造的数据的第二个元素（即相似度）对用户进行降序排序；函数的输出是：按相似度从高到低排序的用户列表。见 In［3］。

```
In [3]:  def nearestUser(data, username, n=1):
             distances = {};
             for otherUser, items in data.items():
                 if otherUser not in username:
                     distance = pearson(data[username], data[otherUser])
                     distances[otherUser] = distance
             sortedDistance = sorted(distances.items(), key=operator.itemgetter(1), reverse=True);
             print("排序后的用户为: ", sortedDistance)
             return sortedDistance[:n]
```

**步骤4** 定义根据相似用户推荐项目的函数 recommend( )：将所有当前用户没有看过的电影，按照评分从高到低推荐给用户。函数名为：recommend；函数的功能是：根据用户之间的相似度和用户的历史记录，对未存在于用户记录中的电影按照评分从高到低排序，并进行推荐；函数的参数是：username（用户名），n（最相似的 n 个用户）；函数的返回值是：与当前用户最相似的 n 个用户的电影推荐序列。见 In［4］。

```
In [4]:    def recommend(data, username, n=1):
               recommend = {};
               for user, similarity in dict(nearestUser(data, username, n)).items():
                   print("推荐的用户：", (user, similarity))
                   for movies, scores in data[user].items():
                       if movies not in data[username].keys():
                           print("%s为该用户推荐的电影：%s" % (user, movies))
                           if movies not in recommend.keys():
                               recommend[movies] = scores
               return sorted(recommend.items(), key=operator.itemgetter(1), reverse=True);
```

**步骤5** 构造用户对电影的评分数据并输出最终电影推荐列表。构造的"不同用户对多部电影的评分"数据格式为：{'用户名1'：{'电影1'：评分1，'电影2'：评分2，…}，'用户名2'：{'电影1'：评分1，'电影2'：评分2，…}，…}。见 In［5］。

```
In [5]:    data = {'Lisa Rose': {'Lady in the Water': 2.5, 'Snakes on a Plane': 3.5,
                                 'Just My Luck':3.0,'Superman Returns':3.5,'You, Me and
                                 Dupree':2.5,
                                 'The Night Listener': 3.0},

                   'Gene Seymour': {'Lady in the Water': 3.0, 'Snakes on a Plane': 3.5,
                                    'Just My Luck':1.5,'Superman Returns':5.0,'The Night
                                    Listener':3.0,
                                    'You, Me and Dupree': 3.5},

                   'Michael Phillips': {'Lady in the Water': 2.5, 'Snakes on a Plane':3.0,
                                        'Superman Returns': 3.5,'The Night Listener':4.0},

                   'Claudia Puig': {'Snakes on a Plane': 3.5, 'Just My Luck': 3.0,
                                    'The Night Listener': 4.5, 'Superman Returns': 4.0,
                                    'You, Me and Dupree': 2.5},

                   'Mick LaSalle': {'Lady in the Water': 3.0, 'Snakes on a Plane': 4.0,
                                    'Just My Luck': 2.0, 'Superman Returns': 3.0, 'The
                                    Night Listener':3.0,
                                    'You, Me and Dupree': 2.0},

                   'Jack Matthews': {'Lady in the Water': 3.0, 'Snakes on a Plane': 4.0,
                                     'The Night Listener': 3.0, 'Superman Returns': 5.0,
                                     'You, Me andDupree':3.5},

                   'Toby': {'Snakes on a Plane': 4.5, 'You, Me and Dupree': 1.0,'Superman
                            Returns':4.0}
                   }
           recommendList=recommend(data,'Toby', 2)
           print("最终推荐：%s" %recommendList)
```

排序后的用户为：[('Lisa Rose', 0.9912407071619299), ('Mick LaSalle', 0.9244734516419049), ('Claudia Puig', 0.8934051474415647), ('Jack Matthews', 0.66284898035987), ('Gene Seymour', 0.38124642583151164), ('Michael Phillips', -1.0)]
推荐的用户：('Lisa Rose', 0.9912407071619299)
Lisa Rose为该用户推荐的电影：Lady in the Water
Lisa Rose为该用户推荐的电影：Just My Luck
Lisa Rose为该用户推荐的电影：The Night Listener
推荐的用户：('Mick LaSalle', 0.9244734516419049)
Mick LaSalle为该用户推荐的电影：Lady in the Water
Mick LaSalle为该用户推荐的电影：Just My Luck
Mick LaSalle为该用户推荐的电影：The Night Listener
最终推荐：[('Just My Luck', 3.0), ('The Night Listener', 3.0), ('Lady in the Water', 2.5)]

## 23.5  本章总结

本章实现的工作是：首先采用 Python 生成"不同用户对多个项目评分"的样本数据，然后对样本数据进行相似度计算，得到不同用户之间的相似度，进而得出对某一用户未打分项目的推荐序列表。

本章掌握的技能是：①使用 Python 构造不同用户对多部电影的评分数据；②使用皮尔逊相关系数计算用户之间的相似度；③使用 nearestUser 函数，计算与当前用户最相似的 $n$ 个用户；④使用 recommend 函数，将所有当前用户没有看过的电影，按照评分从高到低推荐给用户。

## 23.6  本章作业

➤ 实现本章的案例，通过不同用户对多部电影的评分数据，实现用户之间的相似度计算、获得最相似的 $n$ 个用户并生成电影推荐列表。

➤ 按照下列表格中不同用户对多部图书的评分数据，运用基于用户的协同过滤算法，为不同用户推荐图书。

| | Unnamed: 0 | The Old Man and the sea | Liner Algevra Done Right | Wuthering Heights | The adventures of Rovinson Cursoe | oxford English Dictionary | Adventure of Sherlock Holmes |
|---|---|---|---|---|---|---|---|
| 0 | Adventure of Sherlock Holmes | 0.912871 | 0.925820 | 0.816497 | 0.925820 | 0.833333 | NaN |
| 1 | Liner Algevra Done Right | 0.845154 | NaN | 0.755929 | 1.000000 | 0.925820 | 0.925820 |
| 2 | oxford English Dictionary | 0.730297 | 0.925820 | 0.816497 | 0.925820 | NaN | 0.833333 |
| 3 | The Old Man and the sea | NaN | 0.845154 | 0.670820 | 0.845154 | 0.730297 | 0.912871 |
| 4 | The adventures of Rovinson Cursoe | 0.845154 | 1.000000 | 0.755929 | NaN | 0.925820 | 0.925820 |

# 第八部分
## 时间序列

# 24 ARIMA

## 24.1 本章工作任务

采用 ARIMA 模型编写程序，对航空乘客数量进行预测。①算法的输入是：不同时刻对应的乘客数量；②算法模型需要求解的是：ARIMA 模型的回归系数序列 $\alpha_i$ 和 $\beta_j$；③算法的结果是：过去、未来更多时间点对应的乘客数量。

## 24.2 本章技能目标

- 掌握 ARIMA 原理
- 使用 Python 构造含有时间序列与对应的乘客数量
- 使用 Python 检验时间序列的稳定性
- 使用 Python 去除趋势和季节性因素的干扰
- 使用 ARIMA 模型对平稳的时间序列数据建立预测模型
- 使用 Python 求解预测模型
- 使用预测模型预测时间序列的未来值
- 使用 Python 将预测结果可视化

## 24.3 本章简介

**ARIMA（Autoregressive Integrated Moving Average）**是指：利用时间序列的多个历史时刻对应的值预测未来时刻对应的值的一种方法。AR 为自回归算法，其特点是未来值与历史值之间存在线性组合关系。MA 为移动平均算法，其特点是未来值与历史随机事件值（白噪声序列）之间存在线性组合关系。ARIMA 中的 I 表示差分阶数，即当原数据非平稳时，采用一阶或多阶差分解决非平稳问题。

**定义：**如果时间序列 $\{\epsilon_1, \epsilon_2, \cdots, \epsilon_T\}$ 满足：

（1）$E(\epsilon_t) = 0$，$\mathrm{Var}(e) = \sigma_2$；

（2）对任意 $s \neq t$，$\epsilon_t$ 和 $\epsilon_s$ 不相关，即 $E(\epsilon_t \epsilon_s) = 0$，白噪声序列的自相关函数为 0。

则称 $\{\epsilon_1, \epsilon_2, \cdots, \epsilon_T\}$ 为白噪声序列，简称白噪声（white noise）。

**ARIMA 模型可以解决的科学问题是：ARIMA 模型为：**

$$y_t = \mu + \sum_{i=1}^{p} \alpha_i y_{t-i} + \sum_{i=1}^{q} \beta_i \varepsilon_{t-i}$$

其中，$y_t$ 表示 $t$ 时刻的数据，即预测值；$y_{t-i}$ 表示 $t-i(i<t)$ 时刻的历史数据；$\mu$ 表示常数项；$\varepsilon_{t-i}$ 表示 $t-i$ 时刻随机波动数据；$\alpha_i$ 表示 $t-i$ 时刻的数据 $y_{t-i}$ 对预测值 $y_t$ 的影响权重；$\beta_i$ 表示 $t-i$ 时刻随机波动数据 $\varepsilon_{t-i}$ 对预测值 $y_t$ 的影响权重；$p$ 表示 AR 模型的阶数，$q$ 表示 MA 模型的阶数。模型利用预测值 $y_t$ 的历史时间数据 $y_{t-1}$、$y_{t-2}$、$y_{t-3}$ 和与 $y_t$ 历史值无关的随机波动数据 $\varepsilon_{t-1}$、$\varepsilon_{t-2}$、$\varepsilon_{t-3}$ 对 $t$ 时刻 $y_t$ 进行预测。

**ARIMA 可以解决的实际应用问题是：**根据一个月以来的入院人数和出院人数预测未来时间的出院人数。例如，已知过去连续 100 天每天住院人数和出院人数，建立时间序列模型，预测未来 10 天出院的人数。

**本章的重点是：**ARIMA 模型的理解和使用。

## 24.4 理论讲解部分

### 24.4.1 任务描述

任务内容参见图 24-1。

```
Dates
1949-01-01    112
1949-02-01    118
1949-03-01    132
1949-04-01    129
1949-05-01    121
Name: #Passengers,
dtype: int64
```

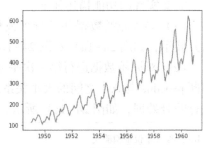

a) 原始数据展示                b) 原始数据可视化

P-value=0.05421329028382711

```
Results of Dickey-Fuller Test:
Test Statistic                  0.815369
p-value                         0.991880
#Lags Used                     13.000000
Number of Observations Used   130.000000
Critical Value (1%)            -3.481682
Critical Value (5%)            -2.884042
Critical Value (10%)           -2.578770
dtype: float64
```

c) 第一次平稳性检验           d) 差分并进行第二次平稳性检验

**图 24-1**

利用AIC对模型定阶:

$$AIC=2k-2\ln(L)$$

其中: $k$ 为模型参数的个数, $L$ 为似然函数。

得到的阶数 $p,q$ 为: (2,2)

e) 模型定阶

建模并根据自变量序列求解模型参数:

$$y_i=\mu+\sum_{i=1}^{p}\alpha_i y_{t-i}++\sum_{i=1}^{p}\beta_i \varepsilon_{t-i}$$

$\alpha_1=1.6477$  $\alpha_2=-0.9094$
$\beta_1=-1.9100$  $\beta_2=0.9999$

f) 建模和求解模型

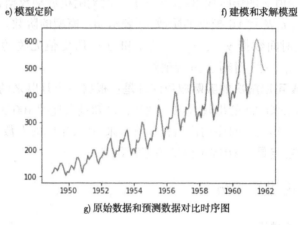

g) 原始数据和预测数据对比时序图

图 24-1  任务展示

需要实现的功能描述如下。

（1）导入原始数据并进行可视化展示。将给定的时间序列样本数据导入并展示，如图 24-1a) 和图 24-1b) 所示。

（2）对原始数据进行第一次平稳性检验。利用 ADF 检验数据的平稳性，判断 p-value 与 0.1 之间的大小关系。由于 p-value > 0.1，所以需要对数据进行差分处理，如图 24-1c) 所示。

> ADF 检验（单位根检验）:
>
> ADF 检验即检验时间序列中是否存在单位根。若一个序列存在单位根，则该序列为非平稳时间序列。
>
> ADF 检验的原假设是存在单位根，如果得到的显著性检验统计量小于给定检验要求（置信度）5%，则对应有 95% 的把握拒绝原假设，认为数据是平稳的，反之则判断数据仍不平稳，需要进行差分消除数据的趋势性。
>
> 置信度取值通常有 3 个选择: 10%、5%、1%，本文选择 10%。

（3）差分后对数据进行第二次平稳性检验。对原始数据做差分，以此消除原数据的趋势性；用 ADF 检验差分后的数据，将检验结果与预设的平稳性标准进行比对，判断是否达到平稳。由于第二次平稳化后 p-value < 0.1，所以认为该时间序列平稳，如图 24-1d) 所示。

（4）模型定阶。使用 AIC 准则对平稳的时间序列定阶（求参数），如图 24-1e) 所示。

AIC 准则:

　　AIC 准则是最小化信息量准则。它是拟合准确度和参数个数的加权函数:

$$AIC = 2k - 2\ln(L)$$

　　其中，$k$ 为模型参数的个数，$L$ 为似然函数（极大似然函数越大，表示参数构成的模型对样本的拟合程度越高）。$AIC$ 越大，模型越容易造成过拟合的情况，所以在选择最优模型的过程中，目标是选择 $AIC$ 最小的模型（一是模型参数个数 $k$ 尽可能小；二是求解的模型参数使得模型对原始数据的预测尽可能准确，即 $L$ 尽可能大），得到最优的拟合模型。

　　在本文中，则是求出 ARIMA 模型中的最小 AIC 值所对应的模型阶数 $(p, q)$，从而获得最优的 ARIMA 拟合模型。

　　（5）建模并求解模型参数。构建 ARIMA 模型:

$$y_t = \mu + \sum_{i=1}^{p} \alpha_i\, y_{t-i} + \sum_{i=1}^{q} \beta_i\, \varepsilon_{t-i}$$

求解权重 $\alpha_i$ 和 $\beta_i$ 的值，如图 24-1f) 所示。

　　（6）对结果可视化。将模型求解后的预测数据与原始数据进行可视化，如图 24-1g) 所示。

### 24.4.2　一图精解

　　ARIMA 模型的建模过程可以参考图 24-2 理解。

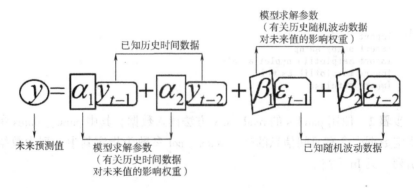

**图 24-2　ARIMA 模型示意图**

　　理解 ARIMA 模型的要点如下。

　　（1）算法的输入是: $y_{t-1}$，$y_{t-2}$，$y_{t-3}$，分别表示时间序列 $y$ 在 $t-1$，$t-2$ 和 $t-3$ 时刻的历史数据。

　　（2）算法的模型是: $y_t = \mu + \sum_{i=1}^{p} \alpha_i\, y_{t-i} + \sum_{i=1}^{q} \beta_i\, \varepsilon_{t-i}$，$y_t$ 为 $t$ 时刻的预测值，待求解的模型参数是 $\alpha_i$ 和 $\beta_i$。

　　（3）算法的输出是: $t$ 时刻的预测值 $y_t$。

（4）算法的核心思想是：一个时间序列的未来值，可以由历史值的线性组合和随机波动数据的线性组合表示。

（5）算法的注意事项是：①ARIMA 模型只适用于平稳的时间序列数据。②原始数据平稳化才可以使用 ARIMA 模型，即需去除原始数据的趋势和周期性的过程。③模型计算参数前需要定阶，才能实现有效预测，即通过 AIC 和 BIC 或 ACF 和 PACF 对 ARIMA 模型定阶，获得最优的模型阶数——$p$ 和 $q$，从而获得最优的影响权重值—— $\alpha_i$ 和 $\beta_i$。其中，AIC 和 BIC 为信息准则，用于描述模型优化的程度，其数值越小，模型拟合越优；ACF 和 PACF 主要用于看图分析，其中，ACF 为自相关函数，PACF 为偏自相关函数，$p$ 和 $q$ 的确定需要观察 ACF 和 PACF 图像得出，而不是直接由程序计算出结果，编程中难以使用。④ARIMA 模型的短期预测较为准确，长期预测误差较大，因为 $p$ 和 $q$ 通常不会太大，预测结果基于的历史时刻数据有限。⑤对于未来值存在突变的情况，ARIMA 方法往往无法有效预测（ARIMA 对持续上升、下降的时间序列预测效果较好）。

### 24.4.3 实现步骤

**步骤1** 引入 pandas 和 NumPy 包，命名为 pd 和 np；引入 matplotlib 包的 pyplot 库，命名为 plt，用于绘制图像；引入 matplotlib，命名为 mpl。见 In [1]。

```
In [1]:   import pandas as pd
          import numpy as np
          import matplotlib.pyplot as plt
          import matplotlib as mpl
          import warnings
```

**步骤2** 使用 pandas 的 read_ csv 方法读入数据，其中 parse_ dates 参数为指定数据中含有时间信息的列；index_ col 参数为指定其中一列为数据的索引列。见 In [2]。

```
In [2]:   datas =pd.read_csv('AirPassengers.csv',parse_dates=['Dates'],index_col='Dates')
          ts = datas['#Passengers']
          ts.head()

Out[2]:   Dates
          1949-01-01    112
          1949-02-01    118
          1949-03-01    132
          1949-04-01    129
          1949-05-01    121
          Name: #Passengers, dtype: int64
```

**步骤3** 调用 plt 的 plot 函数，绘制时间序列数据。见 In [3]。

In [3]:
```
plt.plot(ts)
```

Out[3]: [<matplotlib.lines.Line2D at 0x1937a10afd0>]

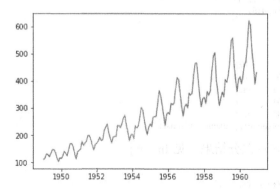

**步骤 4** 利用 ADF 检验数据平稳性 p-value（理论上需要低于 0.05，才能证明序列稳定）。见 In [4]。

In [4]:
```python
from statsmodels.tsa.stattools import adfuller
def test_stationarity(timeseries):
    rolmean = timeseries.rolling(12).mean()
    rolstd = timeseries.rolling(12).std()
    plt.figure(figsize=(12, 2))
    orig = plt.plot(timeseries, color='blue', label='Original')
    mean = plt.plot(rolmean, color='red', label='Rolling Mean')
    std = plt.plot(rolstd, color='black', label = 'Rolling Std')
    plt.legend(loc='best')
    plt.title('Rolling Mean & Standard Deviation')
    plt.show(block=False)
    dftest = adfuller(timeseries, autolag='AIC')
    print('Results of Dickey-Fuller Test:')
    dfoutput = pd.Series(dftest[0:4],index=['Test Statistic','p-value','#Lags Used',
'Number ofObservations Used'])
    for key,value in dftest[4].items():
        dfoutput['Critical Value (%s)'%key] = value
    print(dfoutput)

test_stationarity(ts)
```

Out[4]:
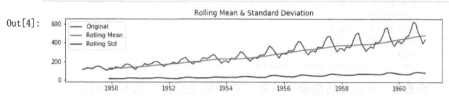

```
Results of Dickey-Fuller Test:
Test Statistic                  0.815369
p-value                         0.991880
#Lags Used                     13.000000
Number of Observations Used   130.000000
Critical Value (1%)            -3.481682
Critical Value (5%)            -2.884042
Critical Value (10%)           -2.578770
dtype: float64
```

**步骤5** 将非平稳数据做一阶差分运算，去除趋势性，见 In ［5］。

In ［5］:
```
ts_diff=ts.diff(1)
ts_diff.head(5)
```

Out［5］:
```
Dates
1949-01-01      NaN
1949-02-01      6.0
1949-03-01      14.0
1949-04-01      -3.0
1949-05-01      -8.0
Name: #Passengers, dtype: float64
```

**步骤6** 显示差分结果。见 In ［6］。

In ［6］:
```
plt.plot(ts_diff)
```

Out［6］: [<matplotlib.lines.Line2D at 0x1937a464550>]

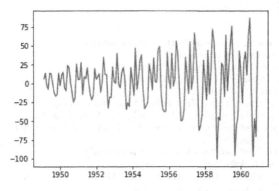

**步骤7** 调用 dropna 函数，去掉因为差分产生的空值 NaN，见 In ［7］。

In ［7］:
```
ts_diff.dropna(inplace=True)
ts_diff.head()    #调用head函数，显示前五行数据
```

Out［7］:
```
Dates
1949-02-01      6.0
1949-03-01      14.0
1949-04-01      -3.0
1949-05-01      -8.0
1949-06-01      14.0
Name: #Passengers, dtype: float64
```

**步骤8** 对差分后数据进行第二次平稳性检验。见 In ［8］。

In ［8］:
```
dftest_diff=adfuller(ts_diff)
dftest_diff[1]
```

Out［8］: 0.05421329028382711

**步骤9** 采用 AIC（用于衡量模型优劣，AIC 的数值越大，阶数定得越好）进行模型最佳阶数分析，得到最优的 p 和 q。见 In ［9］。

```
In [9]:  import warnings
         warnings.filterwarnings("ignore")    #禁止显示warnings
         import statsmodels.api as sm
         res=sm.tsa.arma_order_select_ic(ts_diff,max_ar=2,max_ma=2,ic=['aic'])
         res.aic_min_order
```

Out[9]:  (2, 2)

**步骤 10** 根据上述确定的 p，q，构建 ARIMA 模型，带入样本数据，求解模型。见 In［10］。

```
In [10]:  from statsmodels.tsa.arima_model import ARIMA    #导入ARIMA模型包
          model = ARIMA(ts,order=(2,1,2))
          model_fit = model.fit()
          print(model_fit.summary())
          warnings.filterwarnings("ignore")
          ts.tail()
```

                          ARIMA Model Results
==============================================================================
Dep. Variable:          D.#Passengers   No. Observations:              143
Model:                 ARIMA(2, 1, 2)   Log Likelihood             -666.022
Method:                       css-mle   S.D. of innovations          24.711
Date:              Sun, 19 Apr 2020    AIC                         1344.043
Time:                        20:53:12   BIC                         1361.820
Sample:                    02-01-1949   HQIC                        1351.267
                         - 12-01-1960
==============================================================================
                     coef    std err          z      P>|z|      [0.025    0.975]
------------------------------------------------------------------------------
const               2.5311      0.708      3.574      0.000       1.143     3.919
ar.L1.D.#Passengers 1.6477      0.033     49.933      0.000       1.583     1.712
ar.L2.D.#Passengers -0.9094     0.033    -27.880      0.000      -0.973    -0.845
ma.L1.D.#Passengers -1.9100     0.065    -29.539      0.000      -2.037    -1.783
ma.L2.D.#Passengers 0.9999      0.067     14.815      0.000       0.868     1.132
                                    Roots
==============================================================================
                  Real          Imaginary           Modulus         Frequency
------------------------------------------------------------------------------
AR.1            0.9059          -0.5281j            1.0486           -0.0840
AR.2            0.9059          +0.5281j            1.0486            0.0840
MA.1            0.9551          -0.2964j            1.0000           -0.0479
MA.2            0.9551          +0.2964j            1.0000            0.0479
------------------------------------------------------------------------------

Out[10]:  Dates
          1960-08-01    606
          1960-09-01    508
          1960-10-01    461
          1960-11-01    390
          1960-12-01    432
          Name: #Passengers, dtype: int64

**步骤 11** 对原数据（训练模型的数据）进行拟合。见 In［11］。

```
In [11]: model_fit_diff=model_fit.fittedvalues
         model_fit_diff.head()
```

```
Out[11]: Dates
         1949-02-01     2.531098
         1949-03-01     3.350892
         1949-04-01     5.221331
         1949-05-01     0.789554
         1949-06-01    -1.830558
         dtype: float64
```

**步骤 12** 对未来数据进行预测。见 In［12］。

```
In [12]: model_predict_diff=model_fit.predict('1960-12-1','1961-12-1',dynamic=True)
         model_predict_diff.head()
```

```
Out[12]: 1960-12-01    -11.015262
         1961-01-01     15.884158
         1961-02-01     36.852182
         1961-03-01     46.939441
         1961-04-01     44.492222
         Freq: MS, dtype: float64
```

**步骤 13** 将原始数据、拟合数据和预测数据进行绘制，这些数据均为差分后的数据。见 In［13］。

```
In [13]: plt.plot(ts_diff) #绘制原始数据（训练模型的数据）
         plt.plot(model_fit.fittedvalues,color='red') #绘制拟合数据（根据模型计算所得）
         plt.plot(model_predict_diff,color='green') #绘制预测数据（根据模型计算所得）
```

```
Out[13]: [<matplotlib.lines.Line2D at 0x1937dd30710>]
```

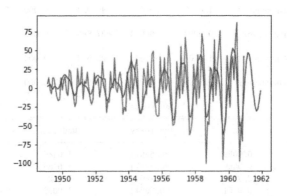

**步骤 14** 获取预测结果数据（预测的差分数据），准备逆差分计算，得到最终的预测结果。见 In［14］。

```
In [14]: model_predict_diff_copy = pd.Series(model_predict_diff, copy=True)
         model_predict_diff_copy.head()
```

```
Out[14]: 1960-12-01    -11.015262
         1961-01-01     15.884158
         1961-02-01     36.852182
         1961-03-01     46.939441
         1961-04-01     44.492222
         Freq: MS, dtype: float64
```

**步骤 15** 将预测的差分数据进行累加。见 In［15］。

```
In [15]: model_predict_diff_cumsum = model_predict_diff_copy.cumsum()
         model_predict_diff_cumsum.head()
```

```
Out[15]: 1960-12-01    -11.015262
         1961-01-01      4.868896
         1961-02-01     41.721078
         1961-03-01     88.660518
         1961-04-01    133.152741
         Freq: MS, dtype: float64
```

**步骤 16** 创建一个长度为预测长度的新序列，序列中每一个元素的取值均设置为拟合数据的最后一个值。见 In［16］。

```
In [16]: model_predict_sameSize = pd.Series(ts.ix[-1], index=model_predict_diff.index)
         model_predict_sameSize.head()
```

```
Out[16]: 1960-12-01    432
         1961-01-01    432
         1961-02-01    432
         1961-03-01    432
         1961-04-01    432
         Freq: MS, dtype: int64
```

**步骤 17** 对差分数列进行逆差分计算（将每个时刻的值分别与其和上个月的差值进行求和），完成预测数据的差分还原。见 In［17］。

```
In [17]: model_predict = model_predict_sameSize.add(model_predict_diff_cumsum, fill_value=0)
         model_predict.head()
```

```
Out[17]: 1960-12-01    420.984738
         1961-01-01    436.868896
         1961-02-01    473.721078
         1961-03-01    520.660518
         1961-04-01    565.152741
         Freq: MS, dtype: float64
```

**步骤 18** 将差分还原后的预测值进行显示。见 In［18］。

In [18]:
```
plt.plot(ts)
plt.plot(model_predict)
```

Out[18]: [<matplotlib.lines.Line2D at 0x1937dd977f0>]

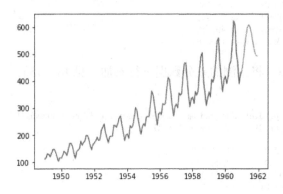

## 24.5　本章总结

本章实现的工作是：首先采用 Python 导入不同时间点所对应的乘客量的时间序列数据。然后对数据进行差分和平稳化处理。将平稳的数据定阶后构建 ARIMA 模型并进行模型训练和预测，最后将预测值进行反 $n$ 阶差分运算得到最终预测数据。

本章掌握的技能是：①使用 ADF（单位根检验法）检验时序数据的平稳性；②使用差分法对非平稳数据进行平稳化处理；③使用 AIC/BIC 对 ARIMA 模型进行定阶（AIC 和 BIC 定阶：用于描述模型优化的程度，AIC/BIC 的数值越小，阶数定得越好）；④使用反差分对数值进行计算（将差分的结果进行逆运算，将平稳序列还原为带趋势的序列，和原始数据保持一致）。

## 24.6　本章作业

➤ 实现本章的案例，即对数据进行平稳化检验和处理，实现 ARIMA 的定阶、建模、预测和数据可视化。

➤ 设计一个全国社会零售品总额的时间序列数据，运用 ARIMA 模型，实现半年后全国社会零售品总额的预测，数据下载和使用说明如下。

1. 进入国家统计局网站，单击统计数据中的数据查询。见图 24-3。

2. 单击月度中的国内贸易，再单击进入全国社会消费品零售总额查看数据。

图 24-3

对 2019 前半个月的数据进行提取，并放入 Excel 中，即获得一定的数据集。见图 24-4。

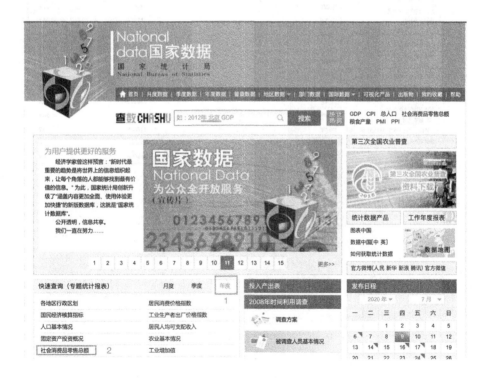

图 24-4

图 24-4

# 第九部分
## 人工神经网络

# 25  神经网络（多层感知机 MLP）

## 25.1  本章工作任务

采用多层感知机（Multilayer perceptron，MLP，一种神经网络）编写程序，解决分类和拟合问题。分类解决数字图像识别问题，拟合解决股票价格预测问题。①分类算法输入的是：图像（5×3＝15 个点，每个点用 1 或 0 表示黑或白）和标签值；拟合算法的输入是：由时刻和每个时刻对应的股票价格构成的时间序列。②算法模型需要求解的是：神经网络的权值。③分类算法的结果是：对新的图像分类；④拟合算法的结果是：过去、期间、未来更多时刻对应的股票价格。

## 25.2  本章技能目标

➢ 掌握多层感知机（MLP）的基本原理（以 BP 神经网络为例）
➢ 使用 Python 构造图像（0，1 矩阵）数据和股票价格的时间序列数据
➢ 使用 Python 多层感知机对数字图像分类
➢ 使用 Python 多层感知机预测更多时刻的股票价格
➢ 使用 Python 对神经网络分类和预测的结果进行可视化展示

## 25.3  本章简介

**人工神经网络（Neural Network）**是指：模仿人脑生物结构、人脑学习过程、人脑分类与预测过程的数学模型。

**神经网络的结构特点是：**由多层神经元构成，各层神经元之间相互连接，相互连接的两个神经元之间的影响力用连接权值表示。

**神经网络的工作原理是：**神经网络通过误差反向传播、梯度下降等方法进行学习（训练），通过前向计算（从输入层到输出层）等方法计算出预测值（分类和拟合的结果）。

**经典的神经网络包括：**多层感知机、BP 神经网络、RBF 神经网络、hopfield 神经网络、卷积神经网络、循环神经网络等。

**多层感知机（MLP）**是：一种经典的神经网络（结构简单），其特点是：

网络从前往后，每一层的输入都是前一层的加权，每一层都存在激活函数。

**BP 神经网络是**：用"BP 算法"进行训练的"多层感知机模型"。在本章中以 BP 神经网络为例讲解多层感知机。BP 神经网络通过信息前向传播，误差反向传播进行神经网络的训练，使用梯度下降的方法调整参数，使得预测误差逐渐缩小，达到预测效果最佳的目的。本章中使用 sigmoid 函数作为每层神经元之间的激活函数，具体解释参见后文算法详解部分。

**多层感知机可以解决的科学问题是**：

变量定义：已知一共有 $N$ 个训练样本 $X_1$，$X_2$，$\cdots$，$X_n$，$\cdots$，$X_N$。每个训练样本（如第 $n$ 个训练样本）有 $M$ 个特征值，记作 $F_{n,1}$，$\cdots$，$F_{n,M}$。每个训练样本（如第 $n$ 个训练样本）对应一个标签值（在分类问题中，特征值是样本的各属性值，标签值是样本的类别信息；在拟合问题中，特征值是样本的自变量，标签值是样本的因变量），记作 $Y_1 \cdots Y_N$。

算法功能：令神经网络对训练样本 $X_1 \cdots X_N$ 的特征值 $F_{1,1} \cdots F_{N,M}$ 和标签值 $Y_1 \cdots Y_N$ 进行学习（训练），从而使神经网络能得到一组权值，对训练样本的预测值接近训练样本的标签值（获得最小的损失函数），即对样本数据特征值与标签值之间的映射规律进行提取。进而根据上述学习结果（得到的权值），通过对测试样本 $X_{N+1}$ 的特征值 $F_{N+1,1} \cdots F_{N+1,M}$ 进行前向计算，得到该测试样本的预测值 $\hat{Y}_{N+1}$。

**多层感知机可以解决的实际应用问题是**：①分类问题：通过对 10 张写有 0~9 不同数值的图像（每个数值对应一个类别）进行训练，训练结束后，算法可以实现对一张新的图像进行分类；②拟合问题：通过对股票的时刻—股价数据进行学习，根据学习的结果，推算出任意时刻对应的股价。

**本章的重点是**：多层感知机（以 BP 神经网络为例）的理解和应用。

## 25.4 理论讲解部分

### 25.4.1 任务描述

任务内容参见图 25-1。

需要实现的功能描述如下。

（1）为分类问题产生训练样本、测试样本数据。为 0~9 一共 10 个数字样本构造图像数据，每个数字用 5 行 3 列一共 15 个点表示，每个点用 1 表示黑色，用 0 表示白色，每个图像的 15 个点用一个 1 × 15 的矩阵表示，如图 25-1a）所示。

（2）为分类问题产生训练样本的标签值，如图 25-1b）上半部分所示。建立多层感知机模型，使用多层感知机分类器训练神经网络，计算神经网络的权值，预测测试样本的输出值，如图 25-1b）下半部分所示。

```
train_x=[[1, 1, 1, 1, 0, 1, 1, 0, 1, 1, 0, 1, 1, 1, 1],
         [0, 1, 0, 0, 1, 0, 0, 1, 0, 0, 1, 0, 0, 1, 0],
         [1, 1, 1, 0, 0, 1, 0, 1, 0, 1, 0, 0, 1, 1, 1],
         [1, 1, 1, 0, 0, 1, 0, 1, 0, 0, 0, 1, 1, 1, 1],
         [1, 0, 1, 1, 0, 1, 1, 1, 1, 0, 0, 1, 0, 0, 1],
         [1, 1, 1, 1, 0, 0, 1, 1, 1, 0, 0, 1, 1, 1, 1],
         [1, 1, 1, 1, 0, 1, 1, 1, 1, 1, 0, 1, 1, 1, 1],
         [1, 1, 1, 0, 0, 1, 0, 0, 1, 0, 0, 1, 0, 0, 1],
         [1, 1, 1, 0, 1, 1, 1, 1, 1, 1, 0, 1, 1, 1, 1],
         [1, 1, 1, 1, 0, 1, 1, 1, 1, 0, 0, 1, 1, 1, 1]
         ]
```

array([6, 1])

a) 录入训练样本输入值        b) 录入测试样本输入值并产生结果

```
train_x=np. arange(0.1, 0.9, 0.1). reshape(-1, 1)
train_y=np. sin(2*np. pi*train_x). ravel()
test_x=np. arange(0.0, 1, 0.05). reshape(-1, 1)
test_y=np. sin(2*np. pi*test_x). ravel()
```

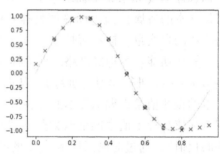

c) 设定训练样本和测试样本        d) 测试样本输出值拟合结果

**图 25-1　任务展示**

（3）为拟合（回归）问题产生训练样本和测试样本。输入训练样本的特征值和标签值，如图 25-1c）前两行代码所示，定义测试样本特征值和标签值，如图 25-1c）后两行代码所示。

（4）将拟合（回归）结果可视化。使用 MLPRegressor 训练神经网络，并对测试样本进行拟合，将最终预测样本的拟合结果可视化。如图 25-1d）所示，×表示测试样本的拟合结果。

### 25.4.2　一图精解

多层感知机原理可以参考图 25-2 理解。

理解多层感知机的要点如下。

（1）算法的输入是：$N$ 个训练样本的向量：$X = (X_1, X_2, \cdots, X_i, \cdots, X_N)^T$。

（2）算法的模型是：$\hat{Y}_K = O_K = \sigma\left(\sum_{j=1}^{J}\sigma\left(\sum_{i=1}^{I} X_i \cdot W_{ij}\right) \cdot W_{jk}\right)$，待求解的模型参数是 $\Delta W_{ij}$ 和 $\Delta W_{jk}$；其中，$\sigma(x) = \dfrac{1}{1 + e^{-x}}$，为 sigmoid 激活函数。

（3）算法的输出是：每个测试样本对应的预测值 $\hat{Y}_K$。

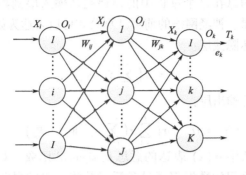

**图 25-2　多层感知机模型示意图**

（4）算法的核心思想是：采用误差反向传播与梯度下降法，计算出使总误差最小的神经网络的权值，即使得每个训练样本的预测值与标签值最接近。

（5）算法的注意事项是：梯度下降可能导致训练过程陷入局部极小值（因为梯度下降法会使得误差单调递减，一旦进入局部极小，就无法跳出来找到全局最小），此时需要多次使用不同初始权值训练网络；当神经网络的层数过多，权值过多，需要的训练次数就会增多，也会产生过拟合现象。

（6）算法详解（以 BP 神经网络为例）。

第一，神经网络结构定义与初始化。神经网络分为 3 层：输入层、隐藏层和输出层。神经网络的每一层的神经元有一个或多个，其中，输入层和输出层神经元的个数由训练样本的输入和输出决定；隐藏层神经元的个数需要通过参数优化进行确定（通常介于输入层和输出层的神经元个数之间）。神经网络的神经元及其连接关系如图 25-2 所示。$I$ 为输入层的神经元数量，$J$ 为隐藏层神经元数量，$K$ 为输出层神经元数量。$W_{ij}$ 为输入层与隐藏层之间的连接权值，$W_{jk}$ 为隐藏层与输出层之间的连接权值，后一层每个神经元的输入是由前一层每个神经元根据权值加权计算出来的，即权值的含义是前一层每个神经元对后一层每个神经元的影响能力。$X_i$，$X_j$，$X_k$ 分别表示每一层神经网络的输入；$O_i$，$O_j$，$O_k$ 分别表示每一层神经网络的输出；$T_k$ 表示训练样本的标签值，标签值与神经网络的前向计算的结果进行对比，两者的差值构成误差，各样本的误差构成损失函数。损失函数的定义参见如下公式。

$$E = \frac{1}{2} \sum_{k=1}^{K} (O_k - T_k)^2$$

第二，神经网络前向计算。BP 神经网络通过信息前向传播和误差反向传播的方式进行训练，前向传播是指输入的信息依次经过输入层、隐藏层（可能有若干层）、输出层，最终输出预测结果。在本章的案例中，隐藏层只有一层，因此信息在这个过程中的传递是从输入层到隐藏层，再到输出层，最终输出结果。神经网络的前项计算公式可以表达为如下形式：

从输入层到达隐藏层：

$$O_j = \sigma\Big(\sum_{i=1}^{I} X_i \cdot W_{ij}\Big)$$

从隐藏层到达输出层：

$$\hat{y}_K = O_k = \sigma\Big(\sum_{j=1}^{J} \sigma\Big(\sum_{i=1}^{I} X_i \cdot W_{ij}\Big) \cdot W_{jk}\Big)$$

上述两个公式中 $\sigma(x)$ 表达的意思是 sigmoid 函数，对其理解如下：神经网络的每一层之间的数据都通过激活函数将输出结果非线性化，并将结果固定到 (0, 1) 的范围，输入较小的时候，输出接近 0，随着输入增大，输出向 1 靠近。这就是说输入信号为重要信息时，就输出较大的值，反之则输出较小的值。因此每一层的输出都为这一层输入经过激活函数激活后的值（如第二层输出：$O_j = \sigma(xX_j)$，$\sigma(xX)$ 为 sigmoid 激活函数）加偏置，偏置用于控制神经元被激活的容易程度（本章中不考虑偏置）。

第三，神经网络训练。

a. 每个训练周期，权值的调整方法。

神经网络训练的目的是：使损失函数减小，即使得预测值接近标签值。训练神经网络的目标是令损失函数不断减小，该过程即为神经网络学习效果逐渐变好的过程。

实现上述目的的方法是：通过误差反向传播来不断调整各层网络间的权值，使神经网络的误差平方和最小（即：$\min(E)$）。本章中，我们以 BP 神经网络为例，使用梯度下降法，求出神经网络各层间的权值。

如前文所述，BP 神经网络要解决的重点问题是计算出使神经网络误差平方最小的每层间的权值：

$$W_{ij}(t+1) = W_{ij}(t) + \Delta W_{ij}(t) + \beta \Delta W_{ij}(t-1), \ \Delta W_{ij}(t) = -\eta \frac{\partial E}{\partial W_{ij}}$$

$$W_{jk}(t+1) = W_{jk}(t) + \Delta W_{jk}(t) + \beta \Delta W_{jk}(t-1), \ W_{jk}(t) = -\eta \frac{\partial E}{\partial W_{jk}}$$

b. $\Delta W_{jk}(t) = -\eta \dfrac{\partial E}{\partial W_{jk}}$ 中 $\dfrac{\partial E}{\partial W_{jk}}$ 的计算。

采用梯度下降法求解权值，在下面的公式中，$-\eta$ 为步长（学习率）；$\dfrac{\partial E}{\partial W_{jk}}$ 为梯度，即最快下降方向，这一步中，求解 $\dfrac{\partial E}{\partial W_{jk}}$：

$$\frac{\partial E}{\partial W_{jk}} = \frac{\partial}{\partial W_{jk}} \frac{1}{2} \sum_{k=1}^{K} (O_k - T_k)^2$$

此时只有 $k = K$ 时，求偏导方有意义，否则就是对常数求偏导，即为 0。因此，可得到以下表达式：

$$\frac{\partial E}{\partial W_{jk}} = \frac{1}{2}2(O_k - T_k)\frac{\partial}{\partial W_{jk}}(O_k - T_k)$$

根据复合函数求导法则，即分步求导，对 $(O_k - T_k)^2$ 求偏导，得到以下公式。

$$\frac{\partial E}{\partial W_{jk}} = (O_k - T_k)\frac{\partial}{\partial W_{jk}}O_k$$

对公式进行化简，由于 $T_k$ 是常数，所以求导为 0。此时，又因为 $O_k$ 是 $X_k$ 经过 sigmoid 激活函数计算的结果，我们将 $O_k$ 替换为 $\sigma(X_k)$，$\sigma(X_k)$ 是 sigmoid( ) 激活函数，得到以下公式。

$$\frac{\partial E}{\partial W_{jk}} = (O_k - T_k)\frac{\partial}{\partial W_{jk}}\sigma(X_k)$$

sigmoid( ) 函数 $\left(\sigma(x) = \dfrac{1}{1 + e^{-x}}\right)$ 的求导结果为：$\dfrac{\partial}{\partial x}\sigma(x) = \sigma(x)$ $(1 - \sigma(x))$。将结果带入上述公式，得到下述公式。又因为 $\sigma(X_k)$ 是复合函数，根据复合函数求导法则，进行分步求导：

$$\frac{\partial E}{\partial W_{jk}} = \left((O_k - T_k)\sigma(X_k)(1 - \sigma(X_k))\frac{\partial}{\partial W_{jk}}X_k\right)$$

此时，我们得到了一个包含 $X_k$ 和激活函数的公式，下一步将 $\sigma(X_k)$ 替换回 $O_k$，得到以下公式。

$$\frac{\partial E}{\partial W_{jk}} = (O_k - t_k)O_k(1 - O_k)\frac{\partial}{\partial W_{jk}}X_k$$

因为 $X_k = \displaystyle\sum_{j=1}^{J} O_j W_{jk}$，用 $\displaystyle\sum_{j=1}^{J} O_j W_{jk}$ 替换 $X_k$，得到如下公式。

$$\frac{\partial E}{\partial W_{jk}} = (O_k - t_k)O_k(1 - O_k)\frac{\partial}{\partial W_{jk}}O_j W_{jk}$$

求导后得到：

$$\frac{\partial E}{\partial W_{jk}} = (O_k - t_k)O_k(1 - O_k)O_j$$

此时，令：

$$\delta_k = (O_k - t_k)O_k(1 - O_k)$$

得到最终结果：

$$\frac{\partial E}{\partial W_{jk}} = O_j \delta_k$$

所以：

$$\Delta W_{jk}(t) = -\eta\frac{\partial E}{\partial W_{jk}} = -\eta O_j \delta_k$$

c. $\Delta W_{ij}(t) = -\eta\dfrac{\partial E}{\partial W_{ij}}$ 中 $\dfrac{\partial E}{\partial W_{ij}}$ 的计算。

同上述过程，求解输入层和隐藏层之间的权值调整量，$\Delta W_{ij}(t) =$

$-\eta\dfrac{\partial E}{\partial W_{ij}}$，这一步求解$\dfrac{\partial E}{\partial W_{ij}}$：

$$\frac{\partial E}{\partial W_{ij}} = O_i\,O_j(1-O_j)\sum_{k=1}^{K}(O_k-t_k)\,O_k(1-O_k)\,W_{jk}$$

根据上述公式的假设，得到如下公式。

$$\frac{\partial E}{\partial W_{ij}} = O_i\,O_j(1-O_j)\sum_{k=1}^{K}\delta_k\,W_{jk}$$

此时，令：

$$\delta_j = O_j(1-O_j)\sum_{k=1}^{K}\delta_k\,W_{jk}$$

得到最终结果：

$$\frac{\partial E}{\partial W_{ij}} = O_i\,\delta_j$$

所以：

$$\Delta W_{ij}(t) = -\eta\frac{\partial E}{\partial W_{ij}} = -\eta O_i\,\delta_j$$

### 25.4.3 实现步骤

**步骤1** 引入 numpy 包，将其命名为 np，从 sklearn 引入多层感知机分类器 MLPClassifier。见 In［1］。

```
In [1]: import numpy as np
        from sklearn.neural_network import MLPClassifier
```

**步骤2** 创建训练集输入值 train_x、训练集输出值 train_y 和测试集输入值 test_x、测试集输出值 test_y，模拟数字图像。其中，train_x 为表示数字 0~9 的矩阵。见 In［2］。

```
In [2]: train_x = [[1, 1, 1, 1, 0, 1, 1, 0, 1, 1, 0, 1, 1, 1, 1],
                    [0, 1, 0, 0, 1, 0, 0, 1, 0, 0, 1, 0, 0, 1, 0],
                    [1, 1, 1, 0, 0, 1, 0, 1, 0, 1, 0, 0, 1, 1, 1],
                    [1, 1, 1, 0, 0, 1, 0, 1, 0, 0, 0, 1, 1, 1, 1],
                    [1, 0, 1, 1, 0, 1, 1, 1, 1, 0, 0, 1, 0, 0, 1],
                    [1, 1, 1, 1, 0, 0, 1, 1, 1, 0, 0, 1, 1, 1, 1],
                    [1, 1, 1, 1, 0, 0, 1, 1, 1, 1, 0, 1, 1, 1, 1],
                    [1, 1, 1, 0, 0, 1, 0, 0, 1, 0, 0, 1, 0, 0, 1],
                    [1, 1, 1, 1, 0, 1, 1, 1, 1, 1, 0, 1, 1, 1, 1],
                    [1, 1, 1, 1, 0, 1, 1, 1, 1, 0, 0, 1, 1, 1, 1]
                    ]

            # 训练集标签
        train_y = [0, 1, 2, 3, 4, 5, 6, 7, 8, 9]

            # 测试集
        test_x = [[1, 1, 0, 1, 0, 0, 1, 1, 1, 1, 0, 1, 1, 1, 1],
                  [0, 1, 0, 0, 1, 0, 0, 1, 0, 0, 1, 0, 0, 0, 0]]

            # 测试集标签
        test_y = [6, 1]
```

**步骤3** 将分类器命名为 mlp，使用训练集输入值 train_x 和训练集输出值 train_y 训练神经网络。max_iter = 10 000 表示最大迭代次数为 10 000，防止在默认迭代次数 200 的情况下找不到最优解。见 In［3］。

```
In [3]:  mlp = MLPClassifier(max_iter = 10000)
         mlp.fit(train_x, train_y)
```

```
Out[3]:  MLPClassifier(activation='relu', alpha=0.0001, batch_size='auto', beta_1=0.9,
             beta_2=0.999, early_stopping=False, epsilon=1e-08,
             hidden_layer_sizes=(100,), learning_rate='constant',
             learning_rate_init=0.001, max_iter=10000, momentum=0.9,
             n_iter_no_change=10, nesterovs_momentum=True, power_t=0.5,
             random_state=None, shuffle=True, solver='adam', tol=0.0001,
             validation_fraction=0.1, verbose=False, warm_start=False)
```

**步骤4** 使用已经训练完成的神经网络对测试集进行预测，并命名测试样本的输出值为 predict_y，打印 predict_y，完成分类算法。见 In［4］。

```
In [4]:  predict_y = mlp.predict(test_x)
         predict_y
```

```
Out[4]:  array([6, 1])
```

**步骤5** 启动拟合算法，首先从 sklearn 包中引入 MLPRegressor。为将最终结果可视化，引入 matplotlib.pyplot 包，命名为 plt。%matplotlib inline 为一个魔法函数，表示将图表嵌入到 notebook 中，或使用指定的界面库显示图表。见 In［5］。

```
In [5]:  from sklearn.neural_network import MLPRegressor
         import matplotlib.pyplot as plt
         %matplotlib inline
```

**步骤6** 创建训练集输入 train_x、训练集输出 train_y，测试集输入 test_x、测试集输出 test_y，模拟股票价格随时间的变化。其中，arange 函数包含 3 个参数：区间起始值、区间终止值和步长（Python 的区间往往是左闭右开）。arange 函数的返回值是一个数组。见 In［6］。

```
In [6]:  train_x = np.arange(0.1, 0.9, 0.1).reshape(-1, 1)

         # 训练集标签
         train_y = np.sin(2 * np.pi * train_x).ravel()

         # 测试集
         test_x = np.arange(0.0, 1, 0.05).reshape(-1, 1)

         # 测试集标签
         test_y = np.sin(2 * np.pi * test_x).ravel()
```

**步骤7** 将回归器命名为RG，使用训练集输入值 train_x 和训练集输出值 train_y 训练神经网络。激活函数为 tanh，solver = 'lbfgs' 意为利用损失函数二阶导数矩阵，即海森矩阵来迭代优化损失函数。max_iter = 200 表示最大迭代次数为200。见 In [7]。

```
In [7]:  RG = MLPRegressor(hidden_layer_sizes=(3),activation='tanh',solver='lbfgs',max_iter=200)
         RG = RG.fit(train_x, train_y)
```

**步骤8** 使用已经训练完成的神经网络对测试集进行拟合，并命名测试样本的输出值为 predict_y。见 In [8]。

```
In [8]:  predict_y = RG.predict(test_x)
```

**步骤9** 将最终的结果可视化，其中 'o' 表示训练样本的拟合结果，'x' 表示测试样本的拟合结果。见 In [9]。

```
In [9]:  plt.plot(train_x,train_y,'o')
         plt.plot(test_x, test_y, c='yellow')
         plt.plot(test_x,predict_y,'x',c='red')
         plt.show()
```

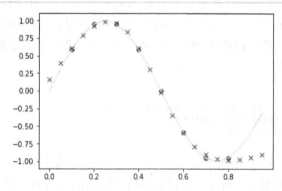

## 25.5　本章总结

本章实现的工作是：首先采用 Python 语言生成用于数字图像检测的训练样本输入值矩阵、输出值和用于股票价格预测的时间、对应股价数据。然后使用训练样本，对神经网络进行训练，得到神经网络模型。进而输入更多的测试样本，采用训练后的神经网络进行预测。最后将预测结果进行可视化。

本章掌握的技能是：①使用 NumPy 库生成连续的时刻数值和正弦数值数组；②使用 sklearn. neural_network 库中多层感知机 MLPClassifier 和 MLPRegressor 进行分类计算和拟合计算；③使用 Matplotlib 库实现数据的可视

化，绘制散点图、折线图。

## 25.6 本章作业

➤ 实现本章的案例，即生成样本数据，实现 BP 神经网络模型的建模、预测和数据可视化。

➤ 设计一个模拟空间内有人物、物体和没有人物或物体的矩阵数据（同数字图像模拟方法），运用 BP 神经网络算法，实现图像的识别，达到输入数列，输出图像类别的目的。

➤ 从"聚数力大数据平台"中下载股票数据，利用年鉴中的数据，运用 BP 神经网络算法，实现股票价格预测。数据下载参考以下步骤。

第一步：首先在搜索引擎中搜索"聚数力"，或直接在浏览器中输入 http：//www. dataju. cn/Dataju/web/home，进入"聚数力大数据平台"首页。见图 25-3。

图 25-3

第二步：进入首页后，选择"数据描述与下载"，进入数据搜索界面。见图 25-4。

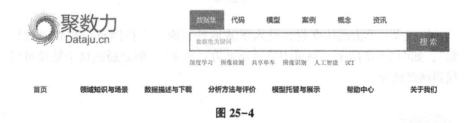

图 25-4

第三步：进入数据描述与下载后能看到各种数据的下载地址，可以选择感兴趣的数据进行预测，在本书中，以图 25-5 中第 3 个数据：根据创业板个股日线数据对个股趋势预测数据描述为例，下载数据。

第四步：选择想要下载的数据，本书以创业板个股日线数据对个股趋势预测数据描述为例。如图 25-6 所示。本数据库可以免费下载。

首页
领域知识与场景
数据描述与下载
分析方法与评价
模型托管与展示
帮助中心
关于我们
数据描述 (17)
数据集下载 (350)
数据描述
金融大数据 (6)
商业大数据 (1)
制造业大数据 (0)
交通运输大数据 (0)
医疗健康大数据 (1)
社会服务大数据 (4)
能源大数据 (0)
其它大数据 (5)
根据上证A股个股日线数据对个股趋势预测数据描述
根据上证A股个股日线数据对个股趋势预测数据描述
根据深证A股个股日线数据对个股趋势预测数据描述
根据深证A股个股日线数据对个股趋势预测数据描述
根据创业板个股日线数据对个股趋势预测数据描述
根据创业板个股日线数据对个股趋势预测数据描述
您可能感兴趣的模型
换一批 »

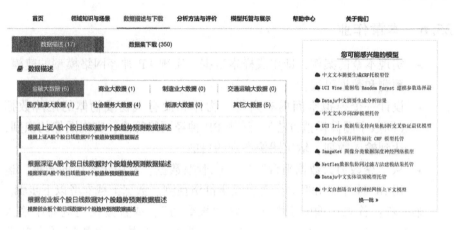

图 25-5

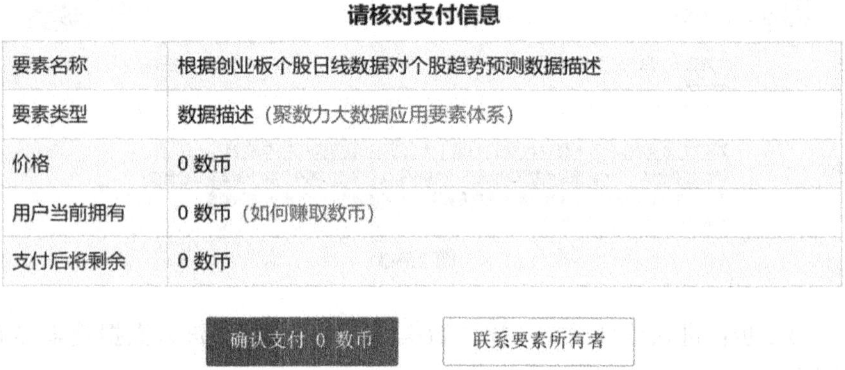
请核对支付信息
要素名称
根据创业板个股日线数据对个股趋势预测数据描述
要素类型
数据描述（聚数力大数据应用要素体系）
价格
0 数币
用户当前拥有
0 数币（如何赚取数币）
支付后将剩余
0 数币
确认支付 0 数币
联系要素所有者

图 25-6

第五步：单击确认支付，进入下载地址页面，下拉网页，找到“数据集”，如图 25-7 所示，网页中显示地址为“暂无”，但是通过这个链接可以找到网盘地址。

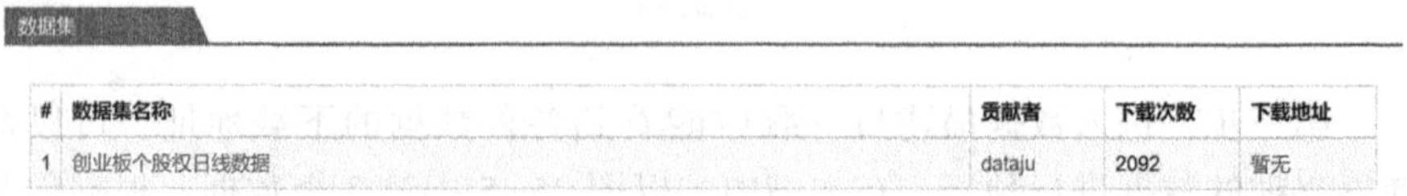
数据集
#
数据集名称
贡献者
下载次数
下载地址
1
创业板个股权日线数据
dataju
2092
暂无

图 25-7

第六步：单击“暂无”，进入网页链接，看到“数据下载”。图 25-8。

**创业板个股权日线数据**

个股行情数据　量化交易　高流交易

☁ 5262次浏览　&dataju　⊙ 于 2016-08-06 发布

数据下载　｜　联系提供者

图 25-8

第七步：单击"数据下载"，再次跳转到支付页面。见图 25-9。

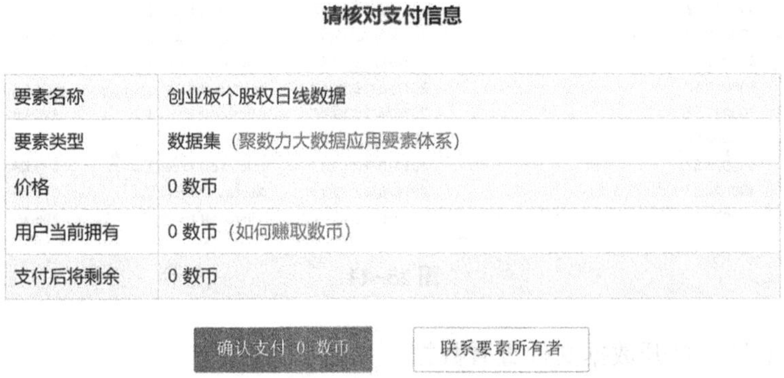

### 请核对支付信息

| 要素名称 | 创业板个股权日线数据 |
|---|---|
| 要素类型 | 数据集 (聚数力大数据应用要素体系) |
| 价格 | 0 数币 |
| 用户当前拥有 | 0 数币 (如何赚取数币) |
| 支付后将剩余 | 0 数币 |

确认支付 0 数币　｜　联系要素所有者

图 25-9

第八步：单击"确认支付"，进入网盘链接。见图 25-10。

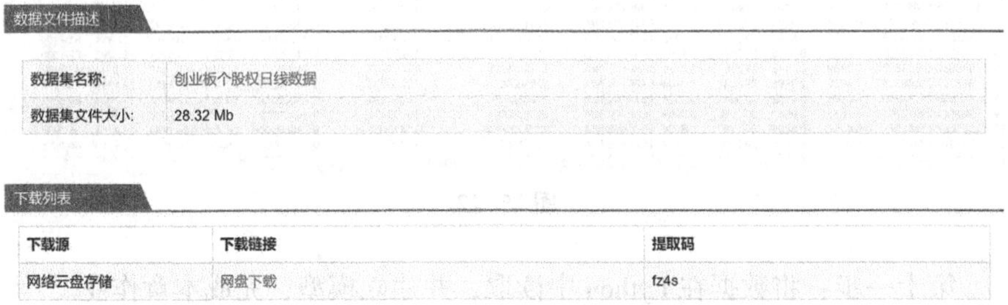

**数据文件描述**

| 数据集名称： | 创业板个股权日线数据 |
|---|---|
| 数据集文件大小： | 28.32 Mb |

**下载列表**

| 下载源 | 下载链接 | 提取码 |
|---|---|---|
| 网络云盘存储 | 网盘下载 | fz4s |

图 25-10

第九步：单击"下载列表"中的"网盘下载"，进入"百度网盘"文件提取界面，输入提取码，将文件保存至百度网盘并下载，下载完成后打开文件夹，可以看到其中包含的文件非常丰富，只需要从中选取一个文件用 Excel 打开即可。见图 25-11。

| 文件名 | 日期 | 类型 | 大小 |
|---|---|---|---|
| 300001.SZ | 2016/6/12 19:47 | Microsoft Excel 工... | 299 KB |
| 300002.SZ | 2016/6/12 19:47 | Microsoft Excel 工... | 309 KB |
| 300003.SZ | 2016/6/12 19:47 | Microsoft Excel 工... | 312 KB |
| 300004.SZ | 2016/6/12 19:47 | Microsoft Excel 工... | 311 KB |
| 300005.SZ | 2016/6/12 19:47 | Microsoft Excel 工... | 307 KB |
| 300006.SZ | 2016/6/12 19:47 | Microsoft Excel 工... | 304 KB |
| 300007.SZ | 2016/6/12 19:47 | Microsoft Excel 工... | 303 KB |
| 300008.SZ | 2016/6/12 19:47 | Microsoft Excel 工... | 304 KB |
| 300009.SZ | 2016/6/12 19:47 | Microsoft Excel 工... | 307 KB |
| 300010.SZ | 2016/6/12 19:47 | Microsoft Excel 工... | 299 KB |
| 300011.SZ | 2016/6/12 19:47 | Microsoft Excel 工... | 301 KB |
| 300012.SZ | 2016/6/12 19:47 | Microsoft Excel 工... | 306 KB |
| 300013.SZ | 2016/6/12 19:47 | Microsoft Excel 工... | 297 KB |
| 300014.SZ | 2016/6/12 19:47 | Microsoft Excel 工... | 307 KB |
| 300015.SZ | 2016/6/12 19:47 | Microsoft Excel 工... | 311 KB |
| 300016.SZ | 2016/6/12 19:47 | Microsoft Excel 工... | 308 KB |
| 300017.SZ | 2016/6/12 19:47 | Microsoft Excel 工... | 316 KB |
| 300018.SZ | 2016/6/12 19:47 | Microsoft Excel 工... | 303 KB |
| 300019.SZ | 2016/6/12 19:47 | Microsoft Excel 工... | 302 KB |
| 300020.SZ | 2016/6/12 19:47 | Microsoft Excel 工... | 304 KB |
| 300021.SZ | 2016/6/12 19:47 | Microsoft Excel 工... | 307 KB |
| 300022.SZ | 2016/6/12 19:47 | Microsoft Excel 工... | 298 KB |
| 300023.SZ | 2016/6/12 19:47 | Microsoft Excel 工... | 300 KB |
| 300024.SZ | 2016/6/12 19:47 | Microsoft Excel 工... | 311 KB |
| 300025.SZ | 2016/6/12 19:47 | Microsoft Excel 工... | 296 KB |

图 25-11

第十步：打开数据文件查看数据。见图 25-12。

图 25-12

第十一步：将数据在 Python 中读取，并建立模型，完成本章作业。

# 第十部分
## Python 爬虫

# 26　XPath

## 26.1　本章工作任务

采用 XPath 语言编写程序，对人民网新闻详情页的信息（新闻的标题、时间、来源和内容）进行抓取。①算法的输入是：需要抓取的新闻页面的 URL 地址；②算法模型需要求解的是：目标信息所在网页文件中的特征标签和属性名称；③算法的结果是：URL 网页中所有的新闻标题、时间、来源和内容，以列表的形式呈现。

## 26.2　本章技能目标

- ➢ 掌握爬虫原理
- ➢ 掌握 XPath（XML 路径语言）方法原理
- ➢ 使用 requests 包实现对网页 HTML 代码的获取
- ➢ 使用 XPath 方法实现对 HTML 中内容的抓取
- ➢ 使用 pandas 库实现对抓取结果的文件存储

## 26.3　本章简介

**数据抓取是指**：一种将非结构化的数据（网站、微博等网页中的网络文字、图片等），按照一定规则获取，并将获取的数据以结构化数据（表格等）的形式进行保存和应用的技术。

**XPath 是指**：一种用来确定 XML 文档（网页文档）中某个标签位置（如标题在网页文档中所属标签的位置）的查询语言。例如，若网页的源代码为<标签开始符号属性名＝"属性值">标签内容<标签结束符号>格式，可通过编写代码"对象.方法（'标签开始符号'，属性名＝'属性值'）"定位内容标签位置，通过后续方法，获取标签内容。

**XPath 可以解决的科学问题是**：对于网页内容，如果内容与标签存在如下关系：<标签开始符号属性名＝"属性值">标签内容<标签结束符号>，则根据标签符号，将"标签内容"进行提取。

**XPath 可以解决的实际应用问题是**：如想获得人民日报网站上的新闻信息（包括新闻标题、时间、来源和内容信息），则可以使用 XPath 语言进行逐一定位并获取，并将结果放入列表（List）中，并保存为文件。

**本章的重点是：**XPath 中各种方法的理解和使用。

## 26.4 理论讲解部分

### 26.4.1 任务描述

任务内容参见图 26-1。

需要实现的功能描述如下。

（1）输入待抓取的页面网址。本章采用人民日报网新闻详情页网址，如图 26-1a）所示。

（2）利用 XPath 获取目标信息，如图 26-1b）所示。

（3）得到抓取的结果。通过遍历每一条新闻，将获取到的信息存入名为 news 的列表中，如图 26-1c）所示。

a) 待抓取的新闻详情页面

**图 26-1**

b) 要获取的目标

[{'title':'韩正会见美国前财政部长保尔森','whenandwhere':'2019年04月11日19:21　　来源：新华社','content':['新华社北京4月11日电（记者潘洁）中共中央政治局常委、国务院副总理韩正11日在中南海紫光阁会见美国前财政部长保尔森。',' 韩正表示，中美建交40年来，两国关系经历各种考验，取得了历史性发展。中美在维护世界和平稳定、促进全球发展繁荣方面拥有广泛利益、肩负着重要责任。要在两国元首重要共识的指引下，推动中美经贸合作和两国关系健康稳定向前发展。加强生态环境保护是中国实现高质量发展的必然要求，中方愿意开展各种形式的国际合作，愿意与保尔森基金会共同努力，在生态环境保护方面进一步拓宽合作领域。',' 保尔森表示，美中关系是世界上最重要的双边关系之一。保尔森基金会愿意积极推动美中贸易投资、环境保护、清洁能源、绿色金融等领域的合作。']},{'title':'习近平与独龙族的故事','whenandwhere':'2019年04月11日19:20　　来源：新华网 金佳绪','content':['新华网 4月10日，习近平给云南省贡山县独龙江乡群众回信，祝贺独龙族实现整族脱贫。',' 总书记说，得知这个消息，我很高兴，向你们表示衷心的祝贺！',' 2018年，独龙江乡6个行政村整体脱贫，独龙族实现整族脱贫，当地群众委托乡党委给习近平总书记写信，汇报独龙族实现整族脱贫的喜讯。',' 2019年4月10日，习近平给乡亲们回信，祝贺独龙族实现整族脱贫。',' 在信里，习近平说：',' "让各族群众都过上好日子，是我一直以来的心愿，也是我们共同奋斗的目标。新中国成立后，独龙族告别了刀耕火种的原始生活。进入新时代，独龙族摆脱了长期存在的贫困状况。这生动说明，有党的坚强领导，有广大人民群众的团结奋斗，人民追求幸福生活的梦想一定能够实现。",' "脱贫只是第一步，更好的日子还在后头。"习近平勉励乡亲们再接再厉、奋发图强，同心协力建设好家乡、守护好边疆，努力创造独龙族更加美好的明天。',' 独龙族是我国28个人口较少民族之一，也是新中国成立初期一个从原始社会末期直接过渡到社会主义社会的少数民族，主要聚居在云南省贡山县独龙江乡。当地地处深山峡谷，自然条件恶劣，一直是云南乃至全国最为贫穷的地区之一。',' 摆脱贫困，过上美好生活，这是独龙族同胞一直以来的期盼。如今，这个愿望变成了现实。',' 2018年年底，作为人口较少的"直过民族"，独龙族从整体贫困实现了整族脱贫，贫困发生率下降到了2.63%，独龙江乡1086户群众全部住进了新房，所有自然村都通了硬化路，4G网络、广播电视信号覆盖到全乡，种草果、养蜂采蜜、养独龙牛，乡亲们的收入增加了，孩子们享受着14年免费教育，群众看病有了保障……',' 很多人对这个生活在偏远地区人数较少的少数民族有些陌生，知之甚少。但习近平却表示，"我们并不陌生，因为有书信往来。"',' 2014年元旦前夕，贡山县干部群众致信习近平总书记，汇报了当地经济社会发展和人民生活改善的情况，报告了多年期盼的高黎贡山独龙江公路隧道即将贯通的消息，习近平接到信后立即给他们回信："向独龙族的乡亲们表示祝贺！"希望独龙族群众"加快脱贫致富步伐，早日实现与全国其他兄弟民族一道过上小康生活的美好梦想"。',' 2015年1月，习近平在云南考察。他仍关注高黎贡山隧道建设，关注着独龙族干部群众生活发生的变化。带着对贡山县干部群众尤其是独龙族乡亲们的惦念，习近平在这次紧张的行程中特地抽出时间，把当初写信的5位干部群众和2位独龙族妇女，专程接到昆明来见面。',' "建一套新房多少钱？""原来出山要多长时间？"……此次见面，习近平对乡亲们的生活情况细问详询，共同分享沧桑巨变带来的喜悦，对把脱贫致富的牵挂，远不止类挂。',' "我今天特别高兴，能够在这里同贡山独龙族怒族自治县的代表们见面。"习近平说，独龙族这个名字是周总理起的，虽然只有6900多人，人口不多，也是中华民族大家庭平等的一员，在中华人民共和国、中华民族大家庭之中骄傲地、有尊严地生活着，在中国共产党领导下，同各民族人民一起努力工作，为全面建成小康社会的目标奋斗。',' 总书记指出，独龙族和其他一些少数民族的沧桑巨变，证明了中国特色社会主义制度的优越性。前面的任务还很艰巨，我们要继续发挥我国制度的优越性，继续把工作做好、事情办好。',' "全面建成小康社会，一个民族都不能少"，是全国人民的心愿，更是以习近平同志为核心的党中央的坚定决心。当又一个少数民族整体脱贫的好消息传来，总书记怎能不由衷高兴！',' ',' 点击进入专题']}]

c) 将获取到的信息存入名为news的列表

**图 26-1　任务展示**

## 26.4.2 一图精解

XPath 的原理可以参考图 26-2 理解。

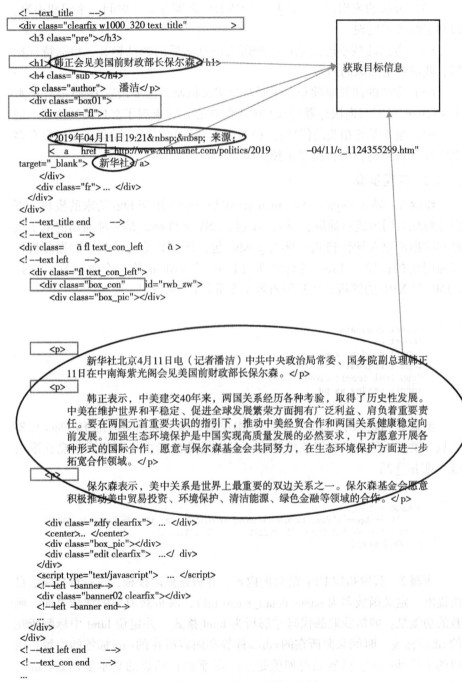

**图 26-2　XPath 示意图**

理解 XPath 的要点如下。

（1）方法的输入是：需要抓取的新闻页面的 URL 地址。

（2）方法的求解是：目标信息所在网页文件中的特征标签和属性名称。

（3）方法的输出是：URL 网页中所有的新闻标题、时间、来源和内容，以列表的形式呈现。

（4）方法的核心思想是：找到所需信息前后的特征标签，根据特征标签，获取希望抓取的内容。

（5）方法的注意事项是：①面对反爬虫机制，需要设置 Headers（网页的 Headers 是网页向服务器请求和响应的核心，它承载了客户端浏览器、请求页面、服务器等相关的信息），模拟浏览器访问网页。②获取的信息有多余字符（如空格）时，需要去掉。

### 26.4.3　实现步骤

**步骤 1**　导入 requests 包，requests 包是一个常用于 http 请求的模块，可以方便地对网页进行抓取；导入 csv 包，CSV 文件格式是一种通用的电子表格和数据库导入导出格式；导入 pandas 包，该工具是为了解决数据分析任务而创建的；导入 Lxml 进行解析（Lxml 是 Python 的一个解析库，支持 HTML 和 XML 的解析，而且解析效率非常高）。见 In［1］。

```
In [1]:   import requests
          import csv
          import pandas as pd
          import requests
          from lxml import etree
          import pandas as pd
```

**步骤 2**　模拟浏览器访问网址，构建浏览器访问网页时的 Headers 标签信息，跳过反爬虫机制以获取信息，可以避免反爬虫机制造成信息获取失败。见 In［2］。

```
In [2]:   HEADERS = {
              'User-Agent':'Mozilla/5.0 (Windows NT 6.1; Win64; x64) AppleWebKit/537.36
          (KHTML, like Gecko) Chrome/64.0.3282.140 Safari/537.36',
          }  #构造请求头
```

**步骤 3**　获取指定 URL 的页面内容，并根据抓取模板，进行待抓取信息的提取。定义函数名为 parse_detail_page(url)，解析获取到的详情页面。函数的功能是：解析获取的代码并解析为 html 格式，并定位 html 中标题所在的<div>标签，时间来源所在的<div>标签和内容所在的<p>标签的位置；函数的参数是：url；函数的返回值是：news 字典；函数的显示输出是：title，whenandwhere，content。见 In［3］。

```
In [3]:  def parse_detail_page(url):
             news = {}     #字典news用于存放获取到的新闻信息
             response = requests.get(url, headers=HEADERS)     #请求url数据并返回给response对象
             text = response.content.decode('gb18030')
             #获取response中的数据信息(HTML文本)并进行解码。因为编码方式的不同，获取内容是乱
         码，需要进行编码转换
             html = etree.HTML(text)     #构造一个XPath解析对象html用来解析字符串格式的text

             # 获取新闻标题
             div_title = html.xpath("//div[@class='clearfix w1000_320 text_title']")[0]
             # 获取标题所在div 。（此处找到class属性为clearfix w1000_320 text_title的第一个
         div标签）
             #其中//代表相对路径，匹配任意深度的节点，可以获取所有的子孙元素，表示从相对路径
         中选择新闻标题的节点的标签
             title = div_title.xpath("./h1/text()")
             # 在当前div标签下的h1标签下获取新闻标题
             #.表示选取当前节点，/表示从当前节点的绝对路径下的h1标签获取信息，text()表示的
         是定位改标签下的文本信息
             news['title']=(title[0]).replace('\xa0','')
             #去掉title中的多余字符"\xa0"(空格)，将新闻标题存入字典news

             # 获取时间和来源
             div_whenandwhere = html.xpath("//div[@class='box01']/div[@class='fl']")[0]
             # 获取时间和来源所在的div，@表示选取的目标标签的对应属性
             title = div_title.xpath("./h1/text()")
             when = div_whenandwhere.xpath("./text()")[0].replace("\xa0", "  ")
             # 获取新闻发布时间并去掉多余字符
             where = div_whenandwhere.xpath("./a[@href]/text()")[0]
             # 获取新闻来源
             news['whenandwhere']=when+where     #将新闻时间和来源存入news

             #获取新闻内容
             ps = html.xpath("//div[@class='box_con']/p") # 获取所有p标签
             contents = []#列表contents用于存放每个p标签内的新闻内容
             for p in ps:#遍历获取到的p标签进行处理
                 content = p.xpath("./text()") #获取p标签的文本内容
                 contents.append((content[0].replace("\n\t",' ')).replace("\u3000\u3000",''))
                 #去除content中的多余字符并将其追加至contents列表
             news['content']=contents     #将新闻内容存入字典news
             return news     # 返回news字典
```

**步骤4** 获取特定页面的内容，存入.csv或者.xls文件。定义函数名为spider( )，获取指定URL的新闻详情页内容。函数的功能是：通过循环，可以获得多个指定URL的新闻详情页内容；函数的返回值是：news列表；函数的显示输出是：指定URL的新闻标题，时间来源和详情页内容。见In［4］。

```
In [4]:  def spider(urls):
             news = []     #用于存放获取到的新闻详情页信息
             for url in urls:     #遍历详情页面的url列表，对每个详情页分别进行解析
                 new = parse_detail_page(url)
                 # 解析获取到的详情页，返回给用于存放新闻信息的字典new
                 news.append(new)     #将字典new追加到列表news中
             print(news)     # 打印获取到的新闻详情页信息

             df=pd.DataFrame(news,columns=['title','whenandwhere','content'])
             #使用字典news构建DataFrame对象df，指定列名为'title','whenandwhere','content'
             df.to_csv('news.csv')     #将df对象写入csv文件
             df.to_excel('news.xls')     #将df对象写入xls文件
```

**步骤 5** 指定 URL 的值，调用 spider( )进行页面内容获取。见 In〔5〕。

```
In [5]:    urls = ['http://politics.people.com.cn/n1/2019/0411/c1024-31025481.html',
               'http://politics.people.com.cn/n1/2019/0411/c1024-31025480.html']
           #指定待抓取的新闻详情页url
           spider(urls)    #调用spider()，获取并打印指定url的新闻详情页内容
```

[{'title': '韩正会见美国前财政部长保尔森', 'whenandwhere': '2019年04月11日19:21 来源:新华社', 'content': ['新华社北京4月11日电（记者潘洁）中共中央政治局常委、国务院副总理韩正11日在中南海紫光阁会见美国前财政部长保尔森。','韩正表示，中美建交40年来，两国关系经历各种考验，取得了历史性发展。中美在维护世界和平稳定、促进全球发展繁荣方面拥有广泛利益、肩负着重要责任。要在两国元首重要共识的指引下，推动中美经贸合作和两国关系健康稳定向前发展。加强生态环境保护是中国实现高质量发展的必然要求，中方愿意开展各种形式的国际合作，愿意与保尔森基金会共同努力，在生态环境保护方面进一步拓宽合作领域。','保尔森表示，美中关系是世界上最重要的双边关系之一。保尔森基金会愿意积极推动美中贸易投资、环境保护、清洁能源、绿色金融等领域的合作。']}, {'title': '习近平与独龙族的故事', 'whenandwhere': '2019年04月11日19:20    来源:新华网', 'content': ['新华网 金佳绪','4月10日，习近平给云南省贡山县独龙江乡群众回信，祝贺独龙族实现整族脱贫。','总书记说，得知这个消息，我很高兴，向你们表示衷心的祝贺！','2018年，独龙江乡6个行政村整体脱贫，独龙族实现整族脱贫，当地群众委托乡党委给习近平总书记写信，汇报独龙族实现整族脱贫的喜讯。','2019年4月10日，习近平给乡亲们回信，祝贺独龙族实现整族脱贫。','在信里，习近平说：','"让各族群众都过上好日子，是我一直以来的心愿，也是我们共同奋斗的目标。新中国成立后，独龙族告别了刀耕火种的原始生活。进入新时代，独龙族摆脱了长期存在的贫困状况。这生动说明，有党的坚强领导，有广大人民群众的团结奋斗，人民追求幸福生活的梦想一定能够实现。"，"脱贫只是第一步，更好的日子还在后头。"习近平勉励乡亲们再接再厉、奋发图强，同心协力建设好家乡、守护好边疆，努力创造独龙族更加美好的明天。','独龙族是我国28个人口较少民族之一，也是新中国成立初期一个从原始社会末期直接过渡到社会主义社会的少数民族，主要聚居在云南省贡山县独龙江乡。当地地处深山峡谷，自然条件恶劣，一直是云南乃至全国最为贫穷的地区之一。','摆脱贫困，过上美好生活，这是独龙族同胞一直以来的期盼。如今，这个愿望变成了现实。','2018年年底，作为人口较少的"直过民族"，独龙族从整体贫困实现了整族脱贫，贫困发生率下降到了2.63%，独龙江乡1086户群众全部住进了新房，所有自然村都通了硬化路，4G网络、广播电视信号覆盖到全乡，种草果、采蜂蜜、养独龙牛，乡亲们的收入增加了，孩子们享受着14年免费教育，群众看病有了保障……','','很多人对这个生活在偏远地区人数较少的少数民族有些陌生，知之甚少。但习近平却表示，"我们并不陌生，因为有书信往来。"','2014年元旦前夕，贡山县干部群众致信习近平总书记，汇报了当地经济社会发展和人民生活改善的情况，报告了多年期盼的高黎贡山独龙江公路隧道即将贯通的消息，习近平接到信后立即给他们回信："向独龙族的乡亲们表示祝贺！"希望独龙族群众"加快脱贫致富步伐，早日实现与全国其他兄弟民族一道过上小康生活的美好梦想"。','总书记对独龙族同胞的牵挂，远不止书信。','2015年1月，习近平在云南考察。他仍关注着高黎贡山隧道建设，关注着独龙族干部群众生活发生的变化。带着对贡山县干部群众尤其是独龙族乡亲们的惦念，习近平在这次紧张的行程中特地抽出时间，把当初写信的5位干部群众和2位独龙族妇女，专程接到昆明来见面。','"建一套新房多少钱？""原来出山要多长时间？"……此次见面，习近平对乡亲们的生活情况细问详察，共同分享沧桑巨变带来的喜悦，对干部群众寄语频频。','"我今天特别高兴，能够在这里同贡山独龙族怒族自治县的代表们见面。"习近平说，独龙族这个名字是周总理起的，虽然只有6900多人，人口不多，也是中华民族大家庭平等的一员，在中华人民共和国、中华民族大家庭之中骄傲地、有尊严地生活着，在中国共产党领导下，同各民族人民一道努力工作，为全面建成小康社会的目标奋斗。','总书记指出，独龙族和其他一些少数民族的沧桑巨变，证明了中国特色社会主义制度的优越性。前面的任务还很艰巨，我们要继续发挥我国制度的优越性，继续把工作做好、事情办好。','"全面建成小康社会，一个民族都不能少"，是全国人民的心愿，更是以习近平同志为核心的党中央的坚定决心。当又一个少数民族整体脱贫的好消息传来，总书记怎能不由衷高兴！','','','点击进入专题']}]

## 26.5 本章总结

本章实现的工作是：首先对人民网新闻的标题、时间、来源和内容部分的路径进行定位，确定待抓取内容所在页面的 URL 地址，然后分析待抓

取内容的特征，根据特征编写 XPath 抓取程序对新闻的标题、时间、来源和内容进行抓取，最后将抓取结果存储为 .xls 和 .csv 格式的文档。

　　本章掌握的技能是：①使用 requests 包获取全部网页内容；②通过模拟浏览器访问网页的方法绕过反爬虫机制；③使用 Lxml 解析，将获取到的网页的内容解析成 html 格式；④使用 XPath 定位信息所在路径并进行抓取，将抓取结果通过 pandas 库封装导入 .csv 与 .xls 文件中。

## 26.6　本章作业

　　➢ 实现本章的案例，即根据给定的网址，用 XPath 语言抓取人民网新闻的标题、时间、来源和内容。
　　➢ 抓取新浪新闻详情页最新的一条新闻内容，并将结果导入 .csv 和 .xls 文件中。

# 27　Beautiful Soup

## 27.1　本章工作任务

　　本章运用 Beautiful Soup 对象提供的方法编写程序，对人民日报网详情页中的新闻信息进行抓取。①算法的输入是：人民日报网新闻详情页网址；②网络爬虫需要配置的参数是：新闻详情页各部分信息的特征标签及其属性值；③算法的结果是：该新闻详情页中的所有新闻发布时间、标题与内容，以列表的形式呈现。

## 27.2　本章技能目标

> ➢ 掌握爬虫原理
> ➢ 掌握 Beautiful Soup 对象的使用方法
> ➢ 使用 Requests 对象实现网页内容的获取
> ➢ 使用 Beautiful Soup 对象中的方法实现对网页内容的抓取
> ➢ 使用 pandas 包实现对抓取数据的文件存储
> ➢ 将抓取结果进行可视化展示

## 27.3　本章简介

　　**数据抓取是指**：一种将非结构化的数据（网站、微博等网页中的网络文字、图片等），按照一定规则进行获取，并将获取的数据以结构化数据（表格等）的形式进行保存和应用的技术。

　　**Beautiful Soup 是指**：一种含有抓取数据方法的对象，可通过 Beautiful Soup 对象中各类方法，对获取到的 HTML 和 XML 的树状结构进行解析，并且以每一个节点为对象，对其中内容进行定向查找与获取。例如，若网页的源代码为<标签开始符号属性名 = "属性值">标签内容<标签结束符号>格式，可通过编写代码 "Beautiful Soup 对象. 匹配方法（'标签名称'，属性名 = '属性值'）" 定位到具有指定属性名称的标签，获取该标签中的内容。

　　**Beautiful Soup 可以解决的科学问题是**：对于网页内容，如果内容与标签存在如下关系：<标签开始符号属性名 = "属性值">标签内容<标签结束符号>，则根据标签符号及属性值，将 "标签内容" 进行提取。

**Beautiful Soup** 算法可以解决的实际应用问题是：获得人民日报网站上的新闻信息，可以使用 Beautiful Soup 对象中的方法进行逐一抓取，将结果放入列表（List）中，并保存为文件。

**本章的重点是**：Beautiful Soup 对象中各方法的理解和使用。

## 27.4　理论讲解部分

### 27.4.1　任务描述

任务内容参见图 27-1。

需要实现的功能描述如下。

（1）输入待抓取的页面网址。本章采用人民日报网新闻详情页网址（'http：//politics. people. com. cn/n1/2019/0411/c1024-31025481. html'和'http：// politics. people. com. cn/n1/2019/0411/c1024-31025480. html'），如图 27-1a）所示。

（2）利用 Beautiful Soup 中的方法实现定向查找。利用对象中 find 与 select 方法，对包含新闻发布时间、新闻标题、新闻内容的标签属性进行定向查找，从而获取所需的新闻信息，如图 27-1b）所示。

（3）储存并输出抓取的结果。通过遍历每一条新闻，将获取到的信息存入名为 news 的列表展示，如图 27-1c）所示。

**图 27-1**

a) 待爬取得新闻详情页url

图 27-1

b) 含有方框中信息的列表

{'title': '韩正会见美国前财政部长保尔森', 'time': '2019年04月11日19:21  来源：新华社', 'content': ['新华社北京4月11日电（记者潘洁）中共中央政治局常委、国务院副总理韩正11日在中南海紫光阁会见美国前财政部长保尔森。', '韩正表示，中美建交40年来，两国关系经历各种考验，取得了历史性发展。中美在维护世界和平稳定、促进全球发展繁荣方面拥有广泛利益、肩负着重要责任。要在两国元首重要共识的指引下，推动中美经贸合作和两国关系健康稳定向前发展。加强生态环境保护是中国实现高质量发展的必然要求，中方愿意开展各种形式的国际合作，愿意与保尔森基金会共同努力，在生态环境保护方面进一步拓宽合作领域。', '保尔森表示，美中关系是世界上最重要的双边关系之一。保尔森基金会愿意积极推动美中贸易投资、环境保护、清洁能源、绿色金融等领域的合作。']}
{'title': '习近平与独龙族的故事', 'time': '2019年04月11日19:20  来源：新华网', 'content': ['新华网', '金佳绪', '【学习进行时】4月10日，习近平给云南省贡山县独龙江乡群众回信。总书记在信中写道，"得知这个消息，我很高兴"。回信背后有哪些故事？新华社《学习进行时》原创品牌栏目"讲习所"挖掘梳理，和您一同探寻。', '4月10日，习近平给云南省贡山县独龙江乡群众回信，祝贺独龙族实现整族脱贫。', '总书记说，得知这个消息，我很高兴，向你们表示衷心的祝贺！', '给独龙乡群众回信，总书记说了啥', '2018年，独龙江乡6个行政村整体脱贫，当地群众委托乡党委给习近平总书记写信，汇报独龙族实现整族脱贫的喜讯。', '2019年4月10日，习近平给乡亲们回信，祝贺独龙族实现整族脱贫。', '在信里，习近平说：', '"让各族群众都过上好日子，是我一直以来的心愿，也是我们共同奋斗的目标。新中国成立后，独龙族告别了刀耕火种的原始生活。进入新时代，独龙族摆脱了长期存在的贫困状况。这生动说明，有党的坚强领导，有广大人民群众的团结奋斗，人民追求幸福生活的梦想一定能够实现。"，"脱贫只是第一步，更好的日子还在后头。"习近平勉励乡亲们再接再厉、奋发图强，同心协力建设好家乡、守护好边疆，努力创造独龙族更加美好的明天。', '从"整体贫困"到"整族脱贫"的沧桑巨变', '独龙族是我国28个人口较少民族之一，也是新中国成立初期一个从原始社会末期直接过渡到社会主义社会的少数民族，主要聚居在云南省贡山县独龙江乡。当地地处深山峡谷，自然条件恶劣，曾是云南乃至全国最为贫困的地区之一。摆脱贫困，过上美好生活，这是独龙族同胞一直以来的期盼。如今，这个愿望变成了现实。', '2018年年底，作为人口较少的"直过民族"，独龙族从整体贫困实现了整族脱贫，贫困发生率下降到了2.63%，独龙江乡1086户群众全部住进了新房，所有自然村都通了硬化路，4G网络、广播电视信号覆盖到全乡，种草果、采蜂蜜、养殖龙牛，乡亲们的收入增加了，孩子们享受着14年免费教育，群众看病有了保障……', '习近平与独龙族的"情缘"', '很多人对这个生活在偏远地区人数较少的少数民族有些陌生，知之甚少。但习近平却表示，"我们并不陌生，因为有书信往来。"', '2014年元旦前夕，贡山县干部群众致信习近平总书记，汇报了当地经济社会发展和人民生活改善的情况，报告了多年期盼的高黎贡山独龙江公路隧道即将贯通的消息，习近平接到信后立即给他们回信。', '"向独龙族的乡亲们表示祝贺！"希望独龙族群众"加快脱贫致富步伐，早日实现与全国其他兄弟民族一道过上小康生活的美好梦想"。', '总书记对独龙族同胞的牵挂，远不止书信。', '2015年1月，习近平在云南考察。他仍关注着高黎贡山隧道建设，关注着独龙族干部群众生活发生的变化。带着对贡山县干部群众尤其是独龙族乡亲们的惦念，习近平在这次紧张的行程中特地抽出时间，把当初写信的5位干部群众和2位独龙族妇女，专程接到昆明来见面。', '"建一套新房多少钱？""原来出山要多长时间？"……此次见面，习近平对乡亲们的生活情况嘘问详察，共同分享沧桑巨变带来的喜悦，对干部群众寄语频频。', '"我今天特别高兴，能够在这里同贡山独龙族怒族自治县的代表们见面。"习近平说，独龙族这个名字是周总理起的，虽然只有6900多人，人口不多，也是中华民族大家庭平等的一员，在中华人民共和国、中华民族大家庭之中骄傲地、有尊严地生活着，在中国共产党领导下，同各民族大人民一道努力工作，为全面建成小康社会的目标奋斗。', '习近平指出，独龙族和其他一些少数民族的沧桑巨变，证明了中国特色社会主义制度的优越性。前面的任务还很艰巨，我们要继续发挥我国制度的优越性，继续把工作做好、事情办好。', '"全面建成小康社会，一个民族都不能少"，是全国人民的心愿，更是以习近平同志为核心的党中央的坚定决心。当又一少数民族整体脱贫的好消息传来，总书记怎能不由衷高兴！', '点击进入专题']}

c) 将获取到的信息存入名为news的列表

图 27-1　任务展示

### 27.4.2　一图精解

Beautiful Soup 对象中的方法实现信息定向抓取的原理可以参考图 27-2 理解。

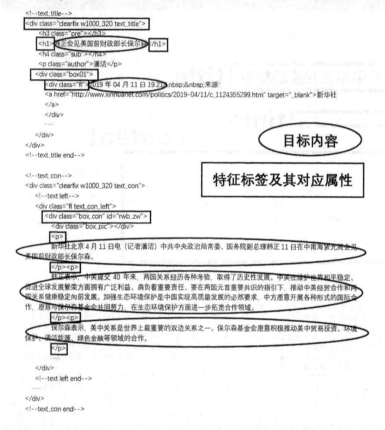

**图 27-2　利用 Beautiful Soup 对象中方法抓取网页信息示意图**

（1）算法的输入是：人民日报网新闻详情页网址。

（2）算法的模型是：待抓取信息的模板信息（如模板为<div class＝"myTi-tle">和<h1>，表示抓取具有上述 class 属性的 div 中的所有 h1 标签中的内容）。

（3）算法的输出是：多个新闻详情页中的待抓取内容（待抓取内容是指：每条新闻详情页中的新闻发布时间、新闻标题和新闻内容）组成的列表。

（4）算法的核心思想是：将待抓取信息内容前后的特征标签制作为抓取模板，依据抓取模板获取待抓取的信息内容。

（5）算法的特征与注意事项是：①要准确定位待抓取信息前后的特征标签与属性，要注意待抓取信息标签特征和待抓取内容的唯一对应关系，避免抓取内容范围扩大，造成误抓取。②掌握 Beautiful Soup 语法。特别需要注意的是，在查找"class"属性信息时，由于其与系统关键字重名，依照 Beautiful Soup 语法在程序中改写为"class_"。

### 27.4.3　实现步骤

**步骤 1**　引入 requests 包，从 bs4 包中引入 Beautiful Soup 对象，引入 HTML 解析包 html5lib。其中，requests 包用于抓取 HTML 页面，提交网络请求，是网络数据抓取和网页解析的基本包，常用于网络爬虫与信息提取；Beautiful Soup 对象用于从 HTML 或 XML 文件中提取数据；html5lib 包用于解析 HTML 文档。见 In［1］。

```
In [1]:  import requests
         from bs4 import BeautifulSoup
         import html5lib
```

**步骤 2**　构建浏览器访问网页时的 Headers 标签信息，模拟浏览器访问网址。见 In［2］。

```
In [2]:  HEADERS = {
             'User-Agent':'Mozilla/5.0 (Windows NT 6.1; Win64; x64) AppleWebKit/537.36
         (KHTML, like Gecko) Chrome/64.0.3282.140 Safari/537.36',
         }
```

**步骤 3**　获取指定 URL 的页面内容并根据抓取模板进行待抓取信息的提取。定义函数：函数的名称为 get_detail。函数的功能为对指定的 URL 页面详情进行解析，并将获取到的已解析的各部分信息存入字典中。函数的参数为待解析的 URL，在本函数中是指 url。函数的返回值是存有解析后新闻各部分信息的 new 字典。见 In［3］。

```
In [3]:  def get_detail(url):
             new = {}    # 定义字典new，用于存储解析到的新闻详情
             response = requests.get(url, headers=HEADERS)  # 用requests包提交网络请求，获
         取HTML页面内容
             text = response.content.decode('gb18030')  # 用gb18030汉字编码字符集对中文乱码进
         行解码，其中，.content表示返回二进制数据(bytes)，.decode()表示解码，()中为指定编码
             soup = BeautifulSoup(text, 'html5lib')  # 创建Beautiful Soup对象，使用html5lib
         解析器对text进行解析
             title = soup.find('div', class_='clearfix w1000_320 text_title')  # 运用find()
         方法，找到第一个class 为clearfix w1000 320 text title的div
             new['title'] = title.h1.get_text()  #将解析到的新闻标题存入new字典中，key值为
         title。h1为标题，get_text()方法用于从带html的字串中提取文本
             box01 = soup.find('div',class_='box01')  # 在div中找到第一个class 为box01的元素
             whenAndWhere = box01.select("div")[0]  # 找到box01div下的第一个div
             new['time'] = " ".join(whenAndWhere.get_text().split())  # 将解析到的新闻时
         间及来源存入new字典中，key值为time，将时间与来源用空格分开，' '.join(seq)返回通过
         空格连接seq中各个元素后生成的字符串;split()通过指定分隔符（默认为空格）对字符串进行
         切片，返回分割后的字符串列表
             box_con = soup.find('div', class_='box_con')  # 找到第一个class_为box_con的div
             contents = box_con.select("p")  # 找到新闻内容所在的p标签
             content = []  #定义列表content，用于存储每个p标签的新闻内容
             for c in contents:  #用for循环将每个p标签内的新闻内容存入content列表
                 content.extend(c.get_text().split())  # extend()方法用于在列表末尾一次性追
         加另一个序列中的多个值即多条新闻内容，get_text()方法用于从带html的字串中提取文本，
         split()方法通过指定分隔符对字符串进行切片
             new['content'] = content  #将解析到的新闻内容存入new字典中，key值为content
             return new  #返回new字典
```

**步骤4** 定义根据网址抓取内容的函数。定义函数：函数的名称为 spider。函数的功能为根据指定网址抓取内容。函数的参数为待抓取的网址 base_url。函数的返回值为存有通过循环抓取并拼接的 base_url 中各个网址所对应的新闻页面各部分信息的列表 news。见 In［4］。

```
In [4]:  def spider(base_url):
             news = []       # 定义列表news，用于存放获取到的新闻详情
             for url in base_url:   # for循环遍历base_url中的每个url。
                 new = get_detail(url)      # 解析获取到的详情页，返回新闻信息的字典
                 news.append(new)       # append()方法用于在列表末尾添加新的对象
             return news
```

**步骤5** 确认待访问网址，打印抓取到的新闻详情列表。见 In［5］。

```
In [5]:  base_url =['http://politics.people.com.cn/n1/2019/0411/c1024-31025481.html',
         'http://politics.people.com.cn/n1/2019/0411/c1024-31025480.html']   #人民网详情页的url
         news = spider(base_url)
         for i in range(0, len(news)):
             print(news[i])
```

Out[5]: {'title':'韩正会见美国前财政部长保尔森', 'time':'2019年04月11日19:21　来源：新华社', 'content': ['新华社北京4月11日电（记者潘洁）中共中央政治局常委、国务院副总理韩正11日在中南海紫光阁会见美国前财政部长保尔森。', '韩正表示，中美建交40年来，两国关系经历各种考验，取得了历史性发展。中美在维护世界和平稳定、促进全球发展繁荣方面拥有广泛利益、肩负着重要责任。要在两国元首重要共识的指引下，推动中美经贸合作和两国关系健康稳定向前发展。加强生态环境保护是中国实现高质量发展的必然要求，中方愿意展开展各种形式的国际合作，愿意与保尔森基金会共同努力，在生态环境保护方面进一步拓宽合作领域。', '保尔森表示，美中关系是世界上最重要的双边关系之一。保尔森基金会愿意积极推动美中贸易投资、环境保护、清洁能源、绿色金融等领域的合作。']}
{'title':'习近平与独龙族的故事', 'time':'2019年04月11日19:20　来源：新华网', 'content': ['新华网', '金佳绪', '【学习进行时】4月10日，习近平给云南省贡山县独龙江乡群众回信。总书记在信中写道，"得知这个消息，我很高兴"。回信背后有哪些故事？新华社《学习进行时》原创品牌栏目"讲习所"挖掘梳理，和您一同探寻。', '4月10日，习近平给云南省贡山县独龙江乡群众回信，祝贺独龙族实现整族脱贫。', '总书记说，得知这个消息，我很高兴，向你们表示衷心的祝贺！', '给独龙乡群众回信，总书记说了啥', '2018年，独龙江乡6个行政村整体脱贫，独龙族实现整族脱贫，当地群众委托乡党委给习近平总书记写信，汇报独龙族实现整族脱贫的喜讯。', '2019年4月10日，习近平给乡亲们回信，祝贺独龙族实现整族脱贫。', '在信里，习近平说：', '"让各族群众都过上好日子，是我一直以来的心愿，也是我们共同奋斗的目标。新中国成立后，独龙族告别了刀耕火种的原始生活。进入新时代，独龙族摆脱了长期存在的贫困状况。这生动说明，有党的坚强领导，有广大人民群众的团结奋斗，人民追求幸福生活的梦想一定能够实现。"，'"脱贫只是第一步，更好的日子还在后头。"习近平勉励乡亲们再接再厉、奋发图强，同心协力建设好家乡、守护好边疆，努力创造独龙族更加美好的明天。', '从"整体贫困"到"整族脱贫"的沧桑巨变', '独龙族是我国28个人口较少民族之一，也是新中国成立初期一个从原始社会末期直接过渡到社会主义社会的少数民族，主要聚居在云南省贡山县独龙江乡。当地地处深山峡谷，自然条件恶劣，一直是云南乃至全国最为贫穷的地区之一。', '摆脱贫困，过上美好生活，这是独龙族同胞一直以来的期盼。如今，这个愿望变成了现实。', '2018年年底，作为人口较少的"直过民族"，独龙族从整体贫困实现了整族脱贫，贫困发生率下降到了2.63%，独龙江乡1086户群众全部住进了新房，所有自然村都通了硬化路，4G网络、广播电视信号覆盖到全乡，种草果、采蜂蜜、养独龙牛，乡亲们的收入增加了，孩子们享受着14年免费教育，群众看病有了保障……', '习近平与独龙族的"情缘"', '很多人对这个生活在偏远地区人数较少的少数民族有些陌生，知之甚少。但习近平却表示，"我们并不陌生，因为有书信往来。"', '2014年元旦前夕，贡山县干部群众致信习近平总书记，汇报了当地经济社会发展和人民生活改善的情况，报告了多年期盼的高黎贡山独龙江公路隧道即将贯通的消息，习近平接到信后立即给他们回信："向独龙族的乡亲们表示祝贺！"希望独龙族群众"加快脱贫致富步伐，早日实现与全国其他兄弟民族一道过上小康生活的美好梦想"。', '总书记对独龙族同胞的牵挂，不止书信。', '2015年1月，习近平在云南考察。他仍关注着高黎贡山隧道建设，关注着独龙族干部群众生活发生的变化。带着对贡山县干部群众尤其是独龙族乡亲们的惦念，习近平在这次紧张的行程中特地抽出

时间，把当初写信的5位干部群众和2位独龙族妇女，专程接到昆明来见面。'，'"建一套新房多少钱？""原来出山要多长时间？"……此次见面，习近平对乡亲们的生活情况细问详察，共同分享沧桑巨变带来的喜悦，对干部群众寄语频频。'，'"我今天特别高兴，能够在这里同贡山独龙族怒族自治县的代表们见面。"习近平说，独龙族这个名字是周总理起的，虽然只有6900多人，人口不多，也是中华民族大家庭平等的一员，在中华人民共和国、中华民族大家庭之中骄傲地、有尊严地生活着，在中国共产党领导下，同各民族人民一起努力工作，为全面建成小康社会的目标奋斗。'，'总书记指出，独龙族和其他一些少数民族的沧桑巨变，证明了中国特色社会主义制度的优越性。前面的任务还很艰巨，我们要继续发挥我国制度的优越性，继续把工作做好、事情办好。'，'"全面建成小康社会，一个民族都不能少"，是全国人民的心愿，更是以习近平同志为核心的党中央的坚定决心。当又一个少数民族整体脱贫的好消息传来，总书记怎能不由衷高兴！'，'点击进入专题'] }

**步骤6**  引入 pandas 包，命名为 pd。见 In［6］。

In［6］:
```
import pandas as pd
```

**步骤7**  将 news 列表转换成 DataFrame，并且将 news 列表中的 3 列数据赋值给 DataFrame 中的 3 列数据。见 In［7］。

In［7］:
```
df=pd.DataFrame(news,columns=['time', 'title','content'])
```

**步骤8**  将 DataFrame 中的数据存储为文件，文件的类型是 CSV 或者 XLS。见 In［8］。

In［8］:
```
df.to_csv('news_result.csv')
df.to_excel('news_result.xls')
```

## 27.5  本章总结

本章实现的工作是：首先采用 requests 对象获取人民日报网的单条新闻详情页，将网页 HTML 解析为树状结构文本。然后使用 Beautiful Soup 对象中的一系列方法，对所需内容进行抓取，每一条新闻以字典形式存储，不同新闻构成了字典数组。采用 pandas 包，将抓取到的内容存入后缀名为 csv 与后缀名为 xls 的文件。

本章掌握的技能是：①使用 requests 包获取网页 HTML 代码（树状结构）；②使用 Beautiful Soup 对象中的方法对 HTML 代码中的关键信息进行提取；③使用 pandas 包实现将抓取的数据存入后缀名为 csv 或后缀名为 xls 的文件。

## 27.6  本章作业

➤ 实现本章案例，即抓取人民日报网新闻信息，并将信息内容可视化。

➤ 设计抓取程序，采用 Beautiful Soup 对象，抓取某大学教务处的通知信息，将上述通知信息（标题、时间、内容）可视化，并存入 Excel 文档中。

# 第十一部分
## Python 界面

# 28　Tkinter

## 28.1　本章工作任务

采用 Tkinter 图形用户界面模块（GUI），实现案例 1 加法计算器的操作和结果显示、案例 2 "时间—股票价格" 预测工具的配置和结果显示。①算法的输入是：案例 1 加法器的输入是通过文本框输入两个加数，案例 2 股票预测功能的输入是预测算法的阶数（通过文本框输入）和 "时间—股票价格" 样本数据。②Tkinter 模型是：按钮的事件响应机制。③算法的结果是：案例 1 加法器输出的是两个加数的和，并显示在一个文本框中；案例 2 预测功能输出的是根据输入的阶数计算出的预测的股票价格，最后将时间—股票预测价格曲线显示在图框中。

## 28.2　本章技能目标

➤ 掌握 Tkinter 模块图形界面开发的基本原理
➤ 掌握输入框、按钮等 Tkinter 控件对象布局，实现数据的界面输入
➤ 掌握按钮的单击事件的实现机制
➤ 掌握通过文本框、图像框实现计算结果的可视化

## 28.3　本章简介

**Tkinter 模块是指**：Python 语言中一种最常用的图形开发界面库，用户可以使用 Tkinter 模块快速创建图形用户界面（GUI）。

**Tkinter 可以解决的科学问题是**：为用户提供图形用户界面（GUI）中的按钮、画布、框架、标签、菜单、滚动条、输入等基础控件。

**Tkinter 可以解决的实际应用问题是**：案例 1 中，用户可以通过图形界面输入两个加数，通过单击按钮调用两个数相加求和并显示结果的方法，将结果显示在文本框中，实现加法器；在案例 2 中，用户可以通过图形界面输入一元线性回归模型的阶数，预测出更多（未来等）时刻的股票价格，并将预测结果以散点图、折线图的形式显示在用户界面的图像窗口中，实现股票价格的预测与显示。

**本章的重点是**：Tkinter 模块的理解和使用。

# 28.4 理论讲解部分

## 28.4.1 任务描述

任务内容参见图 28-1。

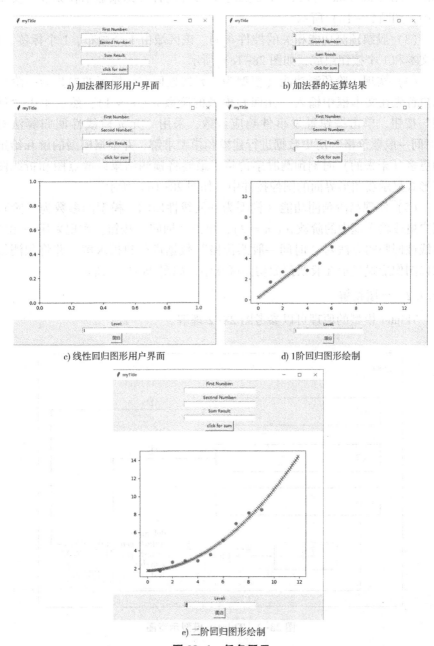

a) 加法器图形用户界面     b) 加法器的运算结果

c) 线性回归图形用户界面     d) 1阶回归图形绘制

e) 二阶回归图形绘制

图 28-1 任务展示

需要实现的功能描述如下。

（1）加法器的图形用户界面的控件布局。加法器由 3 个标签控件、3 个文本控件和 1 个按钮控件组成，如图 28-1a）所示。

（2）加法功能的实现。用户在加法器的前两个文本框中输入两个加数，单击"click for sum"按钮，完成加法计算并将计算结果显示在第 3 个文本框中，如图 28-1b）所示。

（3）股票预测功能相关的控件布局。该区域由 1 个画布、1 个标签、1 个文本和 1 个按钮组成，如图 28-1c）所示。

（4）实现一阶预测功能（模型为一元线性回归，模型的参数为一阶）。用户首先在文本框中输入一元回归模型的阶数 $n$（$n = 1$），然后单击"回归"按钮，单击按钮触发事件响应函数，采用一元 $n$ 阶线性回归算法对"时间—股票价格"历史数据进行建模和模型求解，并根据模型的解和给定的更多（未来的）时刻预测股票价格，最终将预测结果以散点图和折线图等形式显示在图形界面的图像控件中，如图 28-1d）所示。

（5）实现高阶预测功能（模型为一元线性回归，模型的参数为二阶）。用户更改输入框中的阶数 $n$（$n = 2$），单击"回归"按钮，实现采用一元二阶线性回归的方法对"时间—股票价格"数据进行建模求解，并将预测结果以图像形式显示在股票预测功能区域中，如图 28-1e）所示。

### 28.4.2　一图精解

Tkinter 模型的原理可以参考图 28-2 理解。

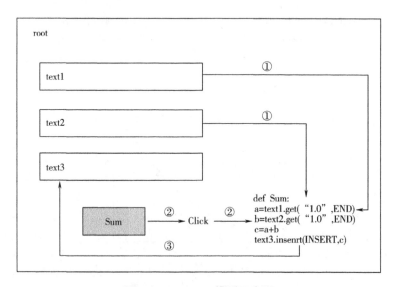

**图 28-2　Tkinter 模型示意图**

（1）Tkinter 的核心思想是：①root 为 Tkinter 根窗口，所有控件都需放置在该根窗口才可实现其功能。例如，将文本框控件和按钮控件放置在 root 根窗口下，用户可在 text1 和 text2 文本框中输入数值 *a* 和 *b* 作为加法器加数。②控件的事件响应机制、按钮的单击等事件是通过调用函数来实现的。例如，单击 Sum 按钮，调用 Sum 函数，完成加法过程，将结果 *c* 显示在 text3 文本框控件中。

（2）Tkinter 的注意事项：Tkinter 模块没有内置的表格控件，不可用于表格的显示。

### 28.4.3  实现步骤

**步骤 1**  引入 Tkinter 包中的全部内容。见 In [1]。

```
In [1]: from tkinter import *
```

**步骤 2**  创建窗口。将 Tkinter 根窗口实例化，名称为"root"，使用 root. title 方法将窗口标题栏的名称设置为"myTitle"。见 In [2]。

```
In [2]: root = Tk()
        root.title("myTitle")        为了程序输出的结果
```

```
Out[2]: ''
```

**步骤 3**  为加法器的输入框添加提示说明控件（Label 标签控件）。Label 标签控件中的文本内容在图形界面中不能被用户更改。Label 的实例化构造函数包含两个参数：根窗口（root）和 label 中显示的文本（"First Number:"）。Label 控件的 grid 方法的功能是布局控制，包含两个参数：控件的行坐标（第 0 行）和列坐标（第 0 列）。见 In [3]。

```
In [3]: label1 = Label(root, text='First Number:')
        label1.grid(row=0, column=0)
```

**步骤 4**  为加法器添加 Text（文本）控件，提供用户输入的功能。其中，text 的实例化构造函数包含 3 个参数：根窗口（root）、text 的宽度（30 像素）和 text 的高度（1 像素）。继续应用 grid 布局管理器将 Text 控件放置在根窗口（root）的第 1 行第 0 列。见 In [4]。

```
In [4]: text1 = Text(root,width=30,height=1)
        text1.grid(row=1,column=0)
```

**步骤 5** 为加法器添加更多的 Label 控件和 Text 控件。添加 label2，设置其显示的文本为"Second Number："，位于根窗口（root）的第 2 行第 0 列；text2 宽度为 30 像素，高度为 1 像素，位于根窗口（root）的第 3 行第 0 列；添加 label3，设置其显示的文本为"Sum Result："，位于根窗口（root）的第 4 行第 0 列；添加 text3，设置其宽度为 30 像素，高度为 1 像素，位于根窗口（root）的第 5 行第 0 列。见 In［5］。

```
In [5]:  label2 = Label(root, text='Second Number:')
         label2.grid(row=2,column=0)

         text2 = Text(root,width=30,height=1)
         text2.grid(row=3,column=0)

         label3 = Label(root, text='Sum Result:')
         label3.grid(row=4,column=0)

         text3 = Text(root,width=30,height=1)
         text3.grid(row=5,column=0)
```

**步骤 6** 定义加法器的计算函数。该函数的功能是：读取用户在 text1 和 text2 中输入的数值，完成加法后，将结果显示在 text3 中。其中，get 函数包含两个参数，即被读取文本的起始位置（第 1 行第 0 个字母）和结束位置（最后一个字母），读取目标文本；int 函数将读取的字符串格式的文本转化为整数；delete 方法包含两个参数，即被删除文本的起始位置（第 1 行第 0 个字母）和结束位置（最后一个字母），将 text3 中原始值清空；insert 方法包含一个参数，即最终输出的值（a3），将 a3 的值返回给 text3。见 In［6］。

```
In [6]:  def show():
             a1 = int(text1.get("1.0", END))
             a2 = int(text2.get("1.0", END))
             a3=a1+a2
             text3.delete('1.0',END)
             text3.insert(INSERT, a3)
```

**步骤 7** 为加法器添加 Button（按钮）控件，并为该控件添加事件，事件的功能是求和并显示结果。Button 的实例化构造函数包含三个参数：根窗口（root）、按钮上显示的文字（"click for sum"）和单击按钮后出发的事件名称（上面定义的 show 函数），应用 grid 布局管理器将 Button 控件放置在根窗口（root）的第 6 行第 0 列。见 In［7］。

```
In [7]:  button1=Button(root,text="click for sum",command=show)
         button1.grid(row=6,column=0)
```

**步骤 8**　引入 Figure 图像包和 FigureCanvasTkAgg 渲染器包，分别用于创建图形实例和执行绘图动作。见 In〔8〕。

```
In [8]:  from matplotlib.figure import Figure
         from matplotlib.backends.backend_tkagg import FigureCanvasTkAgg
```

**步骤 9**　图形显示控件实例化，命名为 myFigure。为图形显示控件添加子图，图形显示控件的 add_subplot 方法包含三个参数：总行数 $n$、总列数 $m$ 和子图位置编号 $i(1 \leqslant i \leqslant m \times n)$。当参数为两位数或以上时，应该用逗号隔开。例如，add_subplot（223），也可写作 add_subplot（2，2，3），表示画布由 2 行 2 列组成，一共有 $2 \times 2 = 4$ 个子图，正在绘制第 3 个图（位于第 2 行第 1 列）。见 In〔9〕。

```
In [9]:  myFigure = Figure()
         myFigurePlot = myFigure.add_subplot(111)
```

**步骤 10**　创建一个属于根窗口 root 的画布控件，命名为 canvs，用于显示图形控件。然后将图形"myFigure"置于画布上。使用 get_tk_widget()方法获取画布控件，再应用 grid 布局管理器将画布控件放置在第 7 行第 0 列。见 In〔10〕。

```
In [10]:  canvs = FigureCanvasTkAgg(myFigure, root)
          canvs.get_tk_widget().grid(row=7, column=0)
```

**步骤 11**　添加用于提示用户的 Label（标签）控件和用于用户输入的 Text（文本）控件。设置 label4 显示的文本为"Level:"，位于根窗口（root）的第 8 行第 0 列；设置 text4 宽度为 30 像素，高度为 1 像素，设置默认值为 1，并将默认值返回给 text4；该标签位于根窗口（root）的第 9 行第 0 列。见 In〔11〕。

```
In [11]:  label4 = Label(root, text='Level:')
          label4.grid(row=8, column=0)

          text4 = Text(root, width=30, height=1)
          text4.insert(INSERT, 1)
          text4.grid(row=9, column=0)
```

**步骤 12**　引入 NumPy 包，命名为 np。见 In〔12〕。

```
In [12]:  import numpy as np
```

**步骤 13**　定义股票预测事件响应函数：首先创建"时间—股票价格"

训练集的自变量序列，根据用户输入的阶数，对模型进行拟合。然后引入更多的"时间"数据，使用拟合后的模型输出预测的"股票价格"。最后将预测结果在画布"canvs"中进行可视化展示（ro 表示红色圆圈，gx 表示绿色叉子）。见 In ［13］。

```
In [13]:  def myPlot():
              train_x = np.arange(1, 10, 1)
              train_y = 0.9 * train_x + np.sin(train_x)

              myLevel=int(text4.get("1.0", END))
              model = np.polyfit(train_x, train_y, deg=myLevel)

              test_x = np.arange(0, 12, 0.1)
              test_y=np.polyval(model, test_x)

              myFigurePlot.clear()
              myFigurePlot.plot(train_x, train_y, 'ro', test_x, test_y,'gx')
              canvs.draw()
```

**步骤 14** 添加 Button（按钮）控件，并添加该控件的事件，用于触发实现股票价格预测功能的函数。设置 button 显示的文字为"回归"，用户单击按钮后调用上面定义的 myPlot 函数，完成预测。按钮位于根窗口（root）的第 9 行第 0 列。见 In ［14］。

```
In [14]:  button2=Button(root, text="回归", command=myPlot)
          button2.grid(row=10, column=0)
```

**步骤 15** 添加主函数。主函数的功能是：弹出窗体，并实时监测各种事件。见 In ［15］。

```
In [15]:  mainloop()
```

## 28.5　本章总结

本章实现的工作是：首先采用 Tkinter 模块实现各种控件的布局，根据用户的输入，在图形用户界面中完成加法计算。然后根据用户输入的阶数进行"时间—股票价格"模型的创建并求解，并对测试集数据进行预测，最终将预测结果绘制在图形用户界面（GUI）中。

本章掌握的技能是：①使用 Tkinter 模块实现控件布局；②使用 Tkinter 模块实现事件响应（加法器事件和股票价格预测事件）；③使用 Tkinter 模块实现数据可视化。

## 28.6　本章作业

> 实现本章的案例，即完成加法器和股票价格预测器。
> 设计一个科学计算器，输入相关数值后，可以实现四则运算、阶乘和正余弦等计算。
> 设计一个房价预测器，应用 NumPy 包中的 arange 方法随机生成一组"时间—房价"训练集数据，输入回归阶数，完成模型创建及拟合后，随机生成更多的时间数据，对房价进行预测，最后实现预测结果的可视化。